"十四五"时期国家重点出版物出版专项规划项目
航天先进技术研究与应用系列

Principles and Applications of Laser
激光原理及应用

赵永蓬　李思宁　崔怀愈　编著

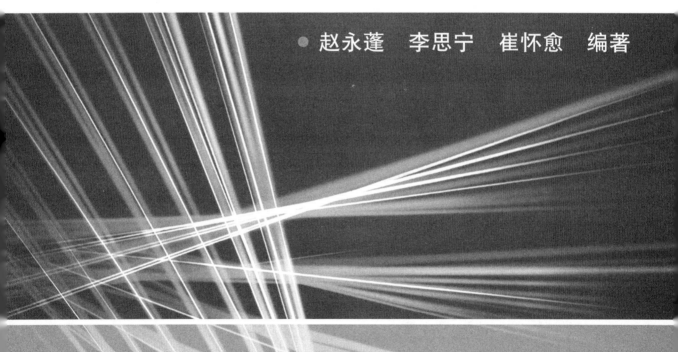

哈尔滨工业大学出版社
HARBIN INSTITUTE OF TECHNOLOGY PRESS

内 容 提 要

本书包含光与物质的相互作用、激光器的基本原理、光学谐振腔和激光的应用 4 章内容。在第 1 章光与物质的相互作用中，重点介绍与激光跃迁有关的概念及光谱线的加宽。在第 2 章激光器的基本原理中，重点介绍激光产生机理的定性和定量描述。在第 3 章光学谐振腔中，重点介绍谐振腔中的光波模式，以及高斯光束的特性和传输变换。在第 4 章激光的应用中，重点介绍激光在军事、民生、航天及基础前沿科学方面的诸多应用。

本书可作为高等工科院校激光原理课程的教材，也可供从事激光相关研究工作的人员参考。

图书在版编目(CIP)数据

激光原理及应用/赵永蓬,李思宁,崔怀愈编著.
哈尔滨:哈尔滨工业大学出版社,2024.10—(航天
先进技术研究与应用系列).—ISBN 978－7－5767－1498
－2

Ⅰ.TN24

中国国家版本馆 CIP 数据核字第 2024U5M795 号

策划编辑	杜　燕
责任编辑	王会丽　周轩毅
出版发行	哈尔滨工业大学出版社
社　　址	哈尔滨市南岗区复华四道街 10 号　邮编 150006
传　　真	0451－86414749
网　　址	http://hitpress.hit.edu.cn
印　　刷	哈尔滨市颉升高印刷有限公司
开　　本	787 mm×1 092 mm　1/16　印张 14.5　字数 350 千字
版　　次	2024 年 10 月第 1 版　2024 年 10 月第 1 次印刷
书　　号	ISBN 978－7－5767－1498－2
定　　价	78.00 元

(如因印装质量问题影响阅读,我社负责调换)

前　　言

本书由光与物质的相互作用、激光器的基本原理、光学谐振腔和激光的应用四部分组成。

在光与物质的相互作用方面，重点介绍光与物质相互作用的自发发射、受激发射和受激吸收的概念和公式，为学习激光器的基本原理打下基础。此外，有关光谱线加宽的内容也为后续激光原理的定量描述奠定了基础。

在激光器的基本原理方面，重点介绍产生激光所需的条件、激光器的结构、激光的形成过程和激光的特性等内容。在定量描述方面，重点介绍激光器速率方程、介质的增益系数、激光振荡的阈值条件、激光器的输出能量和功率等内容。

在光学谐振腔方面，介绍光学谐振腔的损耗和稳定性问题，以及其中的模式的分析方法，还介绍高斯光束的传输与透镜变换及非稳腔等相关内容，重点讲述高斯光束的特点和对高斯光束的定量描述，为传输和控制高斯光束提供理论指导。

在激光的应用方面，重点介绍激光在军事、民生、基础前沿科学及凸显哈工大特色的航天等方面的相关应用。结合历年诺贝尔奖获奖内容及《自然》《科学》等国际顶级期刊报道的激光应用最新成果，凸显了激光作为"最快的刀""最准的尺"和"最热的光"在不同领域（特别是航天领域）发挥的重要作用。

本书注重知识体系的完整性、知识内容的逻辑性和知识点表述的准确性，力求具有低年级本科知识的理工科学生，能够在不需要额外补充知识的情况下，也能读懂本书的主要内容。因此，本书既适合激光专业的本科生阅读，也适合具有普通物理和高等数学基础的理工科其他专业的学生阅读。本书对所有从事激光相关研究工作的人员都有一定的参考价值。

本书第1章和第2章由赵永蓬撰写；第3章由赵永蓬、李思宁撰写；第4章由崔怀愈撰写。本书以王雨三教授的教学笔记的逻辑框架为基础进行撰写，在此向王雨三教授表达深深的感谢。

由于作者水平有限，书中难免存在疏漏及不足之处，敬请读者批评指正。

作　者
2024 年 6 月

目　录

绪论 ··· 1

第1章　光与物质的相互作用 ··· 3
1.1　光的波粒二象性 ··· 3
1.2　光波的模式与光子的运动状态 ·· 6
1.3　原子能级与发光 ·· 11
1.4　光与原子的相互作用 ··· 13
1.5　光谱线的加宽 ··· 20
习题与思考题 ·· 34

第2章　激光器的基本原理 ·· 36
2.1　粒子数反转与光放大 ··· 36
2.2　光学谐振腔的作用 ·· 38
2.3　激光器的分类与激光的形成过程 ··· 42
2.4　激光的特性 ·· 51
2.5　激光器速率方程 ·· 59
2.6　介质的增益系数 ·· 64
2.7　激光振荡的阈值条件 ··· 74
2.8　激光器的振荡纵模 ·· 80
2.9　激光器的输出能量和功率 ·· 82
2.10　单模激光器的线宽极限 ·· 88
2.11　激光器的频率牵引效应 ·· 89
习题与思考题 ·· 90

第3章　光学谐振腔 ·· 93
3.1　光学谐振腔的损耗 ·· 93
3.2　光学谐振腔的稳定性问题 ·· 101
3.3　光学谐振腔中模式的分析方法 ··· 111
3.4　平行平面腔的模 ·· 116
3.5　方形镜对称共焦腔的自再现模 ··· 120
3.6　方形镜对称共焦腔的行波场 ··· 129
3.7　圆形镜对称共焦腔的自再现模和行波场 ·· 134

3.8 一般稳定球面腔的模式特征 ·· 138
3.9 高斯光束的传输与透镜变换 ·· 143
3.10 光线传播矩阵与 ABCD 公式 ·· 150
3.11 高斯光束的聚焦与准直 ··· 155
3.12 高斯光束的自再现变换与稳定球面腔 ································ 160
3.13 高斯光束的模匹配 ·· 163
3.14 非稳腔 ··· 167
习题与思考题 ·· 176

第4章 激光的应用 ·· 179
4.1 激光在军事方面的应用 ··· 179
4.2 激光在民生方面的应用 ··· 186
4.3 激光在航天方面的应用 ··· 198
4.4 激光在基础前沿科学方面的应用 ······································· 209

参考文献 ·· 220

绪　　论

1916年,爱因斯坦在论述普朗克黑体辐射公式推导时,提出了受激发射(stimulated emission)的概念。他认为辐射有两种,一种是自发发射(spontaneous emission)产生的,而另一种是受激发射产生的。自发发射产生的光就是自然界中普遍存在的荧光,而受激发射产生的光就是后来科学家发明的激光。由于平衡态时介质中低能级粒子数远大于高能级粒子数,因此当时的人们认为偏离平衡态很远是很难实现的,即很难实现高能级粒子数大于低能级粒子数(即粒子数反转),不能实现粒子数反转就无法利用受激发射来产生激光。受这一观念的影响,在很长时间内科学家都没有对受激发射做深入研究。

1940年,苏联的法布里坎特在其博士论文中提出粒子数反转在理论上可以实现。1947年,兰姆和雷瑟福指出通过粒子数反转可实现受激发射。这样就初步形成了利用粒子数反转实现受激发射光放大的想法。1951年,珀赛尔在核磁共振的实验中第一次实现了粒子数反转现象,这大大增加了科学家的信心,并促进了微波激射器(microwave amplification by stimulated emission of radiation,MASER)的发明。

1953年,美国贝尔实验室的汤斯利用氨分子作为激活介质,实现了第一台微波激射器的运转,其产生的微波频率为23.9 GHz。在那之后不久,苏联列别捷夫研究所的普洛霍洛夫和巴索夫也成功研制了微波激射器。美国的布隆姆贝根、苏联的普洛霍洛夫和巴索夫还提出了三能级系统的思想,为微波激射器和激光器的发展指明了方向。微波激射器的发明标志着"量子电子学(quantum electronics)"这一新兴学科的诞生,上述科学家也因在量子电子学领域的突出贡献而获得了诺贝尔奖。

在微波激射器的基础上,1957年,汤斯和肖洛开始考虑将电磁波的波长推向光波波段,探讨实现红外和可见光激射器的可能性。肖洛建议舍弃微波波段与波长相比拟的封闭式谐振腔,改用法布里-珀罗(Fabry-Perot)标准具(简称F-P标准具、法珀标准具)作为开放式的谐振腔。同时他们也对选用何种介质做了深入探讨。1958年12月,汤斯和肖洛的论文发表在《物理评论》上,引起强烈反响,为激光器的发明奠定了理论基础。

1960年,美国休斯实验室的梅曼在经过9个月的奋斗、花费了5万美元之后,成功制造出了第一台激光器。该激光器以红宝石为工作物质,以用于航空摄影的螺旋状氙(Xe)灯为泵浦源,以银反射镜为谐振腔,成功获得了波长为694.3 nm的红光激光。1961年,我国长春光机所也实现了国内第一台红宝石激光器的激光输出。有别于梅曼的激光器,我国科学家创造性地选用直管氙灯为泵浦源,并利用聚光腔将光能收集到红宝石晶体上。在当时这些技术具有非常重要的创新性,如今其仍在激光器中广泛使用。

1960年底,汤斯的研究生——伊朗人贾万在贝尔实验室首次采用气体放电方式实现了波长为1.15 μm的氦-氖(He-Ne)激光输出,为后续氩、氮、氪、金属蒸气、二氧化碳等各种气体激光器的发展指明了道路。1961年,贝尔实验室的约翰森和纳桑以钨酸钙为基质,做成波长为1.06 μm的钕离子激光器,可在室温下连续运转。1961年,斯尼泽发展了钕玻璃激光器。1964 年，贝尔实验室的范尤特制成掺钕钇铝石榴石（Nd^{3+}:YAG）激光器。1965 年，美国加州伯克利分校的卡斯帕演示了第一台氯化氢（HCl）化学激光器，产生了波长为 3.7 μm 的红外光。1966 年，索洛金小组获得染料激光输出，随后休斯公司的索佛尔和麦克法兰制造出了可调谐染料激光器。1970 年，贝尔实验室首先制造出了异质结半导体激光器，其可以在室温下工作。

目前，激光器已经得到了全面的发展，固体、液体、气体、半导体、光纤、自由电子等多种类型的激光器都得到了深入的研究。激光的波长已覆盖太赫兹、红外、可见光、紫外至 X 射线波段，激光脉冲宽度已可以短至纳秒、皮秒、飞秒甚至阿秒。激光已被应用于扫码器、激光打印机、光存储、光通信、激光武器、激光加工、激光舞台装饰、激光显示、激光医疗、激光全息、激光光刻、激光精密测量、激光测距等诸多领域。激光在科学研究中也扮演着非常重要的角色。激光的出现直接导致了激光光谱学、非线性光学、强场物理等诸多新兴研究领域的出现。激光冷却、激光二极管、超分辨荧光显微、引力波测量、光镊技术、啁啾脉冲放大技术等诸多诺贝尔奖成果都与激光直接相关。未来，激光的发展必将为更多领域研究提供创新技术手段，为推动科学的发展做出更大的贡献。

第1章　光与物质的相互作用

激光是一种特殊的光,为了更好地理解什么是激光,本章主要对光的本质、光与物质的相互作用等内容进行介绍。第 2 章将以本章的内容为基础介绍激光的基本原理等内容。本章首先从光的本质出发介绍光的波粒二象性,在了解了什么是光的基础上介绍光与物质相互作用的过程。然后,介绍在实际的荧光辐射中光谱线的加宽机理和谱线形状等内容。由于本章涉及的概念、公式、基本原理等内容在后续的章节中会得到应用,因此本章内容是学习激光原理的基础。

1.1　光的波粒二象性

人类对光的观察和研究已有几千年的历史,但直到 17 世纪,以牛顿和惠更斯为代表的科学家才开始对光的本质进行更深入的探讨。牛顿提出了光的微粒说,认为光是由发光体发出的光粒子(微粒)流组成的,并且在均匀介质内做匀速直线运动。用光的微粒说可以解释光沿直线传播、光的反射等现象,但在解释光的折射现象时出现了问题。根据光的微粒说解释光的折射时,需假设光在水等介质中的传播速度大于其在空气中的传播速度,这与已有的空气中的光速大于水等介质中的光速的知识是不相符的。之所以出现介质中光速大于实际值的问题,主要是因为光的微粒说认为光是一种具有静止质量的粒子,而实际上光子与有静止质量的粒子有不同之处,这在当时的认知情况下是难以被想象和理解的。

胡克和惠更斯提出了光的波动说,认为光是机械振动的传播而引起的一种波动,光波是横波。利用光的波动说能够很好地解释光的干涉、衍射等现象,同时 19 世纪发现的光的干涉、衍射、偏振等实验现象很好地支持了光的波动说。但如果认为光是机械振动波,那么光的传播就需要有传播振动的介质;由于光的传播速度很快,因此要求该介质具有很大的切变弹性模量,同时该介质应该充满整个空间且密度很小,不会影响物质在空间中的运动,这种传播介质被命名为"以太"。后来科学证明"以太"并不存在,光的传播不需要介质。光的波动说之所以错误地认为光波需要通过介质传播,是因为它认为光波是机械振动波,但实际上光波并非机械振动波,而是电磁波。

1. 光的电磁场理论

真正对光的波动性给出合理解释的是麦克斯韦建立的光的电磁场理论。根据该理论变化的磁场能够产生电场,变化的电场能够产生磁场,周期性变化的电场和磁场相互交替产生,形成电磁场。变化的电场和磁场并不局限于空间的某个区域,而是由近及远地向周围空间传播。电磁场由近及远地传播形成了电磁波,电磁波的传播不需要介质,即使在真空中也能传播。

麦克斯韦的电磁场理论核心是麦克斯韦方程组,其微分形式为

$$\begin{cases} \nabla \cdot \boldsymbol{D} = \rho \\ \nabla \cdot \boldsymbol{B} = 0 \\ \nabla \times \boldsymbol{E} = -\dfrac{\partial \boldsymbol{B}}{\partial t} \\ \nabla \times \boldsymbol{H} = \boldsymbol{J} + \dfrac{\partial \boldsymbol{D}}{\partial t} \end{cases} \quad (1.1.1)$$

式中,$\boldsymbol{D}$ 为电位移矢量;ρ 为自由电荷密度;$\boldsymbol{E}$ 为电场强度矢量;$\boldsymbol{B}$ 为磁感应强度矢量;$\boldsymbol{H}$ 为磁场强度矢量;$\boldsymbol{J}$ 为介质内自由电流密度矢量;∇ 为拉普拉斯算符,定义为

$$\nabla = \boldsymbol{i}\frac{\partial}{\partial x} + \boldsymbol{j}\frac{\partial}{\partial y} + \boldsymbol{k}\frac{\partial}{\partial z} \quad (1.1.2)$$

式(1.1.1)中四个微分方程的含义从上到下分别为:电场为有源场,电位移矢量的散度等于该点的自由电荷体密度;磁场为无源场,不存在与电荷类似的磁荷;时变磁场产生电场;电流和时变电场产生磁场。

电磁场量与介质特性量的关系为

$$\begin{cases} \boldsymbol{J} = \sigma \boldsymbol{E} \\ \boldsymbol{D} = \varepsilon_0 \boldsymbol{E} + \boldsymbol{P} \\ \boldsymbol{B} = \mu_0(\boldsymbol{H} + \boldsymbol{M}) \end{cases} \quad (1.1.3)$$

式中,σ 为电导率;ε_0 为真空介电常数;$\boldsymbol{P}$ 为介质电极化强度;μ_0 为真空中的磁导率;$\boldsymbol{M}$ 为介质的磁化强度。

从麦克斯韦方程组可以推出电磁波是横波,电场方向、磁场方向和传播方向相互垂直,如图 1.1.1 所示;电磁波的传播不需要介质,在真空中的传播速度为 $c = \dfrac{1}{\sqrt{\varepsilon_0 \mu_0}} = 3 \times 10^8 \text{ m/s}$;光波是电磁波。若电磁波的波长为 λ,频率为 ν,则表示电磁波每振荡一个周期的传播距离为 λ,每秒振荡 ν 个周期,所以电磁波的速度(即每秒传播的距离)为

$$c = \lambda \nu \quad (1.1.4)$$

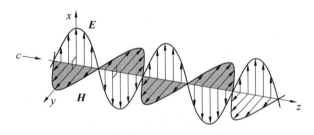

图 1.1.1 电磁波的图像

应用光的电磁场理论可以比较圆满地解释光的反射、干涉、衍射、偏振等现象,但不能解释光电效应、康普顿效应等实验现象,这表明光的电磁场理论不能全面反映光的本质。爱因斯坦提出了光子说,对光电效应给出了合理的解释,并因此获得了诺贝尔物理学奖。

2. 光子说

赫兹于 1887 年观察到了在光的照射下物体发射电子的光电效应现象。光电效应电路如图 1.1.2 所示,在阴阳极之间加上直流高压后,当金属阴极受到光照射时,其在特定的条件下能够发射光电子。实验现象表明,作为阴极每一种金属都对应一个截止光频率

(或称极限光频率)ν_0,当入射光的频率$\nu < \nu_0$时,再强的光也不会产生光电流;而当$\nu > \nu_0$时,再弱的光也会立即产生光电流。当$\nu > \nu_0$时,光电流的大小与入射光的强度成正比且存在饱和电流。此外,光电效应的发生几乎是瞬时的,这个过程一般不超过1 ns,当停止用光照射时,光电效应立即停止。

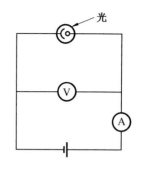

图1.1.2 光电效应电路

波动理论无法解释光电效应。首先,其无法解释存在截止频率的现象,按照波动理论,光的能量应该随光波振动振幅(即光强)的增加而增加,因此不管用什么频率的光,只要光强足够大就可以产生光电效应,然而实际上只有入射光频率大于截止频率才能产生光电效应;其次,按照波动理论,不同强度的光照射时,能量累积的时间不同,因此发生光电效应的时间应该也不相同,而实际上光电效应的发生是瞬时的,不存在能量累积过程。由于无法解释光电效应,因此波动理论并不能完全反映光的本质。

爱因斯坦在普朗克提出的电磁场辐射能量量子化假设的启发下,提出了光子说,解释了光电效应。光子说认为,光是由一群以速度c运动的光量子(简称光子)组成的,光的传播是一群光子的运动。每个光子都具有能量E,E和光的频率ν有如下关系:

$$E = h\nu \quad (1.1.5)$$

式中,h为普朗克常数,$h = 6.626 \times 10^{-34}$ J·s。如果光波的波长为λ,根据式(1.1.4),式(1.1.5)可以改写为

$$E = h\frac{c}{\lambda} \quad (1.1.6)$$

对于波长为0.76 μm的红光光子,根据式(1.1.6)可以计算出光子能量为2.6×10^{-19} J。从计算值可以看出,采用焦耳(J)为单位表示光子能量时,由于光子能量很小表示起来很不方便,因此一般采用电子伏特(eV)为单位来表示光子能量。电子伏特代表一个电子(所带电量为1.6×10^{-19} C的负电荷)经过1 V的电位差加速后所获得的动能,因此1 eV = 1.6×10^{-19} C × 1 V = 1.6×10^{-19} J。将能量由焦耳换算成电子伏特得到波长为0.76 μm的红光光子能量为1.6 eV。同样可以计算出波长为0.4 μm的紫光光子能量为3.1 eV。可见光的波长范围为0.76 ~ 0.4 μm,对应的光子能量范围为1.6 ~ 3.1 eV。

在提出光子说的基础上,爱因斯坦还提出了逸出功的概念来解释光电效应存在截止频率的现象。定义电子从金属表面逸出时克服表面势垒所需最少功为金属的逸出功。要想使电子从金属表面脱离,则要求光子能量大于金属的逸出功。根据式(1.1.5)和金属的逸出功的值,可计算出对应于某一种金属的截止频率,当入射到阴极的光波频率大于该截止频率时就能够产生光电效应。电子吸收光子能量后,首先损失掉等于逸出功的能量,以克服表面势垒的束缚,剩余的能量将转化成光电子的动能。当光照射金属时,电子会迅速吸收一个光子能量,逃离表面势垒的束缚,产生光电子,该过程不需要能量积累,因此光电效应的发生是瞬时的。

每个光子除了具有能量E外还具有质量m,由爱因斯坦质能方程$E = mc^2$并将式(1.1.5)或式(1.1.6)代入得

$$m = \frac{E}{c^2} = \frac{h\nu}{c^2} = \frac{h}{c\lambda} \quad (1.1.7)$$

根据式(1.1.7)可以计算出可见光的波长范围为 0.4 ~ 0.76 μm，对应的光子质量为 2.9×10^{-36} ~ 5.5×10^{-36} kg。根据爱因斯坦的相对论，具有静止质量的物体随着速度的增大质量也增加，当物体的速度接近光速时，它的质量将趋于无穷大，所以具有静止质量的物体的运动速度不可能达到光速。根据上述分析，光子应该没有静止质量，否则它就不能以光速运动。光子没有静止质量，表明光子虽有粒子性，但与具有静止质量的实际粒子还是有本质的差别。牛顿提出光的粒子性时，把光微粒视为具有静止质量的粒子，这是其微粒说不正确的根本原因。

康普顿效应表明光子不仅具有能量还具有动量 p，动量的大小为质量与速度的乘积，动量 p 表示为

$$p = mc\boldsymbol{n}_0 \tag{1.1.8}$$

式中，$\boldsymbol{n}_0$ 为光子运动方向(平面光波传播方向)上的单位矢量。根据式(1.1.4)和式(1.1.7)可知，光子的动量大小为

$$p = mc = \frac{h\nu}{c} = \frac{h}{\lambda} \tag{1.1.9}$$

式(1.1.9)把表征光子微粒性的动量和表征光波动性的波长联系了起来，表明光的波动性与粒子性是相互统一的。

光子具有两种可能独立的偏振状态，对应光波场的两个独立偏振方向。光子具有自旋，自旋量子数为1。在量子力学里，粒子可以分为玻色子与费米子。所有已知基本或复合粒子依照自旋量子数而定，自旋量子数为整数的粒子是玻色子，自旋量子数为半整数的粒子是费米子。由于光子的自旋量子数为整数，因此光子是玻色子，服从玻色 - 爱因斯坦统计分布。已知，像电子这样的费米子受泡利不相容原理限制，也就是说在费米子组成的系统中，不能有两个或两个以上的粒子处于完全相同的量子状态。由于光子是玻色子而非费米子，所以光子不受泡利不相容原理限制，两个或两个以上的光子可以处于完全相同的量子状态。激光就是由大量量子状态完全相同的光子组成的。

以上叙述表明，光既具有波动性特征又具有粒子性特征，既可以把它理解成电磁波又可以把它理解成光量子。光是波动性和粒子性的统一体，具有波粒二象性。在后续章节中涉及与光有关的知识内容时，会尽量从光的粒子性和波动性两方面介绍相应的机理，以达到全面深入理解的目的。光的粒子性和波动性哪个起主导作用，要根据具体的应用情况来确定。一般情况下，光在传播过程中波动性起主导作用，用波动性可以很好地解释光传播中的干涉、衍射等现象；当光被物体吸收或与物体产生其他相互作用时，光的粒子性起主导作用，如在光电效应、康普顿效应等方面，光主要表现为粒子性。此外，不同频率的光，其波动性和粒子性表现也不相同，低频率(长波长)光的波动性往往更显著，高频率(短波长)光的粒子性往往更显著。当考虑的光子数较少时往往粒子性更明显，大量的光子才会表现出更明显的波动性。

1.2 光波的模式与光子的运动状态

在激光的谐振腔理论中会涉及横模、纵模等光波模式的概念，此外在讨论光的相干性时也会涉及光波模式和光子运动状态的概念。为了给上述内容奠定基础，本节从光的波

动性出发介绍光波的模式,然后再从光的粒子性出发介绍光子的运动状态。经推导会发现光波的模式和光子的运动状态是等效的概念,这进一步表明了光是波动性和粒子性的统一体。

1. 光波的模式

根据电磁场理论,光波是电磁波,可用麦克斯韦方程组描述。对麦克斯韦方程组求解,即可得到电磁波的运动规律。在给定条件下求解麦克斯韦方程组就得到一系列的解,每个解表示电磁场(光场)的一种分布。电磁场(光场)的一种分布称为电磁波(光波)的一种模式或一种波型。处于同一模式的电磁波(光波)具有相同频率、相同偏振态和相同传播方向。

对于单色的平面电磁波,求解麦克斯韦方程组可得到电场矢量随时间和空间变化的表达式为

$$\boldsymbol{E} = \boldsymbol{E}_0 e^{i(\omega t - \boldsymbol{k}\boldsymbol{r})} \tag{1.2.1}$$

式中,$\boldsymbol{E}_0$ 为电场的振幅矢量;$\boldsymbol{r}$ 为空间位置坐标矢量;ω 为单位时间内角度的变化,也称为角频率。若平面电磁波的频率为 ν,则

$$\omega = 2\pi\nu \tag{1.2.2}$$

式(1.2.1)中,$\boldsymbol{k}$ 为波矢量,其方向为电磁波的传播方向,可表示为

$$\boldsymbol{k} = k\boldsymbol{n}_0 \tag{1.2.3}$$

式中,$\boldsymbol{n}_0$ 为平面电磁波传播方向上的单位矢量;k 为波矢量的大小,也称为波数,可表示为

$$k = \frac{2\pi}{\lambda} \tag{1.2.4}$$

由于波长 λ 代表电磁波在一个振动周期内传播的距离,因此也将 k 称为空间角频率。根据波矢量的表达式可知,处于同一模式的电磁波(光波)具有相同波矢量和相同偏振态。

在自由空间中,任意波矢的平面电磁波都可以存在;但当电磁波被约束在有限的空间中时,不是所有的电磁波都会在有限的空间中稳定存在。图 1.2.1 为由两个凹面反射镜组成的光学谐振腔(简称谐振腔)中光波的存在情况。从图中可以看出,在有腔镜限制的空间内,只有图中所示的波节位于两个腔镜镜面的驻波才能稳定存在。这种能够存在于腔内的驻波称为腔内电磁波的模式或光波模式。若图 1.2.1 中两腔镜间的距离(简称腔长)为 L,则只有腔长是半波长整数倍的光波才满足驻波条件,即腔长与光波长的关系为

$$L = q\frac{\lambda}{2} \tag{1.2.5}$$

式中,q 为正整数。当 q 取不同整数值时,会得到不同的波长值,也就是说不是所有波长的光都能在谐振腔中稳定存在,只有波长满足式(1.2.5)的光才能在谐振腔中稳定存在。由式(1.2.4)可知,不同的波长对应不同的波矢,所以在谐振腔内只能存在一系列独立的具有特定波矢的平面单色驻波。这种在谐振腔内沿光波传播方向存在的光波模式称为纵模。

接下来利用驻波条件计算图 1.2.2 所示的体积 $V = \Delta x \Delta y \Delta z$ 长方体腔中,光波频率 ν 附近 $d\nu$ 间隔内(即频率处于 $\nu \sim \nu + d\nu$)的模式数。在计算的过程中,首先计算波矢空间中 $|\boldsymbol{k}| \sim |\boldsymbol{k}| + d|\boldsymbol{k}|$ 之间的模式数,然后利用波数 k 和光波频率 ν 之间的关系计算 $\nu \sim \nu + d\nu$ 的模式数。

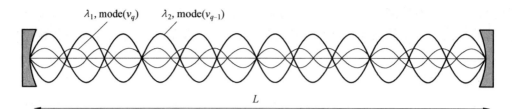

图 1.2.1　光学谐振腔中光波模式

沿着图 1.2.2 所示的三个坐标轴方向传播的光波都应满足驻波条件，由式(1.2.5)得

$$\begin{cases} \Delta x = m\dfrac{\lambda}{2} \\ \Delta y = n\dfrac{\lambda}{2} \\ \Delta z = q\dfrac{\lambda}{2} \end{cases} \quad (1.2.6)$$

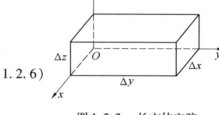

图 1.2.2　长方体空腔

式中，m,n,q 为正整数。根据式(1.2.4)及式(1.2.6)可得三个方向的波矢分量应满足

$$\begin{cases} k_x = \dfrac{m\pi}{\Delta x} \\ k_y = \dfrac{n\pi}{\Delta y} \\ k_z = \dfrac{q\pi}{\Delta z} \end{cases} \quad (1.2.7)$$

可以看出，m,n,q 的取值是不连续的，所以 k_x,k_y,k_z 的取值也是分立的。每一组 k_x,k_y,k_z 对应腔内的一种光波模式(包括两个偏振方向)。

在图 1.2.3 所示的波矢空间中，k_x,k_y,k_z 分别为波矢空间三维坐标系的坐标轴。根据式(1.2.7)，每个模在三个坐标轴方向上与相邻模的间隔为

$$\begin{cases} \Delta k_x = \dfrac{\pi}{\Delta x} \\ \Delta k_y = \dfrac{\pi}{\Delta y} \\ \Delta k_z = \dfrac{\pi}{\Delta z} \end{cases} \quad (1.2.8)$$

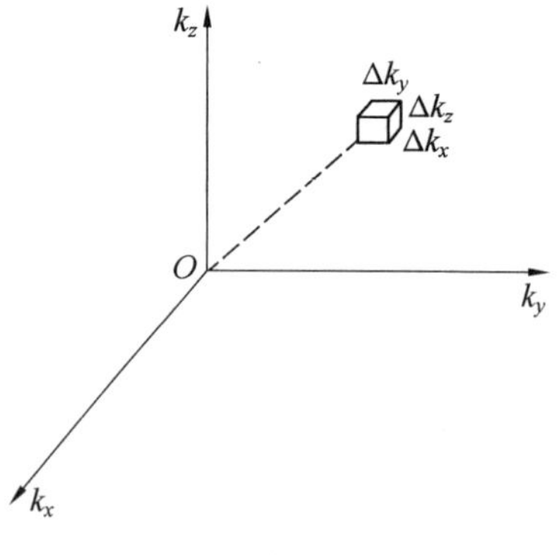

则如图 1.2.3 所示，每个模式在波矢空间中占有一个体积元，大小为

图 1.2.3　波矢空间体积元

$$\Delta k_x \Delta k_y \Delta k_z = \dfrac{\pi^3}{\Delta x \Delta y \Delta z} = \dfrac{\pi^3}{V} \quad (1.2.9)$$

则在 $V = \Delta x \Delta y \Delta z$ 空腔内，波矢空间 $|k| \sim |k| + d|k|$ 的模式数可表示为

$$P_{模式数} = \dfrac{波矢空间中 |k| \sim |k| + d|k| 总体积}{波矢空间中每个模占有的体积} \cdot 2 = \dfrac{\frac{1}{8} \cdot 4\pi |k|^2 d|k|}{\dfrac{\pi^3}{V}} \cdot 2$$

$$(1.2.10)$$

式中,在波矢空间中,处于$|\boldsymbol{k}|\sim|\boldsymbol{k}|+\mathrm{d}|\boldsymbol{k}|$的体积为位于第一象限以$|\boldsymbol{k}|$为半径、以$\mathrm{d}|\boldsymbol{k}|$为厚度的球壳体积,即$\frac{1}{8}\cdot 4\pi|\boldsymbol{k}|^2\mathrm{d}|\boldsymbol{k}|$;根据式(1.2.9),每个模在波矢空间中占的体积为$\frac{\pi^3}{V}$;考虑两个可能偏振方向则需要乘2。

接下来,利用波数k和光波频率ν之间的关系,计算在$V=\Delta x\Delta y\Delta z$空腔内,$\nu\sim\nu+\mathrm{d}\nu$的模式数。

根据式(1.1.4)和式(1.2.4)得

$$|\boldsymbol{k}|=\frac{2\pi}{\lambda}=\frac{2\pi\nu}{c} \qquad (1.2.11)$$

则

$$\mathrm{d}|\boldsymbol{k}|=\frac{2\pi}{c}\mathrm{d}\nu \qquad (1.2.12)$$

将式(1.2.11)和式(1.2.12)代入式(1.2.10)得

$$P_{\text{模式数}}=\frac{8\pi\nu^2}{c^3}V\mathrm{d}\nu \qquad (1.2.13)$$

式(1.2.13)即为$V=\Delta x\Delta y\Delta z$空腔内$\nu$附近$\mathrm{d}\nu$间隔内的模式数。若要根据式(1.2.13)计算模式数,则需要知道空间的体积V和频率间隔$\mathrm{d}\nu$,这显然不具有一般性。为此定义一个具有一般性的物理量"模密度",其表达式为

$$n_\nu=\frac{P_{\text{模式数}}}{V\mathrm{d}\nu}=\frac{8\pi\nu^2}{c^3} \qquad (1.2.14)$$

根据式(1.2.14)可知,模密度表示单位体积单位频率间隔内的模式数。对模密度的计算只需知道光波的频率(或波长)即可,无须知道其所处腔的大小。

2. 光子的运动状态

由光的粒子性可知,光子的运动状态可由空间坐标(x,y,z)、动量坐标(p_x,p_y,p_z)和偏振来表征。由空间坐标和动量坐标组成的六维空间(x,y,z,p_x,p_y,p_z)称为相空间。相空间中的一点表示光子的一种运动状态。但实际上由于存在测不准关系,光子的坐标和动量不能同时准确测定,因此光子的一种运动状态在六维空间中不是一点,而是占据一个体积元。为了计算该体积元的大小,先观察一维运动情况,x,y和z三个坐标下的测不准关系可分别表示为

$$\begin{cases}\Delta x\Delta p_x\approx h\\ \Delta y\Delta p_y\approx h\\ \Delta z\Delta p_z\approx h\end{cases} \qquad (1.2.15)$$

上式表明,在$\Delta x\Delta p_x\approx h$,$\Delta y\Delta p_y\approx h$或$\Delta z\Delta p_z\approx h$之内的光子的运动状态在物理上不可区分,因此属于同一种状态。则在三维运动情况下,测不准关系表示为

$$\Delta x\Delta y\Delta z\Delta p_x\Delta p_y\Delta p_z\approx h^3 \qquad (1.2.16)$$

所以在空间坐标(x,y,z)、动量坐标(p_x,p_y,p_z)的六维相空间中,光子的一种运动状态占据的体积元大小为h^3,该相空间体积元称为相格。相格内(h^3体积内)各点在物理上是不能分开的,属于同一种状态。因此一个相格对应一种光子运动状态,但不能确定该运

动状态在相格内部的具体位置。这表明不是任意运动状态的光子都能存在,光子的运动状态是不连续的。

如果考虑以 p_x, p_y, p_z 为坐标轴的动量空间,如图 1.2.4 所示,则根据式(1.2.16),光子的一种运动状态在动量空间中占据的体积元大小为

$$\Delta p_x \Delta p_y \Delta p_z = \frac{h^3}{\Delta x \Delta y \Delta z} = \frac{h^3}{V} \quad (1.2.17)$$

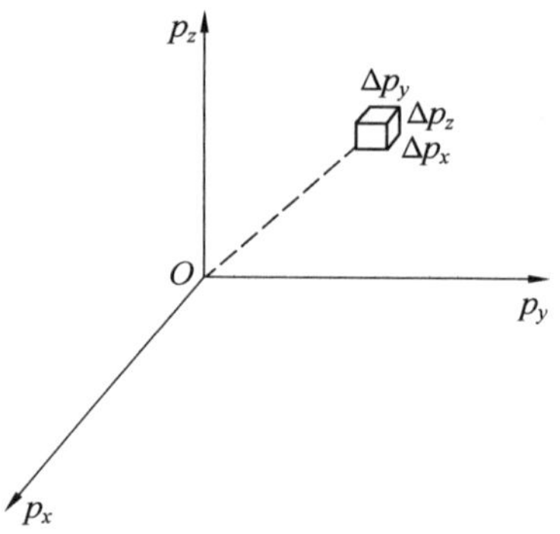

接下来计算在 $V = \Delta x \Delta y \Delta z$ 空腔内,ν 附近 $\mathrm{d}\nu$ 间隔内 ($\nu \sim \nu + \mathrm{d}\nu$) 的光子运动状态数,其计算的思路与计算光波模式数相近。

首先用动量空间中 $|\boldsymbol{p}| \sim |\boldsymbol{p}| + \mathrm{d}|\boldsymbol{p}|$ 的球壳体积除以动量空间中每一种光子运动状态占据的体积元(式(1.2.17)),并考虑两个偏振方向,得到动量位于 $|\boldsymbol{p}| \sim |\boldsymbol{p}| + \mathrm{d}|\boldsymbol{p}|$ 的光子运动状态数为

图 1.2.4 动量空间中体积元

$$P_{\text{状态数}} = \frac{4\pi |\boldsymbol{p}|^2 \mathrm{d}|\boldsymbol{p}|}{\Delta p_x \Delta p_y \Delta p_z} \cdot 2 = \frac{4\pi |\boldsymbol{p}|^2 \mathrm{d}|\boldsymbol{p}|}{\frac{h^3}{V}} \cdot 2 \quad (1.2.18)$$

然后根据式(1.1.9)得

$$\mathrm{d}|\boldsymbol{p}| = \frac{h}{c} \mathrm{d}\nu \quad (1.2.19)$$

将式(1.1.9) 和式(1.2.19) 代入式(1.2.18) 得

$$P_{\text{状态数}} = \frac{4\pi \left(\frac{h\nu}{c}\right)^2 \frac{h}{c} \mathrm{d}\nu}{\frac{h^3}{V}} \cdot 2 = \frac{8\pi\nu^2}{c^3} V \mathrm{d}\nu \quad (1.2.20)$$

上式与式(1.2.13) 的等号右端完全相同。也就是说在给定的体积内,可能存在的光波模式数等于光子运动状态数,一种光波模式对应光子的一种运动状态,一种光波模式等效于一个光子态。属于同一状态内的光子或同一模式的光波是相干的;不同状态的光子或不同模式的光波是不相干的。

例题 对于氦-氖(He-Ne) 激光器,$\lambda = 0.632\,8\ \mu\mathrm{m}$,若荧光谱线宽度 $\Delta\nu = 1.5 \times 10^9\ \mathrm{Hz}$,计算模密度和单位体积内的模式数。

解 已知 $\lambda = 0.632\,8\ \mu\mathrm{m}$,根据式(1.1.4) 得

$$\nu = \frac{c}{\lambda} = 4.74 \times 10^{14}\ \mathrm{Hz}$$

根据式(1.2.14) 得模密度为

$$n_\nu = \frac{8\pi\nu^2}{c^3} = \frac{8 \times 3.14 \times (4.74 \times 10^{14})^2}{(3 \times 10^8)^3} = 2.1 \times 10^5 (\mathrm{m}^{-3} \cdot \mathrm{s})$$

根据式(1.2.13) 得单位体积内的模式数为

$$\frac{P_{\text{模式数}}}{V} = \frac{8\pi\nu^2}{c^3} \Delta\nu = 2.1 \times 10^5 \times 1.5 \times 10^9 = 3.15 \times 10^{14} (\mathrm{m}^{-3})$$

1.3 原子能级与发光

1. 原子的能级与发光

原子由带正电的原子核和带负电的电子组成。电子在原子核库仑场的束缚下围绕原子核运动。因此原子的能量包括电子运动的动能和它在原子核库仑场中的电势能两部分。

在前人大量实验和理论工作的基础上,玻尔把量子概念应用于原子系统中建立了玻尔模型,用于解释氢原子光谱。根据玻尔模型,氢原子中的电子在原子核库仑引力的作用下,在分立的轨道上围绕原子核做圆周运动,但不辐射能量。电子在不同的轨道运动时,原子具有不同的能量。电子在这些轨道上运动的状态称为原子系统的稳定态(简称定态),相应的能量分别取不连续的值 $E_1, E_2, E_3, \cdots, E_n$,这些定态能量的值称为能级,图 1.3.1 给出了氢原子的能级。存在一个离核最近的轨道,对应原子能量最低,称该能量最低的定态为基态。如果原子中的电子从离核近的轨道跃迁到离核远的轨道上,则原子能量由低变高。所有比基态离核更远的轨道对应的定态能量都大于基态,称这些定态为激发态。图 1.3.1 中如果定义基态能量为 0 eV,则

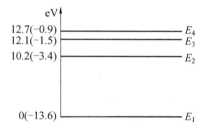

图 1.3.1 氢原子能级图

激发态的能量为图中括号外所示的正值;如果定义电子离核无穷远时能量为 0 eV,则激发态的能量为图中括号内所示的负值。

由于电子具有波粒二象性,所以电子的运动规律不服从经典力学。应该用量子力学的波函数描述电子的运动状态,波函数可以通过求解薛定谔方程得到。薛定谔方程在数学上有很多解,考虑解的合理性,需由四个量子数来确定电子的运动状态。

(1) 主量子数,常用符号 n 表示,它可以取非零的任意正整数,即 $n = 1, 2, 3, \cdots$。n 越大,电子与核的平均距离越远,能量越高。$n = 1$ 时电子与核的平均距离最近,能量最低。所以不同的主量子数代表电子在不同壳层上运动。

(2) 角量子数(也称轨道角动量量子数),常用符号 l 表示,它可以取小于主量子数 n 的正整数,包括 0,即 $l = 0, 1, 2, \cdots, n-1$。角量子数决定电子轨道的形状,当主量子数 n 相同时,角量子数 l 越大,能量越高。$l = 0, 1, 2, 3$ 时分别用字母 s, p, d, f 表示。

(3) 磁量子数,常用符号 m 表示,其取值受角量子数限制,$m = 0, \pm 1, \pm 2, \cdots, \pm l$,共有 $2l + 1$ 个值。磁量子数决定轨道的空间伸展方向,它与电子能量无关。

(4) 自旋量子数,常用符号 m_s 表示,$m_s = \pm 1/2$,它不是通过解薛定谔方程得到的,而是根据电子有自旋运动得到的。m_s 决定电子的自旋方向。

需用上述四个量子数表示一个电子的运动状态。从上述取值可以看出对于 $n = 1, l = 0$ 的 1s 态,m 只能取 0,m_s 可以取 $\pm 1/2$,即存在两种状态。由于上述两种状态的能量相同,所以 1s 态的能级简并度为 2。对于 $n = 2, l = 1$ 的 2p 态,m 可以取 0 和 ± 1,m_s 可以取 $\pm 1/2$,即存在 6 种状态,所以 2p 态的能级简并度为 6。其他能态以此类推。

多电子原子中,电子填充原子壳层和轨道时,需要遵循泡利不相容原理、能量最低原

理和洪德定则。泡利不相容原理是指不能有两个运动状态完全一致的电子存在,即不能有两个或两个以上的电子具有完全相同的四个量子数;能量最低原理是指原子中电子排布时,在不违背泡利不相容原理的前提下,尽可能使体系的总能量最低;洪德定则是指在同一壳层不同轨道上,电子的排布尽可能分占不同的轨道且自旋方向相同。根据上述原理和规则,包括24个电子的铬(Cr)原子,其基态电子排布应为$1s^22s^22p^63s^23p^63d^54s^1$。当4s层的1个电子跃迁到4p、4d、5s等能量更高的能级时,Cr原子处于激发态。

只有电子从一个定态(能级)跃迁到另一个定态(能级)时,才能产生或吸收光子。但是并非任意两个能级之间产生或吸收光子的跃迁都具有很大的概率,只有两能级间的跃迁符合跃迁选择定则时,跃迁的概率才比较大。对于向下能级跃迁不符合选择定则的能级,其电子在该能级上停留的时间一般比较长,也称能级寿命较长。这种寿命很长的能级称为亚稳态。通常能级寿命为$10^{-9} \sim 10^{-8}$ s,亚稳态能级寿命可达10^{-3} s甚至更长。

根据能量守恒定律,电子从能量为E_n的高能级向能量为E_m的低能级跃迁时,只能产生满足下式频率ν_{nm}的光子:

$$h\nu_{nm} = E_n - E_m \qquad (1.3.1)$$

2. 原子数目按能级的分布

前面讲述了原子可能具有的能级情况。在某一时刻某一原子只能处于某一状态,即某一特定能级。当有大量原子存在时,某一时刻处于不同能级的原子数目会明显不同。设有总粒子数为N_0的大量原子分布在不同的能级,处于第i个能级的原子数为N_i,则有

$$\sum_i N_i = N_0 \qquad (1.3.2)$$

当考虑这些原子频繁碰撞达到热平衡状态时,原子数按能级的分布服从玻耳兹曼分布,其中处于第i个能级的原子数为

$$N_i = Ag_i \mathrm{e}^{\frac{-E_i}{kT}} \qquad (1.3.3)$$

式中,k为玻耳兹曼常数,$k = 1.38 \times 10^{-23}$ J/K;T为这些原子所处的绝对温度;g_i为第i个能级统计权重,其数值等于能级的简并度,前面已对简并度及其数值做了相应的描述;A为常数,根据式(1.3.2)有$N_0 = A \sum_i g_i \mathrm{e}^{\frac{-E_i}{kT}}$,所以

$$A = \frac{N_0}{\sum_i g_i \mathrm{e}^{\frac{-E_i}{kT}}} \qquad (1.3.4)$$

根据式(1.3.3)可求得热平衡状态时,第i个和第j个能级上原子数目之比为

$$\frac{N_i}{N_j} = \frac{g_i}{g_j} \mathrm{e}^{-\frac{E_i - E_j}{kT}} \qquad (1.3.5)$$

从上式可以看出,若$E_i > E_j$,则$\mathrm{e}^{-\frac{E_i-E_j}{kT}} < 1$,所以$\frac{g_i}{g_j} > \frac{N_i}{N_j}$,即$\frac{N_i}{g_i} < \frac{N_j}{g_j}$。其物理含义为:在热平衡状态下,低能级上每个简并能级的平均原子数,总是大于高能级上每个简并能级的平均原子数。

例题 根据图1.3.1所示的氢原子的能级图,计算常温$T = 300$ K热平衡状态,不计统计权重的条件下,第一激发态与基态原子数目之比。

解 根据图 1.3.1 基态能量 $E_1 = 0$ eV，第一激发态能量 $E_2 = 10.2$ eV。当 $T = 300$ K 时
$$kT = 1.38 \times 10^{-23} \times 300 = 4.14 \times 10^{-21}(\text{J}) = 0.026(\text{eV})$$
将上述数值代入式(1.3.5)且不计统计权重得
$$\frac{N_2}{N_1} = \frac{g_2}{g_1} e^{-\frac{E_2-E_1}{kT}} = e^{-\frac{10.2}{0.026}} = e^{-392} \approx 10^{-170}$$

可见，在常温热平衡状态下，当基态与第一激发态能量相差较大时，几乎全部原子都处于基态，激发态上的原子数目非常少，这是热平衡状态下原子数目在不同能级上分布的一般规律。

1.4 光与原子的相互作用

本节以原子为例，介绍光与物质的相互作用过程，主要介绍原子的自发发射、原子的受激吸收和原子的受激发射三个跃迁过程的概念，并做定量的描述。在光与物质的相互作用中，光一般情况下主要表现为粒子性，所以本节主要从光的粒子性的角度介绍光子的产生和消失的过程。注意，本书中将"spontaneous emission"翻译为"自发发射"、将"stimulated emission"翻译为"受激发射"，作者认为这样翻译更符合英文原意。很多书籍将上述名词翻译为"自发辐射"和"受激辐射"，与本书的"自发发射"和"受激发射"是等同的。

1. 原子的自发发射

如图 1.4.1 所示，设原子中与跃迁有关的两个能级的能量分别是 E_2 和 E_1，其中 E_2 是上能级、E_1 是下能级，即 $E_2 > E_1$。当原子被激发到上能级 E_2 以后，高能级的原子是不稳定的，即使没有外界的作用，经过一段时间后也会跃迁到低能级 E_1 上并释放能量。根据能量守恒定律，跃迁释放的能量为两能级的能量差。根据能量的释放形式不同，可以把跃迁过程分为两种：一种是以热的形式释放能量，即激发态原子与其他粒子或管壁碰撞，将激发能转变为其他粒子的动能或使管壁发热，称这种不产生光子的跃迁过程为无辐射跃迁；另一种是以光的形式释放能量，称这种跃迁过程为自发发射跃迁。根据式(1.3.1)，自发发射产生的光子能量应为
$$h\nu_{21} = E_2 - E_1 \tag{1.4.1}$$
式中，ν_{21} 为从上能级 E_2 跃迁到下能级 E_1 辐射光的频率。

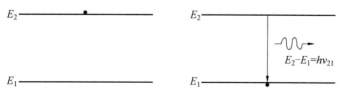

图 1.4.1　自发发射跃迁

根据上述描述可以这样定义自发发射过程：在没有外界作用的情况下，处于高能级的原子会自发地跃迁到低能级，并产生光子的过程，该光子的能量正好等于两个能级的能量间隔。

在大量原子产生自发发射的过程中,各原子都是在独立、随机地产生辐射,辐射光的相位、偏振、传播方向等都是随机的,因此产生的光是非相干的。大量原子自发发射产生的辐射光称为荧光。根据自发发射过程的独立性和随机性可知,荧光的发射方向是向四面八方的,具有随机的相位和偏振分布,相干性很差。

分析自发发射跃迁的过程可知,若处于高能级的原子数目越多,则在相同时间间隔 dt 内通过自发发射跃迁到低能级的原子数目就会越多;若处于高能级的原子数目相同,则时间间隔 dt 越长,跃迁到低能级的原子数目就会越多。设在 t 时刻,E_2 能级上的原子数密度(单位体积的原子数目)为 n_2,E_1 能级上的原子数密度为 n_1,则经过时间间隔 dt,从 E_2 能级自发发射跃迁到 E_1 能级的原子数密度为 dn_2。根据上述分析,dn_2 应正比于 E_2 能级上的原子数密度 n_2 和时间间隔 dt,可表示为

$$dn_2 = -A_{21} n_2 dt \qquad (1.4.2)$$

式中,负号代表上能级粒子数密度 n_2 随时间的增加而减少,也就是说随着自发发射过程的进行,上能级的原子数密度在减小;比例系数 A_{21} 称为爱因斯坦自发发射系数,其数值大小只与选定的能级有关,与外界的激发作用无关,因此自发发射系数是能级系统的特征参量。根据式(1.4.2)可得

$$A_{21} = -\frac{dn_2}{n_2 dt} \qquad (1.4.3)$$

可见,自发发射系数代表单位时间内高能级原子数目变化的百分比,也称 A_{21} 为自发发射跃迁概率,它反映了自发发射进行的快慢程度。根据式(1.4.3)可知 A_{21} 的单位为 s^{-1}。

将微分方程式(1.4.2)分离变量得

$$\frac{dn_2}{n_2} = -A_{21} dt \qquad (1.4.4)$$

将式(1.4.4)两端积分得

$$n_2(t) = n_{20} e^{-A_{21} t} \qquad (1.4.5)$$

式中,n_{20} 为 $t=0$ 时刻处于 E_2 能级的原子数密度。式(1.4.5)表明,上能级的原子数密度随着时间的增加呈指数减少,如图 1.4.2 所示。

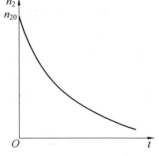

图 1.4.2　处于 E_2 能级原子数密度随时间的变化

$t=0$ 时刻单位体积内有 n_{20} 个原子处于 E_2 能级,有的原子在 E_2 能级上停留的时间较长,而有的原子在 E_2 能级上停留的时间较短。可以定义处于上能级的原子在自发发射跃迁之前,停留在该能级的平均时间为原子在该能级上的平均寿命 τ。根据式(1.4.2),$t \sim t+dt$ 时间内,单位体积有 $A_{21} n_2 dt$ 个原子由 E_2 能级自发发射跃迁到 E_1 能级,这些原子的寿命为 t(单位:秒)。在 $0 \sim \infty$ 时间内,单位体积内所有 n_{20} 个原子都会自发发射跃迁到 E_1 能级。平均寿命 τ 可以由所有原子在 E_2 能级上的寿命之和除以 $t=0$ 时刻 E_2 能级原子总数得到,因此可将平均寿命 τ 表示为

$$\tau = \frac{1}{n_{20}} \int_0^\infty t A_{21} n_2 dt$$

将式(1.4.5)代入上式得

$$\tau = \frac{1}{n_{20}}\int_0^\infty tA_{21}(n_{20}e^{-A_{21}t})dt = \int_0^\infty A_{21}te^{-A_{21}t}dt = \frac{1}{A_{21}} \tag{1.4.6}$$

由式(1.4.6)可知原子在上能级的平均寿命 τ 与自发发射系数 A_{21} 互为倒数。通常原子能级寿命为 $10^{-9} \sim 10^{-8}$ s,对应的自发发射系数为 $10^8 \sim 10^9$ s^{-1}。亚稳态能级寿命可达 10^{-3} s,对应的自发发射系数只有 10^3 s^{-1}。所以,寿命越长的能级状态越稳定,自发发射概率越小。

根据式(1.4.6)给出的 A_{21} 与 τ 互为倒数的关系,式(1.4.5)可以表示为

$$n_2(t) = n_{20}e^{-A_{21}t} = n_{20}e^{-\frac{t}{\tau}} \tag{1.4.7}$$

当 $t = \tau$ 时,$n_2 = \frac{n_{20}}{e}$,所以处于 E_2 能级原子的平均寿命在数值上等于 E_2 能级的原子数减少到它初始值的 $1/e$ 所需的时间。

设原子处于体积 V 的空间内,由于每个原子从 E_2 能级自发发射跃迁到 E_1 能级都会产生一个光子,所以 $\left|\frac{dn_2}{dt}\right|V$ 表示 t 时刻单位时间内由上能级自发发射跃迁到下能级的原子数,其在数值上等于单位时间内自发发射产生的光子数。因此自发发射光功率 P 可以表示为

$$P = \left|\frac{dn_2}{dt}\right|Vh\nu \tag{1.4.8}$$

将式(1.4.2)和式(1.4.5)代入式(1.4.8)得

$$P = A_{21}n_2Vh\nu = A_{21}n_{20}e^{-A_{21}t}Vh\nu \tag{1.4.9}$$

式中,$A_{21}n_{20}V$ 为 $t = 0$ 时刻单位时间内自发发射产生的光子数,因此 $A_{21}n_{20}Vh\nu$ 为 $t = 0$ 时刻自发发射光功率 P_0。所以式(1.4.9)可改写成

$$P = P_0e^{-A_{21}t} = P_0e^{-t/\tau} \tag{1.4.10}$$

自发发射光功率随时间的变化如图 1.4.3 所示。在实验上测量原子能级平均寿命时,可以测量自发发射光功率随时间的变化曲线,然后用式(1.4.10)对曲线做指数函数拟合,即可计算出能级的平均寿命 τ。

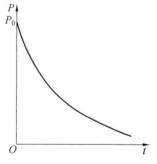

图 1.4.3 自发发射光功率随时间的变化

2. 原子的受激吸收

原子从较低的能级跃迁到较高的能级,主要靠与粒子碰撞和吸收光子两种方式获得能量。当原子受到外来光子照射时,如果外来光子的能量正好等于两个能级的能量间隔,则处于低能级的原子将吸收光子而跃迁到高能级上,这个过程称为原子的受激吸收。

下面以图 1.4.4 所示的能级系统为例,进一步说明受激吸收的概念,该能级系统与图 1.4.1 所示的一样,上能级为 E_2,下能级为 E_1。当处于 E_1 能级的原子受到外来光子照射时,如果外来光子的能量恰好为 $h\nu = E_2 - E_1$,则原子可能吸收该光子由 E_1 能级跃迁到 E_2 能级,该过程为受激吸收过程。受激吸收过程只要求光子的能量等于两能级的能量差,对光的相位、方向等方面并无限制。此外,产生受激吸收过程后外来光子就消失了,其光子能量转变成了原子的激发能。

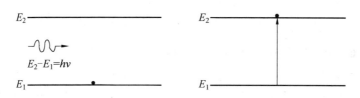

图 1.4.4　受激吸收跃迁

与自发发射过程类似，设在 t 时刻，E_2 能级上的原子数密度为 n_2，E_1 能级上的原子数密度为 n_1，则经过 dt 时间间隔，从 E_1 能级受激吸收跃迁到 E_2 能级的原子数密度为 dn_1。与式(1.4.2)类似，dn_1 应正比于 E_1 能级上的原子数密度 n_1 和时间间隔 dt，可表示为

$$dn_1 = -W_{12} n_1 dt \tag{1.4.11}$$

式中，W_{12} 为受激吸收概率。根据式(1.4.11)有

$$W_{12} = -\frac{dn_1}{n_1 dt}$$

即 W_{12} 表示单位时间内低能级原子数目变化的百分比，单位为 s^{-1}。

显然，具体有多少原子会产生受激吸收跃迁过程还应与外来辐射场强弱（即外来光子数的多少）有关。外来光子数越多，产生受激吸收跃迁的原子就可能越多，受激吸收概率就越大。所以受激吸收概率 W_{12} 应与辐射场强弱有关，可表示为

$$W_{12} = B_{12} \rho_\nu \tag{1.4.12}$$

式中，ρ_ν 代表辐射场的强弱，称为辐射场的辐射能量密度，其物理意义为：在空腔单位体积内，频率 ν 附近单位频率间隔的辐射能量。根据该物理意义，ρ_ν 的单位应为 $m^{-3} \cdot J \cdot s$。将辐射能量密度 ρ_ν 的物理意义与 1.2 节模密度 n_ν 的概念相比较可知，二者都是关于单位体积、单位频率间隔的物理量。如果知道了频率为 ν 的光波模式的平均能量 $\langle E \rangle$，将其乘模密度即可得到辐射能量密度。所以根据式(1.2.14)，辐射场能量密度 ρ_ν 可表示为

$$\rho_\nu = n_\nu \langle E \rangle = \frac{8\pi\nu^2}{c^3} \langle E \rangle \tag{1.4.13}$$

式(1.4.12)中，B_{12} 称为爱因斯坦受激吸收系数，它只与选定的能级有关，与外界的激发作用无关，因此是能级系统的特征参量。根据 W_{12} 和 ρ_ν 的单位及式(1.4.12)，B_{12} 的单位应为 $m^3 \cdot J^{-1} \cdot s^{-2}$。

综合式(1.4.11)和式(1.4.12)可得

$$dn_1 = -B_{12} \rho_\nu n_1 dt \tag{1.4.14}$$

因此，从 E_1 能级受激吸收跃迁到 E_2 能级的原子数，除了与处于 E_1 能级的原子数成正比外，还与辐射场能量密度 ρ_ν 成正比。

下面以黑体辐射为例，介绍辐射场能量密度 ρ_ν 的表达式。能够吸收所有波长光波的物体称为黑体。黑体是理想的物理模型，其并不等同于黑色的物体，因为黑色的物体也会少量反射电磁波。空腔黑体是比较理想的黑体，在一个不透明的空腔壁上开一个小孔，通过小孔射进空腔内的光线会在腔壁上多次反射后被吸收，不会再逸出腔外。空腔内表面产生的辐射可以通过小孔输出。当达到完全热平衡时，空腔内表面会形成稳定的辐射场，此时在小孔处测量到的空腔内表面的辐射被认为是比较理想的黑体辐射。实验测得的腔体不同温度时黑体辐射场能量密度随辐射电磁波频率变化的曲线如图 1.4.5 实线所示。

从图中可以看出,随着温度的增加辐射场中心频率向高频(短波长)方向移动,且随着温度的增加辐射能量密度增加。实验表明,热平衡时黑体辐射能量密度只取决于腔壁的温度,而与腔壁的材料、形状等无关。

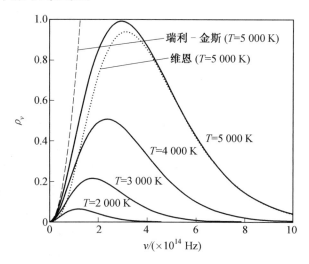

图 1.4.5　腔体不同温度时黑体辐射场能量密度随辐射电磁波频率变化的曲线

为了解释图 1.4.5 实线所示的黑体辐射能量密度曲线,给出其解析表达式,维恩、瑞利、金斯、普朗克等很多科学家都做了深入的研究。1896 年,维恩假设辐射能谱分布与麦克斯韦速率分布相似,结合实验结果,得到了维恩黑体辐射能量密度公式,即

$$\rho_\nu = \frac{8\pi h \nu^3}{c^3} e^{-\frac{h\nu}{kT}} \tag{1.4.15}$$

根据上式计算得到的曲线如图 1.4.5 中点线所示。可以看出,该曲线在高频(短波长)波段与实验曲线符合得较好,但在低频(长波长)波段与实验曲线存在差距。此外,瑞利和金斯根据经典电磁学理论和热力学统计理论,得到了瑞利-金斯辐射公式。根据空腔内模的能量具有连续分布的假设,通过严格的推导得到频率为 ν 的电磁波模式的平均能量 $\langle E \rangle = kT$,根据式(1.4.13)可得瑞利-金斯黑体辐射能量密度公式为

$$\rho_\nu = \frac{8\pi \nu^2}{c^3} kT \tag{1.4.16}$$

根据上式计算所得的曲线如图 1.4.5 中虚线所示。可以看出,该曲线在低频(长波长)波段与实验曲线符合得较好,但在高频(短波长)波段随着频率的增加辐射能量密度急剧增加,显然与实验结果严重不符,这在物理学史上被称作"紫外灾难"。

瑞利和金斯根据经典理论经严格推导,得到的理论结果与实验结果明显不符,表明经典理论在解释黑体辐射时存在严重问题。1900 年,普朗克摒弃经典理论,提出了辐射能量的量子化假设,即物体辐射的能量是不连续的,只能为 $h\nu$ 整数倍的分立值。根据该假设得到频率为 ν 的电磁波模式的平均能量为

$$\langle E \rangle = \frac{1}{e^{\frac{h\nu}{kT}} - 1} h\nu \tag{1.4.17}$$

根据式(1.4.17)和式(1.4.13)可得普朗克黑体辐射能量密度公式为

$$\rho_\nu = \frac{8\pi\nu^2}{c^3} \frac{1}{e^{\frac{h\nu}{kT}} - 1} h\nu = \frac{8\pi h\nu^3}{c^3} \frac{1}{e^{\frac{h\nu}{kT}} - 1} \quad (1.4.18)$$

根据上式计算所得的理论曲线与实验曲线完全相符,证明了能量量子化假设的正确性。正是在普朗克量子假设的启发下,爱因斯坦才提出了光子说,得到了光子具有的能量等于 $h\nu$ 的结论。

3. 原子的受激发射

受激发射的概念由爱因斯坦于 1916 年提出,并促成了激光的发明。当原子体系受到外来光子照射时,如果外来光子的能量正好等于两个能级的能量间隔,则处于高能级的原子会因外来的光子作用从高能级跃迁到低能级,这时原子将辐射一个和外来光子完全一样的光子,这个过程称为受激发射。

与图 1.4.1 和图 1.4.4 一样,假设上能级为 E_2,下能级为 E_1,受激发射跃迁如图 1.4.6 所示。起初原子处于 E_2 能级,如果没有外来光子的照射,它可能会通过自发发射过程跃迁到 E_1 能级产生荧光。而当 E_2 能级的原子受到外来光子照射时,如果外来光子的能量恰好为 $h\nu = E_2 - E_1$,则 E_2 能级的原子可能在该光子的共振作用下由 E_2 能级跃迁到 E_1 能级并辐射光子。该辐射光子不仅具有与外来光子相同的能量(即相同的波长和频率),还具有与外来光子相同的相位、方向和偏振。也就是说,入射光子与辐射光子完全相同,处于同一量子态,二者不可区分。由于光子是玻色子,因此这样两个或多个量子态完全相同的光子是可以同时存在的。

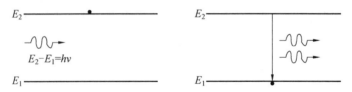

图 1.4.6 受激发射跃迁

与受激吸收过程类似,从 E_2 能级受激发射跃迁到 E_1 能级的原子数密度 dn_2 可表示为

$$dn_2 = -W_{21} n_2 dt = -B_{21} \rho_\nu n_2 dt \quad (1.4.19)$$

式中,W_{21} 为受激发射概率。根据式(1.4.19) W_{21} 可写成

$$W_{21} = B_{21}\rho_\nu = -\frac{dn_2}{n_2 dt} \quad (1.4.20)$$

表示单位时间内高能级原子数目变化的百分比,单位为 s^{-1}。B_{21} 为爱因斯坦受激发射系数,是能级的特征参量,其单位为 $m^3 \cdot J^{-1} \cdot s^{-2}$。

在外来光子的作用下,受激吸收过程使外来光子消失,光子数减少;而受激发射过程在保持外来光子存在的前提下,又产生了一个与外来光子一样的光子,使光子数增加。受激发射过程可以使光子数增加,或者说使光被放大,这就是激光概念的基础。激光的英文"Laser",实际上是"light amplification by stimulated emission of radiation"首字母的缩写,应翻译为"通过辐射的受激发射实现光放大"。钱学森建议将"Laser"意译为"激光",而港澳台地区一般将其音译为"镭射"或"雷射"。

由于激光是受激发射产生的光放大,因此在放大过程中产生的光子和入射的光子处于同一量子态,即波长、相位、方向、偏振完全相同,这就导致激光具有很好的单色性(所有光子光波长相同)、很好的方向性(所有光子传播方向相同)和很好的相干性(所有光子处于同一量子态,或者说处于同一光波模式)。

4. 爱因斯坦系数的关系

爱因斯坦系数是自发发射系数 A_{21}、受激吸收系数 B_{12} 和受激发射系数 B_{21} 的总称。为了推导三者之间的关系,假设在图 1.4.7 所示的二能级系统中,所有原子要么处于 E_1 能级,要么处于 E_2 能级。两能级间既存在使 E_2 能级原子数减少的自发发射过程和受激发射过程,又存在使 E_1 能级原子数减少的受激吸收过程。

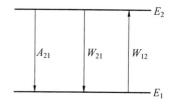

图 1.4.7　二能级间的跃迁过程

当所有原子达到热平衡状态时,E_2 能级和 E_1 能级的原子数都不再发生变化,此时通过自发发射和受激发射跃迁到 E_1 能级的原子数等于通过受激吸收过程跃迁到 E_2 能级的原子数,根据式(1.4.2)、式(1.4.14)和式(1.4.19)得

$$A_{21} n_2 \mathrm{d}t + B_{21} \rho_\nu n_2 \mathrm{d}t = B_{12} \rho_\nu n_1 \mathrm{d}t \tag{1.4.21}$$

整理得

$$\frac{n_2}{n_1} = \frac{B_{12} \rho_\nu}{A_{21} + B_{21} \rho_\nu} \tag{1.4.22}$$

若达到热平衡,两能级原子数的分布应满足玻耳兹曼分布,根据式(1.3.5)得

$$\frac{n_2}{n_1} = \frac{g_2}{g_1} \mathrm{e}^{-\frac{E_2 - E_1}{kT}} = \frac{g_2}{g_1} \mathrm{e}^{-\frac{h\nu}{kT}} \tag{1.4.23}$$

由式(1.4.22)和式(1.4.23)得

$$\frac{B_{12} \rho_\nu}{A_{21} + B_{21} \rho_\nu} = \frac{g_2}{g_1} \mathrm{e}^{-\frac{h\nu}{kT}} \tag{1.4.24}$$

解得

$$\rho_\nu = \frac{A_{21}}{B_{21}} \frac{1}{\frac{B_{12} g_1}{B_{21} g_2} \mathrm{e}^{\frac{h\nu}{kT}} - 1} \tag{1.4.25}$$

热平衡时产生的辐射应为黑体辐射,辐射能量密度应根据式(1.4.18)求出。比较式(1.4.25)和式(1.4.18)可得

$$\frac{A_{21}}{B_{21}} = \frac{8\pi h \nu^3}{c^3} \tag{1.4.26}$$

$$B_{12} g_1 = B_{21} g_2 \tag{1.4.27}$$

将式(1.4.27)两端都乘 ρ_ν,并根据式(1.4.12)和式(1.4.20)可得

$$W_{12} g_1 = W_{21} g_2 \tag{1.4.28}$$

式(1.4.27)和式(1.4.28)表明,若上下能级统计权重 $g_1 = g_2$,则 $B_{12} = B_{21}$,$W_{12} = W_{21}$。此时,根据式(1.4.19)和式(1.4.11)可知:受激发射过程产生的光子数与受激吸收消耗的光子数的大小关系,由处于相应能级的原子数决定。如果 $n_1 > n_2$,则受激吸收消耗的光子数大于受激发射产生的光子数,光与这些原子作用后被衰减;如果 $n_2 > n_1$,则受激发射产生的光子数大于受激吸收消耗的光子数,光与这些原子作用后被放大。所以当 $g_1 = g_2$ 时,$n_2 > n_1$ 正是产生激光的先决条件,下一章将对更一般的情况做详细的讨论。

例题 在原子处于温度 $T = 300$ K 的热平衡状态下,计算频率分别为 $\nu = 10^{10}$ Hz 的微波和 $\nu = 5 \times 10^{14}$ Hz 的可见光的自发发射概率与受激发射概率的比值。

解 自发发射概率与受激发射概率的比值可表示为

$$R = \frac{A_{21}}{W_{21}} = \frac{A_{21}}{B_{21}\rho_\nu}$$

由于处于热平衡状态,因为 ρ_ν 采用黑体辐射能量密度公式(1.4.18),将式(1.4.18)和式(1.4.26)代入上式得

$$R = \frac{A_{21}}{B_{21}\rho_\nu} = \frac{8\pi h\nu^3}{c^3} \frac{c^3}{8\pi h\nu^2} \frac{e^{\frac{h\nu}{kT}} - 1}{h\nu} = e^{\frac{h\nu}{kT}} - 1$$

若为 $T = 300$ K,$\nu = 10^{10}$ Hz 的微波,则有

$$\frac{h\nu}{kT} = \frac{6.626 \times 10^{-34} \times 10^{10}}{1.38 \times 10^{-23} \times 300} = 1.6 \times 10^{-3}$$

故 $R = e^{0.0016} - 1 \approx 0.0016$。此时 $W_{21} \gg A_{21}$,即受激发射概率远大于自发发射概率。

若为 $T = 300$ K,$\nu = 5 \times 10^{14}$ Hz 的可见光,则有

$$\frac{h\nu}{kT} \approx 80$$

故 $R = e^{80} - 1 \approx 10^{34}$。此时 $A_{21} \gg W_{21}$,即自发发射概率远大于受激发射概率。

从上面的例题计算可以看出,与微波波段相比,光频波段的受激发射概率比自发发射概率小得多,因此更难获得受激发射。这也是在爱因斯坦提出受激发射概念 44 年后激光才被成功发明的原因之一。

1.5 光谱线的加宽

本节主要描述自发发射产生的荧光谱线。根据 1.4 节自发发射的概念和式(1.4.1)可知,当原子从上能级向下能级自发发射跃迁时,产生的光子能量等于上下能级的能量间隔,即 $h\nu_{21} = E_2 - E_1$,产生的光子能量(波长或频率)为单一值。如果在实验上测量这条谱线,则该谱线应该是图 1.5.1 所示的波长为 λ_{21} 的单一波长的谱线。这只是理想情况下产生的理想谱线,实际的谱线并非如此。图 1.5.2 是实验测得的氩气放电产生的光谱线,图中不同波长的谱线对应不同能级之间的自发发射跃迁。观察任意一条谱线的细节(如图 1.5.2 中子图所示),都会发现谱线的波长并不单一,而是处于很窄的波长范围内。所以实际的光谱线强度按波长(或频率)都有一定的分布,具有一定的波长(或频率)宽度。

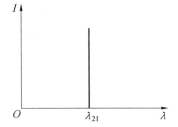

图 1.5.1 理想的荧光谱线

实际上,不同能级间、不同实验条件下产生的光谱线形状和频率宽度都可能是不一样的。为了摆脱光强、光功率等物理量,使描述光谱线的形状有更好的普适性,引入线型函数的概念。线型函数是分布在某一频率附近单位频率间隔内的自发发射光功率与整个频率范围内的自发发射总光功率之比。根据该定义,谱线的线型函数 $g(\nu)$ 可以表示为

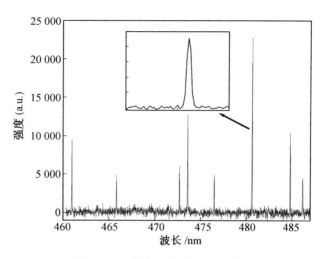

图 1.5.2　氩气放电产生的光谱线

$$g(\nu) = \frac{P(\nu)}{P_0} \tag{1.5.1}$$

式中，$P(\nu)$ 为频率分布在 ν 附近单位频率间隔的光功率；P_0 为整个频率范围内的总光功率，其表达式为

$$P_0 = \int_{-\infty}^{\infty} P(\nu) \mathrm{d}\nu \tag{1.5.2}$$

根据式(1.5.1)和式(1.5.2)可知 $g(\nu)$ 的物理量单位为 s，同时由式(1.5.1)和式(1.5.2)可得

$$\int_{-\infty}^{\infty} g(\nu) \mathrm{d}\nu = \int_{-\infty}^{\infty} \frac{P(\nu)}{P_0} \mathrm{d}\nu = \frac{1}{P_0} \int_{-\infty}^{\infty} P(\nu) \mathrm{d}\nu = 1 \tag{1.5.3}$$

称式(1.5.3)为线型函数的归一化条件。根据式(1.5.3)，也可以把线型函数 $g(\nu)$ 理解为自发发射跃迁产生 ν 附近单位频率间隔的光的概率。考虑所有频率的光则总概率为式(1.5.3)所示的100%。简单来说，线型函数反映了产生频率 ν 的光的自发发射跃迁概率。

图 1.5.3 为典型的线型函数曲线，图中 $g(\nu)$ 值最大处对应的频率定义为中心频率，一般用 ν_0 表示，即线型函数的极大值 $g_{max} = g(\nu_0)$。从概率的角度看，产生中心频率 ν_0 光的自发发射跃迁概率最大。定义线型函数曲线极大值一半对应的频率范围($\Delta \nu$)为谱线宽度，则

$$g\left(\nu_0 \pm \frac{\Delta \nu}{2}\right) = \frac{g(\nu_0)}{2} \tag{1.5.4}$$

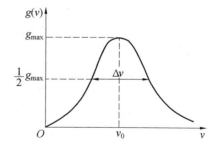

图 1.5.3　线型函数曲线

根据式(1.5.4)，若计算谱线宽度，首先需得到线型函数中心频率处的极大值，然后计算该极大值一半对应的两个频率，最后计算两个频率的差即可得到谱线宽度。另外，不同能级间自发发射跃迁产生谱线的中心频率是不同的，因此一般情况下线型函数用 $g(\nu, \nu_0)$ 表示。

气体介质的光谱线宽度主要由自然加宽、碰撞加宽和多普勒加宽三种加宽类型引起，

每种加宽的机理与线型函数都不相同,下面对三种加宽类型的机理与线型一一进行说明,并做深入的分析。此外,简要介绍固体介质的晶格振动加宽和晶格缺陷加宽。

1.5.1 光谱线加宽的机理与线型

1. 自然加宽

自然加宽为一切原子所普遍具有的加宽类型,其加宽机理可以从量子理论和电磁场理论两方面分别加以解释。

(1) 量子理论解释。

根据前面介绍的自发发射的概念和图 1.4.1 可知,原子能级的能量是确定的值,但这是理想的情况。根据测不准原理,原子能级的寿命 τ_s 和该能级能量的不确定值 ΔE 应满足如下关系:

$$\tau_s \Delta E \approx \frac{h}{2\pi} \quad (1.5.5)$$

式中,h 为普朗克常数;ΔE 为原子能级的自然宽度。式(1.5.5)表明,如果原子的能级寿命有限,则能级的能量就不是一个确定的值。能级寿命越长,原子能级的自然宽度越窄。

图 1.4.1 只是两能级系统的理想情况,实际情况应如图 1.5.4 所示。其中 E_1 能级的寿命为 τ_{1s},能级的自然宽度为 ΔE_1;E_2 能级的寿命为 τ_{2s},能级的自然宽度为 ΔE_2。两能级自发发射跃迁产生的光子能量应处于 $h\nu_1 \sim h\nu_2$ 范围内。根据式(1.1.5)和式(1.5.5),光谱线的自然加宽宽度可以表示为

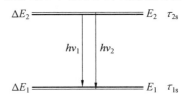

图 1.5.4 自发发射跃迁

$$\Delta \nu_N = \frac{\Delta E_2 + \Delta E_1}{h} = \frac{1}{2\pi}\left(\frac{1}{\tau_{2s}} + \frac{1}{\tau_{1s}}\right) \quad (1.5.6)$$

已知两能级的能级寿命,根据式(1.5.6)可计算出自然加宽的谱线宽度。通常原子能级寿命为 $10^{-9} \sim 10^{-8}$ s,对应自然加宽的谱线宽度为几十兆赫兹到几百兆赫兹。亚稳态能级寿命可达 10^{-3} s,则对应的谱线宽度只有几百赫兹。

根据测不准原理虽然可以得到计算谱线宽度的公式,却无法得到线型函数的表达式。下面采用电磁场理论,推导光谱线自然加宽的线型函数。

(2) 电磁场理论解释。

根据经典理论,将原子看作是由带一个正电的原子核和带一个负电的电子组成的电偶极子,如图 1.5.5 所示,电子沿 x 方向做简谐振动。由于自发发射不断损耗能量,因此形成振幅逐渐减小的阻尼振动,电偶极子阻尼振动的运动方程为

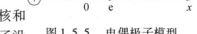

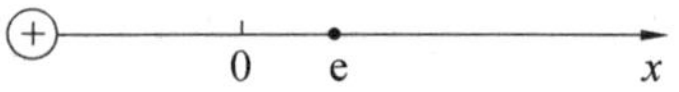

图 1.5.5 电偶极子模型

$$m_e \frac{d^2 x}{dt^2} + m_e \gamma \frac{dx}{dt} + Kx = 0 \quad (1.5.7)$$

式中,m_e 为电子质量;K 为力常数;γ 为阻尼系数。将式(1.5.7)等号两端除以电子质量得

$$\frac{d^2 x}{dt^2} + \gamma \frac{dx}{dt} + \omega_0^2 x = 0 \quad (1.5.8)$$

式中,ω_0 为简谐振动角频率,$\omega_0 = \sqrt{\dfrac{K}{m_e}}$,用谐振频率 ν_0 表示为

$$\omega_0 = 2\pi\nu_0 \tag{1.5.9}$$

式(1.5.8)的解为

$$x(t) = x_0 \mathrm{e}^{-\frac{\gamma}{2}t} \mathrm{e}^{\mathrm{i}\omega_0 t} = x_0 \mathrm{e}^{-\frac{\gamma}{2}t} \mathrm{e}^{\mathrm{i}2\pi\nu_0 t} \tag{1.5.10}$$

根据上式可得振幅随时间的变化如图 1.5.6 所示,随着时间的增加振幅逐渐衰减,导致产生的光波列为振幅衰减的波列。如果光波列是振幅相等的无穷长的波列,则傅里叶变换后对应的光波频率为单一频率;而对于振幅逐渐衰减的波列,傅里叶变换后对应的频率就不再是单一的频率,这就是形成光谱线自然加宽的原因。

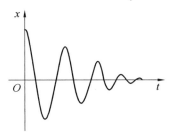

图 1.5.6 电偶极子阻尼振动振幅随时间的变化

对式(1.5.10)做傅里叶变换得

$$x(\nu) = \int_0^{+\infty} x(t) \mathrm{e}^{-\mathrm{i}2\pi\nu t} \mathrm{d}t = x_0 \int_0^{+\infty} \mathrm{e}^{-\frac{\gamma}{2}t} \mathrm{e}^{\mathrm{i}2\pi(\nu_0-\nu)t} \mathrm{d}t$$

$$= \dfrac{x_0}{\dfrac{\gamma}{2} - \mathrm{i}2\pi(\nu_0-\nu)} \tag{1.5.11}$$

自发发射光功率正比于电子振动振幅的平方,可表示为

$$P(\nu) \propto |x(\nu)|^2 \tag{1.5.12}$$

将上式代入式(1.5.1)和式(1.5.2),并由式(1.5.11)得

$$g(\nu,\nu_0) = \dfrac{P(\nu)}{P_0} = \dfrac{|x(\nu)|^2}{\int_{+\infty}^{-\infty} |x(\nu)|^2 \mathrm{d}\nu}$$

$$= \dfrac{1}{\left[\left(\dfrac{\gamma}{2}\right)^2 + 4\pi^2(\nu-\nu_0)^2\right] \int_{+\infty}^{-\infty} \dfrac{1}{\left(\dfrac{\gamma}{2}\right)^2 + 4\pi^2(\nu-\nu_0)^2} \mathrm{d}\nu} \tag{1.5.13}$$

根据线型函数的归一化条件式(1.5.3)得

$$\int_{-\infty}^{+\infty} \dfrac{1}{\left(\dfrac{\gamma}{2}\right)^2 + 4\pi^2(\nu-\nu_0)^2} \mathrm{d}\nu = \dfrac{1}{\gamma}$$

代入式(1.5.13)得自然加宽谱线的线型函数为

$$g_\mathrm{N}(\nu,\nu_0) = \dfrac{\gamma}{\left(\dfrac{\gamma}{2}\right)^2 + 4\pi^2(\nu-\nu_0)^2} \tag{1.5.14}$$

根据谱线宽度的定义式(1.5.4),式(1.5.14)所示的线型函数的谱线宽度为

$$\Delta\nu_\mathrm{N} = \dfrac{\gamma}{2\pi} \tag{1.5.15}$$

将式(1.5.15)代入式(1.5.14)得

$$g_\mathrm{N}(\nu,\nu_0) = \dfrac{1}{2\pi} \dfrac{\Delta\nu_\mathrm{N}}{(\nu-\nu_0)^2 + \left(\dfrac{\Delta\nu_\mathrm{N}}{2}\right)^2} \tag{1.5.16}$$

上式即为最终得到的自然加宽谱线线型函数的表达式,称其线型为洛伦兹型,其对应的线型函数曲线如图 1.5.7 所示。

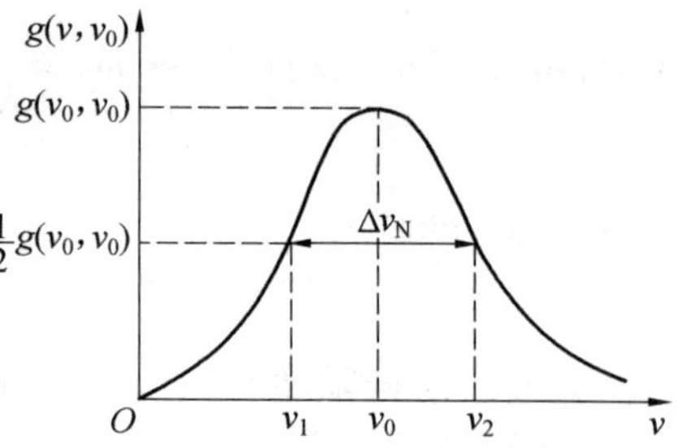

由于自发发射光功率 P 正比于电子振动振幅的平方,根据式(1.5.10)可得

$$P \propto x_0^2 e^{-\gamma t}$$

将上式与式(1.4.10)比较可得

$$\gamma = \frac{1}{\tau_s} \quad (1.5.17)$$

图 1.5.7 自然加宽谱线线型函数曲线

上式代入式(1.5.15)得

$$\Delta\nu_N = \frac{1}{2\pi\tau_s} \quad (1.5.18)$$

式(1.5.17)和式(1.5.18)表明,能级寿命越长,阻尼系数越小,产生的自发发射光波波列越长,光谱线的宽度越窄。如果下能级是基态能级,寿命无穷大,则式(1.5.18)与式(1.5.6)一致。

由于激发态能级都具有一定的寿命,因此自然加宽是一切原子产生自发发射时所普遍具有的谱线加宽。

2. 碰撞加宽

在气体中,大量粒子都处于无规则热运动状态,在粒子运动的过程中粒子之间或粒子与管壁之间都会发生碰撞。与其他粒子及管壁的碰撞过程导致粒子自发发射跃迁产生的光谱线加宽称为碰撞加宽。这里所说的碰撞是指两个粒子足够接近,它们相互作用足以改变原来的状态,则认为二者发生了碰撞。在晶体中,原子基本不移动,但相邻原子的偶极相互作用,也可能导致原子运动状态改变,可以认为该种情况下晶体中的原子间发生了碰撞。

与自然加宽机理类似,光谱线碰撞加宽机理也可以从量子理论和电磁场理论两方面加以解释。

(1) 量子理论解释。

按照量子理论解释,可以把碰撞加宽理解为碰撞导致激发态能级平均寿命的缩短。按自然加宽机理,处于激发态的原子具有一定的平均寿命,导致谱线有一定的宽度。原子与原子间或原子与管壁间的碰撞可能会导致原子处于激发态的平均时间缩短,即碰撞过程导致激发态的寿命缩短。此时激发态的寿命由碰撞的平均时间间隔 τ_L 决定,参照式(1.5.18)可得碰撞加宽的谱线宽度 $\Delta\nu_L$ 为

$$\Delta\nu_L = \frac{1}{2\pi\tau_L} \quad (1.5.19)$$

(2) 电磁场理论解释。

按照电磁场理论,自发发射的光波为图 1.5.6 所示的振幅阻尼衰减的波列。碰撞过程可能会使图 1.5.6 所示的光波列发生中断,导致光波列变为图 1.5.8 所示的情况。碰撞过程也可能使光波列发生相位突变,导致光波列变为图 1.5.9 所示的情况。图 1.5.8 和图 1.5.9 所示的两种情况,都相当于光波列长度比图 1.5.6 所示的长度缩短了。光波列长度

的缩短会导致其做式(1.5.11)的傅里叶变换后,对应的谱线宽度增加。由于光波列还是类似于式(1.5.10)的振幅指数衰减的形式,只是波列长度缩短了,所以碰撞加宽的谱线的线型函数应为类似于自然加宽式(1.5.16)的洛伦兹线型函数,可表示为

$$g_L(\nu,\nu_0) = \frac{1}{2\pi} \frac{\Delta\nu_L}{(\nu-\nu_0)^2 + \left(\frac{\Delta\nu_L}{2}\right)^2} \tag{1.5.20}$$

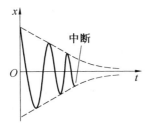
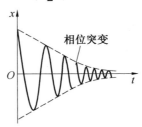

图 1.5.8　光波列中断　　　图 1.5.9　光波列相位突变

对于气体激光器,显然气体腔中的气压越高,气体粒子间的碰撞越频繁,碰撞的平均时间间隔越短。根据式(1.5.19),碰撞的平均时间间隔越短,对应的碰撞加宽谱线宽度 $\Delta\nu_L$ 越宽。在气压不太高时,$\Delta\nu_L$ 与气压 p 成正比,可表示为

$$\Delta\nu_L = \alpha p \tag{1.5.21}$$

式中,α 为碰撞加宽系数,也称为压力加宽系数,单位为 Hz/Pa。α 值可由实验测定,表 1.5.1 给出了两种气体激光介质的压力加宽系数实验测量结果。从表中可以看出,α 的数值虽然与压强 p 无关,但与所考虑的谱线中心波长、碰撞气体的种类有关。由于碰撞加宽谱线宽度与气体压强成正比,所以也称其为压力加宽。

表 1.5.1　两种气体激光介质的压力加宽系数

激光器	跃迁中心波长 /μm	碰撞气体	压力加宽系数 α/(MHz·Pa^{-1})
He-Ne 激光器	0.632 8	He + Ne	0.53
	3.39	He + Ne	0.38 ~ 0.60
CO$_2$ 激光器	10.6	CO$_2$ + CO$_2$	0.057
	10.6	CO$_2$ + N$_2$	0.041
	10.6	CO$_2$ + He	0.034

式(1.5.21)为考虑单一种类气体的情况。如果气体腔中充入工作气体 a,辅助气体 b,c 等多种组分的气体,则式(1.5.21)改写为

$$\Delta\nu_a = \alpha_{aa}p_a + \alpha_{ab}p_b + \alpha_{ac}p_c + \cdots \tag{1.5.22}$$

式中,α_{aa} 为工作气体 a 间的碰撞加宽系数;α_{ab} 为气体 a,b 间的碰撞加宽系数;α_{ac} 为气体 a,c 间的碰撞加宽系数;p_a,p_b 和 p_c 分别为气体 a,b 和 c 的气压。

一般情况下,He-Ne 激光器中的气压小于 500 Pa,由式(1.5.21)和表 1.5.1 可知,碰撞加宽的谱线宽度小于 300 MHz。而在 CO$_2$ 激光器中即使气压在 1 000 Pa 附近时,CO$_2$ 分子间碰撞加宽的谱线宽度也只约 50 MHz。

3. 晶格振动加宽

在固体工作物质中,晶格振动使激活离子处于随时间周期变化的晶格场中,激活离子

的能级对应的能量在某一范围内变化,从而引起谱线加宽。固体工作物质温度越高,对应的晶格振动越剧烈,晶格振动加宽越宽。对于固体工作物质,晶格振动加宽是主要的加宽因素。

4. 多普勒加宽

当用探测器测量气体工作介质的自发发射时,气体原子一直在做热运动会导致测得的光谱线有一定的展宽。当探测器接收这些做热运动原子发出的光波时,多普勒效应导致原子发射的光波频率和探测器接收的光波频率并不相同,二者之间存在多普勒频移。光谱线的多普勒加宽就是发光原子热运动导致多普勒频移引起的。

设发光原子自发发射的中心频率为 ν_0,原子和探测器之间的相对速度(原子运动速度在 z 方向的分量)为 v_z,光学多普勒效应如图 1.5.10 所示。当该原子与探测器保持相对静止(即 $v_z=0$)时,探测器测得的光波频率 ν 仍为 ν_0(即 $\nu=\nu_0$);当原子和探测器之间的相对速度为 v_z 时,探测器测得的光波频率 ν 为

$$\nu = \nu_0 \sqrt{\frac{1+\frac{v_z}{c}}{1-\frac{v_z}{c}}} \tag{1.5.23}$$

式中,c 为光速。一般情况下 $v_z \ll c$,将式(1.5.23)按级数展开,取一级近似得

$$\nu = \nu_0 \left(1 + \frac{v_z}{c}\right) \tag{1.5.24}$$

当发光原子向接近探测器方向运动(即沿着光波传播方向运动)时,$v_z > 0$,此时 $\nu > \nu_0$;相反,当发光原子向远离探测器方向运动(即与光波传播方向相反)时,$v_z < 0$,此时 $\nu < \nu_0$。

图 1.5.10 光学多普勒效应

设腔中充入某种原子气体,气体原子一直做无规则热运动,且运动速度各不相同,热运动速度分布如图 1.5.11(a) 所示。根据式(1.5.24),不同速度原子相同能级间自发发射跃迁产生的光,被探测器接收时的光波频率也不相同,不同速度原子发光频率如图 1.5.11(b) 所示,因此发光会引起光谱线的多普勒加宽。如果某一运动速度的发光原子数目越多,则相应频率的光谱线就会越强,所以线型函数的表达式应由发光原子速度分布(原子数随速度的变化)决定。当达到热平衡时,发光原子热运动速度服从麦克斯韦统计分布规律。速度分量在 $v_z \sim v_z + \mathrm{d}v_z$ 的原子数 $N(v_z)\mathrm{d}v_z$ 为

$$N(v_z)\mathrm{d}v_z = N_0 \left(\frac{m}{2\pi kT}\right)^{\frac{1}{2}} \mathrm{e}^{-\frac{m}{2kT}v_z^2} \mathrm{d}v_z \tag{1.5.25}$$

式中,N_0 为总原子数;m 为原子质量;k 为玻耳兹曼常数;T 为气体的绝对温度。

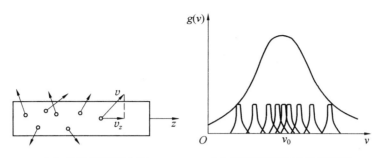

(a) 热运动速度分布　　(b) 不同速度原子发光频率

图 1.5.11　发光原子的热运动和发光

根据式(1.5.24)得

$$v_z = c\left(\frac{\nu}{\nu_0} - 1\right) \tag{1.5.26}$$

将上式两端微分得

$$\mathrm{d}v_z = \frac{c}{\nu_0}\mathrm{d}\nu \tag{1.5.27}$$

将式(1.5.26)和式(1.5.27)代入式(1.5.25)得

$$N(\nu)\mathrm{d}\nu = N_0 \frac{c}{\nu_0}\left(\frac{m}{2\pi kT}\right)^{\frac{1}{2}} e^{-\frac{mc^2}{2kT\nu_0^2}(\nu-\nu_0)^2}\mathrm{d}\nu \tag{1.5.28}$$

根据式(1.5.24),发光原子的运动速度 v_z 与探测器测得的光频率 ν 之间为一一对应的关系,且以速度 v_z 运动的原子越多,则发射频率 ν 的光子越多,二者成正比。因此根据线型函数的定义式(1.5.1)得

$$g(\nu)\mathrm{d}\nu = \frac{P(\nu)}{P_0}\mathrm{d}\nu = \frac{N(\nu)}{N_0}\mathrm{d}\nu \tag{1.5.29}$$

将式(1.5.28)代入上式得

$$g_\mathrm{D}(\nu,\nu_0)\mathrm{d}\nu = \frac{c}{\nu_0}\left(\frac{m}{2\pi kT}\right)^{\frac{1}{2}} e^{-\frac{mc^2}{2kT\nu_0^2}(\nu-\nu_0)^2}\mathrm{d}\nu \tag{1.5.30}$$

所以多普勒加宽的线型函数表达式为

$$g_\mathrm{D}(\nu,\nu_0) = \frac{c}{\nu_0}\left(\frac{m}{2\pi kT}\right)^{\frac{1}{2}} e^{-\frac{mc^2}{2kT\nu_0^2}(\nu-\nu_0)^2} \tag{1.5.31}$$

称式(1.5.31)的线型为高斯型。

根据式(1.5.31)可得多普勒加宽线型函数曲线如图 1.5.12 所示。线型函数的极值在中心频率处,即 $\nu = \nu_0$ 时线型函数的极大值为

$$g_\mathrm{D}(\nu_0,\nu_0) = \frac{c}{\nu_0}\left(\frac{m}{2\pi kT}\right)^{\frac{1}{2}} \tag{1.5.32}$$

由式(1.5.31)和式(1.5.32)可求得极大值一半对应的频率 ν_1 和 ν_2。再根据谱线宽度的定义和式(1.5.4),可得多普勒加宽的谱线宽度 $\Delta\nu_\mathrm{D}$ 的表达式为

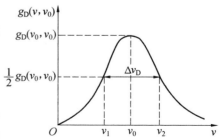

图 1.5.12　多普勒加宽线型函数曲线

$$\Delta\nu_D = \nu_2 - \nu_1 = 2\nu_0 \left(\frac{2kT}{mc^2}\ln 2\right)^{\frac{1}{2}}$$

$$\approx 7.16 \times 10^{-7} \left(\frac{T}{M}\right)^{\frac{1}{2}} \nu_0 \qquad (1.5.33)$$

式中,M 为某元素相对原子质量(或相对分子质量),其与原子(或分子)质量 m(单位:kg) 的关系为

$$m = 1.66 \times 10^{-27} M$$

根据式(1.5.33),式(1.5.31)的线型函数也可以用谱线宽度 $\Delta\nu_D$ 表示为

$$g_D(\nu,\nu_0) = \frac{2}{\Delta\nu_D}\left(\frac{\ln 2}{\pi}\right)^{\frac{1}{2}} e^{-4\ln 2 \frac{(\nu-\nu_0)^2}{\Delta\nu_D^2}} \qquad (1.5.34)$$

在 He-Ne 激光器中是 Ne 原子能级跃迁产生激光,而在 CO_2 激光器中是 CO_2 分子能级跃迁产生激光。下面计算室温 $T = 300$ K 时 Ne 原子和 CO_2 分子产生自发发射荧光谱线的多普勒加宽情况。对于 Ne 原子,其相对原子质量 $M = 20$,设产生荧光谱线的中心波长为 $\lambda = 0.63$ μm,则根据式(1.5.33)得谱线宽度为 $\Delta\nu_D = 1\ 300$ MHz;而对于 CO_2 分子,其相对分子质量 $M = 44$,设产生荧光谱线的中心波长为 $\lambda = 10.6$ μm,则根据式(1.5.33)得谱线宽度为 53 MHz。由于 CO_2 分子的相对分子质量更大,且产生的光波长更长(即频率更小),因此其多普勒加宽的谱线宽度远小于 Ne 原子。

5. 晶格缺陷加宽

在固体工作物质中,不存在多普勒加宽,但存在晶格缺陷等导致谱线加宽的物理因素。在晶格缺陷部位的晶格场与无缺陷部位理想晶格场不同,因此处于缺陷部位的激活离子的能级发生位移,导致处于晶体不同部位的激活离子的发光中心频率不同,从而导致晶格缺陷加宽。这种加宽在均匀性差的晶体中表现得最为突出。

1.5.2 谱线加宽的分类

前面介绍的五种光谱线加宽的形式,按照加宽机理和特点可分为均匀加宽和非均匀加宽两类。

1. 均匀加宽

如果引起加宽的物理因素对每个原子都是等同的,则这种加宽称为均匀加宽。对于均匀加宽来说,无法区分哪部分原子对线型函数的哪个频率有贡献。自然加宽、碰撞加宽和晶格振动加宽都属于均匀加宽。对于自然加宽来说,引起加宽的物理因素是能级具有一定的寿命,该因素对每个原子都是等同的。根据电磁波理论对自然加宽的描述,每个原子自发发射时都会发出一个阻尼振动的有限波列长度的光波。经傅里叶变换后,每个原子自发发射产生的光谱线的中心波长和线型函数类型,与考虑所有原子自发发射时的光谱线的中心波长和线型函数类型是一致的。无法区分展宽后的光谱线中哪个频率的光是哪部分原子发射的,每个原子对光谱线内任意频率都有贡献。

碰撞加宽的物理因素与自然加宽非常相似。引起碰撞加宽的物理因素是碰撞导致原子能级平均寿命的缩短,该因素对每个原子也都是等同的。从波动性来看,每个原子自发

发射产生有限波列长度的光波,碰撞会使波列缩短。经傅里叶变换后,每个原子产生的光谱线的中心波长和线型函数类型也是一致的。与自然加宽一样,碰撞加宽也无法区分哪个频率的光是由哪部分原子产生的,每个原子对光谱线内任意频率都有贡献。

由于自然加宽和碰撞加宽的线型函数都是洛伦兹型的,可以证明在两种加宽机制共同作用时,线型函数仍为洛伦兹型,可表示为

$$g_H(\nu, \nu_0) = \frac{1}{2\pi} \frac{\Delta \nu_H}{(\nu - \nu_0)^2 + \left(\frac{\Delta \nu_H}{2}\right)^2} \tag{1.5.35}$$

式中,$\Delta \nu_H$ 为均匀加宽的光谱线宽度,它是自然加宽谱线宽度 $\Delta \nu_N$ 和碰撞加宽谱线宽度 $\Delta \nu_L$ 之和,即

$$\Delta \nu_H = \Delta \nu_N + \Delta \nu_L \tag{1.5.36}$$

一般气体中粒子间的碰撞都比较频繁,$\Delta \nu_L \gg \Delta \nu_N$;只有当气压极低、碰撞很少发生且发光粒子运动速度较慢时,自然加宽才会显现出来。

2. 非均匀加宽

与均匀加宽相反,如果引起加宽的物理因素并不是对每个原子都是等同的,则这种加宽称为非均匀加宽。对于非均匀加宽来说,能够区分哪部分原子对线型函数的哪部分频率有贡献。也就是说,在体系中每个原子只对谱线内某一频率范围有贡献,因而可区分谱线上的某频率范围是哪一部分原子发射的。多普勒加宽是由原子运动导致的,各原子的运动速度可能并不相同,因此引起加宽的物理因素并不是对每个原子都是等同的。原子的运动速度与探测器测得的光谱线中心频率有一一对应的关系,能够确定哪一速度的粒子对哪一频率范围的光谱线有贡献,因此气体工作物质中,多普勒加宽属于非均匀加宽。非均匀加宽的线型函数表达式如式(1.5.31)或式(1.5.34)所示,线型函数的类型为高斯型。在固体物质中,晶格缺陷导致处于晶体不同位置的激活离子的发光中心频率不同,因此晶格缺陷加宽属于非均匀加宽。晶格缺陷加宽的线型函数一般在理论上很难求出,只能通过实验测量其光谱线形状和宽度。

洛伦兹型线型函数和高斯型线型函数,虽然都是中心频率 ν_0 处的函数值最大,两侧函数值随着远离中心频率而逐渐减小,但二者的具体形状还是有显著的差别。为了比较两种线型函数的形状,设两种线型函数的宽度相等,即 $\Delta \nu_H = \Delta \nu_D$,此时两种线型函数的曲线如图 1.5.13 所示。根据式(1.5.35)可得均匀加宽的洛伦兹型线型函数的极大值(即中心频率 ν_0 处的值)应为

$$g_H(\nu_0, \nu_0) = \frac{2}{\pi \Delta \nu_H} \approx \frac{0.637}{\Delta \nu_H} \tag{1.5.37}$$

根据式(1.5.34)可得高斯型线型函数的极大值(即中心频率 ν_0 处的值)应为

$$g_D(\nu_0, \nu_0) = \frac{2}{\Delta \nu_D} \left(\frac{\ln 2}{\pi}\right)^{\frac{1}{2}} \approx \frac{0.939}{\Delta \nu_D} \tag{1.5.38}$$

将式(1.5.37)和式(1.5.38)相比较可以看出,当 $\Delta \nu_H = \Delta \nu_D$ 时高斯型线型函数的极大值要大于洛伦兹型线型函数的极大值,如图 1.5.13 所示。此外,从图 1.5.13 中还可以看出,随着远离中心频率,与洛伦兹型线型函数相比,高斯型线型函数值下降得更快。

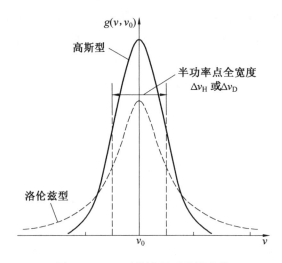

图 1.5.13　两种线型函数的曲线

3. 综合加宽

一般情况下,在气体介质中,均匀加宽和非均匀加宽同时存在。每个原子产生光谱线的能级都具有一定的寿命,因而会存在自然加宽;气体之间会有碰撞,因而会存在碰撞加宽;大量原子必然存在热运动,因而会存在多普勒加宽。一般情况下,当气体介质气压很高、碰撞非常频繁时,均匀加宽占主导地位,非均匀加宽影响较弱,此时可以用均匀加宽的洛伦兹型线型函数式(1.5.35)表示谱线的线型函数;相反,当气压很低、碰撞不频繁时,多普勒加宽往往比碰撞加宽影响更大,此时用非均匀加宽的高斯型线型函数式(1.5.34)表示谱线的线型函数。显然存在某一气压范围,在此范围内碰撞加宽可以与多普勒加宽相比拟,这种加宽称为综合加宽,线型称为综合线型。

实际气体介质的光谱线加宽应该如图 1.5.11(b) 所示,以速度 v_z 运动的原子发光时,探测器会接收到以式(1.5.24)计算所得 ν 为中心频率的均匀加宽光谱线。各种速度原子产生的这些不同中心频率的均匀加宽光谱线叠加,会形成最终的线型函数。因此当均匀加宽和非均匀加宽相比拟时,综合加宽线型函数应为

$$g(\nu,\nu_0) = \int_{-\infty}^{\infty} g_D(\nu',\nu_0) g_H(\nu,\nu') d\nu' \tag{1.5.39}$$

该卷积积分为沃伊特(Voigt)积分。将式(1.5.34)和式(1.5.35)代入式(1.5.39)得

$$g(\nu,\nu_0) = \frac{2}{\Delta\nu_D}\left(\frac{\ln 2}{\pi}\right)^{\frac{1}{2}} \frac{\Delta\nu_H}{2\pi} \int_{-\infty}^{\infty} \frac{e^{-\frac{4\ln 2(\nu'-\nu_0)^2}{\Delta\nu_D^2}}}{(\nu-\nu')^2 + \left(\frac{\Delta\nu_H}{2}\right)^2} d\nu' \tag{1.5.40}$$

可以证明,当 $\Delta\nu_H \gg \Delta\nu_D$ 时,式(1.5.40)变为式(1.5.35)所示的均匀加宽线型函数;当 $\Delta\nu_D \gg \Delta\nu_H$ 时,式(1.5.40)变为式(1.5.34)所示的非均匀加宽线型函数。

1.5.3　谱线加宽对自发发射、受激发射和受激吸收的影响

在 1.4 节介绍原子的自发发射、受激吸收和受激发射的概念时,针对的都是辐射或吸收单一频率(波长)光的理想情况,并在理想情况下给出了定量关系描述。根据光谱线加

宽可知，在实际情况下，对于上述三个过程不是仅辐射或吸收单一频率光的，在谱线展宽范围内的频率的光都应该加以考虑。因此，在考虑光谱线加宽的实际情况下，有必要分别对原子的自发发射、原子的受激发射和原子的受激吸收的概念和定量描述重新加以讨论。

1. 原子的自发发射

实际情况下，处于高能级上的原子自发地跃迁到低能级时放出的光子，不再是按照式(1.4.1)计算所得的单一频率(波长)。自发发射的光子频率可处于中心频率 ν_0 附近的一定频率范围内。由于线型函数也代表自发发射跃迁产生 ν 附近单位频率间隔的光的概率，因此自发发射概率按频率的分布可表示为

$$A_{21}(\nu) = A_{21} g(\nu, \nu_0) \tag{1.5.41}$$

式(1.5.41)表示总跃迁概率 A_{21} 分配到 ν 附近单位频率间隔的概率。根据线型函数表达式可知，中心频率 ν_0 处的线型函数值最大，表明中心频率 ν_0 处的自发发射概率最大，远离 ν_0 后自发发射概率迅速下降。

根据式(1.5.41)和线型函数的归一化条件式(1.5.3)，考虑谱线加宽，将自发发射过程定量描述的式(1.4.2)改写为

$$\frac{dn_2}{dt} = -\int_{-\infty}^{\infty} n_2 A_{21}(\nu) d\nu = -\int_{-\infty}^{\infty} n_2 A_{21} g(\nu, \nu_0) d\nu = -n_2 A_{21} \tag{1.5.42}$$

式(1.5.42)与式(1.4.2)一致，表明谱线加宽对式(1.4.2)没有影响。

2. 原子的受激发射

实际情况下，产生受激发射时外来光子的能量不需要正好等于图1.4.6所示的两个能级的能量间隔，线型函数曲线对应的频率范围内的光子都可以使处于高能级的原子在该外来光子的作用下从高能级跃迁到低能级，并辐射一个和外来光子完全相同的光子。也就是说，由于谱线加宽，和原子相互作用的单色光频率 ν 并不一定要精确等于原子发光的中心频率 ν_0 才能产生受激发射，在 ν_0 附近的一个频率范围内都能产生受激发射。

根据式(1.4.26)可得

$$B_{21} = \frac{c^3}{8\pi h \nu^3} A_{21} = \frac{c^3}{8\pi h \nu^3} \frac{A_{21} g(\nu, \nu_0)}{g(\nu, \nu_0)} \tag{1.5.43}$$

根据式(1.5.41)，上式可改写为

$$B_{21}(\nu) = B_{21} g(\nu, \nu_0) = \frac{c^3}{8\pi h \nu^3} A_{21}(\nu) \tag{1.5.44}$$

根据上式和式(1.4.20)可得受激发射概率按频率的分布为

$$W_{21}(\nu) = B_{21}(\nu) \rho_\nu = B_{21} g(\nu, \nu_0) \rho_\nu \tag{1.5.45}$$

式中，$W_{21}(\nu)$ 表示总受激发射跃迁概率 W_{21} 分配到 ν 附近单位频率间隔的概率。由于式(1.5.45)中的线型函数 $g(\nu, \nu_0)$ 和辐射场能量密度 ρ_ν 都与频率 ν 有关，因此 $W_{21}(\nu)$ 随 ν 的变化比自发发射时要复杂得多。

根据式(1.5.45)，将受激发射过程定量描述的式(1.4.19)改写为

$$\frac{dn_2}{dt} = -n_2 \int_{-\infty}^{\infty} W_{21}(\nu) d\nu = -n_2 B_{21} \int_{-\infty}^{\infty} g(\nu, \nu_0) \rho_\nu d\nu \tag{1.5.46}$$

将线型函数和辐射场能量密度随频率变化的表达式代入上式即可计算积分。设原子谱线

宽度为 $\Delta\nu$，辐射场 ρ_ν 的宽度为 $\Delta\nu'$。为了求解积分值，下面分别讨论 $\Delta\nu' \ll \Delta\nu$ 和 $\Delta\nu' \gg \Delta\nu$ 两种极限情况。

（1）原子和准单色光场的相互作用。

该过程对应于激光器内激光场与原子相互作用产生受激发射光放大过程，其中腔内的激光场对应于产生原子受激发射的外来辐射光场。由于激光场的单色性好，因此考虑此时外来辐射光场为准单色光。由于考虑的是准单色光，因此 $\Delta\nu'$ 非常小，此时满足 $\Delta\nu' \ll \Delta\nu$ 的情况，如图 1.5.14 所示。图中外来辐射光场的中心频率为 ν，原子谱线的中心频率为 ν_0。图中以 ν' 为横轴，所以式（1.5.46）改写为

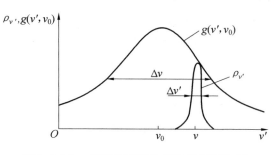

图 1.5.14　原子和准单色光场的相互作用

$$\frac{dn_2}{dt} = -n_2 B_{21} \int_{-\infty}^{\infty} g(\nu',\nu_0) \rho_{\nu'} d\nu' \qquad (1.5.47)$$

由于与原子谱线宽度 $\Delta\nu$ 相比，外来辐射光场的宽度 $\Delta\nu'$ 很窄，因此式（1.5.47）的积分在外来辐射场中心频率 ν 附近极窄的范围内才有非零值。在此极窄的频率范围内，可以把线型函数值近似看成不随频率变化的常数值，其值为外来辐射光场中心频率 ν 处对应的线型函数值 $g(\nu,\nu_0)$。将式（1.5.47）中的 $g(\nu',\nu_0)$ 看成不随 ν' 变化的常数 $g(\nu,\nu_0)$ 并提到积分号外得

$$\frac{dn_2}{dt} = -n_2 B_{21} g(\nu,\nu_0) \int_{-\infty}^{\infty} \rho_{\nu'} d\nu' = -n_2 B_{21} g(\nu,\nu_0) \rho \qquad (1.5.48)$$

式中，

$$\rho = \int_{-\infty}^{\infty} \rho_{\nu'} d\nu' \qquad (1.5.49)$$

ρ 代表准单色光总能量密度，由于已对频率积分，因此这里 ρ 代表单位体积内辐射能量，单位为 J/m^3。由式（1.5.48）可得受激发射跃迁概率为

$$W_{21} = B_{21} g(\nu,\nu_0) \rho \qquad (1.5.50)$$

上式表明由于谱线加宽的存在，因此在线型函数值非零的频率范围内的光都可能与原子作用产生受激发射过程。也就是说，不再要求外来单色光的频率 ν 一定要精确等于原子发光的中心频率 ν_0 才能产生受激发射，在 ν_0 附近某一频率范围内的光与原子作用都能产生受激发射。由于图 1.5.14 所示准单色光场包含的所有频率的光，其相应频率处线型函数都有相近的值，所以如式（1.5.49）所示，准单色光所有能量（光子）都参与了受激发射过程。此外，根据线型函数曲线和式（1.5.50）可知，当外来单色光的频率等于中心频率（即 $\nu = \nu_0$）时，产生受激发射的概率最大；当 ν 偏离 ν_0 时，跃迁概率急剧下降。

（2）原子和连续光场的相互作用。

如果与原子谱线宽度 $\Delta\nu$ 相比，外来的辐射光场的带宽 $\Delta\nu'$ 很宽，即 $\Delta\nu' \gg \Delta\nu$，此时的外来辐射光场在很宽的频率范围内连续分布，称为连续光场，如图 1.5.15 所示。图中外来辐射光场分布如 ρ_ν 对应的曲线所示，原子谱线的中心频率为 ν_0。

由于与外来辐射光场的宽度 $\Delta\nu'$ 相比，原子谱线宽度 $\Delta\nu$ 很窄，所以式（1.5.46）中的

积分在原子谱线中心频率 ν_0 附近很窄的范围内才有非零值。在此很窄的频率范围内，可以把外来辐射光场的能量密度 ρ_ν 近似看成不随频率 ν 变化，其值为原子谱线中心频率 ν_0 处对应的外来辐射光场的能量密度 ρ_{ν_0}。将式(1.5.46)中的 ρ_ν 看成不随 ν 变化的常数 ρ_{ν_0} 并提到积分号外，再根据线型函数的归一化条件式(1.5.3)得

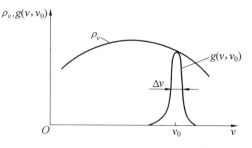

图 1.5.15 原子和连续光场的相互作用

$$\frac{\mathrm{d}n_2}{\mathrm{d}t} = -n_2 B_{21} \rho_{\nu_0} \int_{-\infty}^{\infty} g(\nu, \nu_0) \mathrm{d}\nu = -n_2 B_{21} \rho_{\nu_0} \tag{1.5.51}$$

根据上式，受激发射跃迁概率可表示为

$$W_{21} = B_{21} \rho_{\nu_0} \tag{1.5.52}$$

上述分析表明，当连续光场入射到介质时，只有在连续光场的频率在原子的中心频率附近很窄的频率范围内时，才可能与原子发生相互作用，其余频率的光不会与原子作用产生受激发射过程。

3. 原子的受激吸收

与受激发射类似，实际情况下，产生受激吸收时外来光子的能量也不需要正好等于图1.4.4 所示的两个能级的能量间隔，线型函数曲线对应的频率范围内的光子都可以使处于低能级的原子吸收这个光子从而跃迁至高能级。也就是说，由于谱线加宽，在 ν_0 附近某一频率范围内的光与原子相互作用都可能产生受激吸收过程。

根据式(1.4.27)可得

$$B_{12} = \frac{g_2}{g_1} \frac{B_{21} g(\nu, \nu_0)}{g(\nu, \nu_0)} \tag{1.5.53}$$

根据式(1.5.44)，上式可改写为

$$B_{12}(\nu) = B_{12} g(\nu, \nu_0) = \frac{g_2}{g_1} B_{21}(\nu) \tag{1.5.54}$$

根据式(1.5.54)和式(1.4.12)可得受激吸收概率按频率的分布为

$$W_{12}(\nu) = B_{12}(\nu) \rho_\nu = B_{12} g(\nu, \nu_0) \rho_\nu \tag{1.5.55}$$

式中，$W_{12}(\nu)$ 表示总受激吸收跃迁概率 W_{12} 分配到 ν 附近单位频率间隔的概率。与式(1.5.45)相似，式(1.5.55)中的线型函数 $g(\nu, \nu_0)$ 和辐射场能量密度 ρ_ν 都与频率 ν 有关，导致 $W_{12}(\nu)$ 随 ν 的变化与二者都有关。

根据式(1.5.55)，将受激吸收过程定量描述的式(1.4.11)改写为

$$\frac{\mathrm{d}n_1}{\mathrm{d}t} = -n_1 \int_{-\infty}^{\infty} W_{12}(\nu) \mathrm{d}\nu = -n_1 B_{12} \int_{-\infty}^{\infty} g(\nu, \nu_0) \rho_\nu \mathrm{d}\nu \tag{1.5.56}$$

上式与式(1.5.46)包含相同的积分项。设原子谱线宽度为 $\Delta\nu$，辐射场 ρ_ν 的宽度 $\Delta\nu'$。为了求解积分项，同样需要分别讨论 $\Delta\nu' \ll \Delta\nu$ 和 $\Delta\nu' \gg \Delta\nu$ 两种极限情况。

与受激发射部分讨论情况类似，当考虑原子和准单色光场的相互作用时，可得

$$\frac{\mathrm{d}n_1}{\mathrm{d}t} = -n_1 B_{12} g(\nu, \nu_0) \rho \tag{1.5.57}$$

式中,ρ 的表达式为式(1.5.49)。由式(1.5.57)可得受激吸收跃迁概率为

$$W_{12} = B_{12}g(\nu,\nu_0)\rho \tag{1.5.58}$$

上式表明,由于谱线加宽的存在,在线型函数值非零的频率范围内的光都可能与原子作用产生受激吸收过程。由于图 1.5.14 所示的准单色光场包含的所有频率光,其相应频率处线型函数都有相近的值,因此如式(1.5.49)所示,准单色光所有能量(光子)都参与了受激吸收过程。此外,根据线型函数曲线和式(1.5.58)可知,当外来单色光的频率等于中心频率(即 $\nu = \nu_0$)时,产生受激吸收的概率最大;当 ν 偏离 ν_0 时,受激吸收概率急剧下降。

当考虑原子和连续光场的相互作用时,可得

$$\frac{\mathrm{d}n_1}{\mathrm{d}t} = -n_1 B_{12}\rho_{\nu_0} \tag{1.5.59}$$

根据上式,受激发射吸收跃迁概率可表示为

$$W_{12} = B_{12}\rho_{\nu_0} \tag{1.5.60}$$

当连续辐射场入射到介质时,只有连续辐射场的频率在原子的中心频率附近很窄的频率范围内的光,才可能被原子受激吸收,其余频率的光不会被原子受激吸收,所以如果以谱带较宽的荧光照射介质产生某一对能级间受激吸收跃迁,那么只有很少的光能被受激吸收,大部分频率的光都不能得到有效利用。

习题与思考题

1. 计算与以下两种激光波长相应的光子质量和能量(能量的单位分别为 J 和 eV):

(1)He - Ne 激光器 632.8 nm 激光;

(2)CO_2 激光器 10.6 μm 激光。

2. 在 2 cm³ 的空腔内存带宽为 10^{-4} μm、波长为 0.5 μm 的自发发射光。求:

(1) 此光的频带宽度是多少?

(2) 在此频带范围内,腔内存在的模式数是多少?

(3) 一个自发发射光子出现在某一模式的概率是多少?

3. 设一对能级 E_2 和 E_1 的统计权重相等,两能级跃迁产生的光频率为 ν(相应的波长为 λ),两能级上的粒子数密度分别为 n_2 和 n_1,在热平衡的状态下求:

(1) 当 $\nu = 3\ 000$ MHz,温度 $T = 300$ K 时,$\frac{n_2}{n_1}$ 的值;

(2) 当 $\lambda = 1$ μm,温度 $T = 300$ K 时,$\frac{n_2}{n_1}$ 的值;

(3) 当 $\lambda = 1$ μm,$\frac{n_2}{n_1} = 0.1$ 时,温度 T 的值。

4. 已知基态 E_1 与激发态 E_2 能级处于完全热平衡状态,E_2 能级寿命 $\tau_{21} = 100$ ns,两能级间跃迁波长为 500 nm,两能级的统计权重分别为 $g_1 = 1$,$g_2 = 3$,$\frac{1}{\mathrm{e}^{\frac{h\nu}{kT}} - 1} = 10^{-8}$。

(1) 计算 E_2 与 E_1 能级间的能量差为多少焦耳和多少电子伏特;

(2) 计算两能级间自发发射的辐射场能量密度；

(3) 计算受激发射概率 W_{21} 和受激吸收概率 W_{12} 的值。

5. 考虑 He-Ne 激光上下能级跃迁波长为 632.8 nm，其上能级 $3S_2$ 的寿命 $\tau_3 = 2 \times 10^{-8}$ s，下能级 $2P_4$ 的寿命 $\tau_2 = 2 \times 10^{-8}$ s，管内气压为 $p = 266$ Pa，压力加宽系数为 $\alpha = 0.53$ MHz/Pa，温度 $T = 300$ K：

(1) 计算上下能级跃迁荧光谱线的多普勒线宽 $\Delta\nu_D$；

(2) 计算上下能级跃迁荧光谱线的均匀线宽 $\Delta\nu_H$ 及 $\dfrac{\Delta\nu_D}{\Delta\nu_H}$。

6. 已知 CO_2 激光上下能级跃迁波长为 10.6 μm，气体处于室温 $T = 300$ K，压力加宽系数为 $\alpha = 0.049$ MHz/Pa：

(1) 计算时上下能级跃迁荧光谱线的多普勒线宽；

(2) 在什么气压范围内由非均匀加宽过渡到均匀加宽？

7. 根据式(1.5.31)证明谱线宽度 $\Delta\nu_D = 2\nu_0 \left(\dfrac{2kT}{mc^2}\ln 2\right)^{\frac{1}{2}}$ 及高斯型线型函数的表达式 $g_D(\nu, \nu_0) = \dfrac{2}{\Delta\nu_D}\left(\dfrac{\ln 2}{\pi}\right)^{\frac{1}{2}} e^{-4\ln 2 \frac{(\nu-\nu_0)^2}{\Delta\nu_D^2}}$。

第 2 章　激光器的基本原理

通过第 1 章可知,激光是通过辐射的受激发射实现光放大的。本章首先讲述产生激光的基本原理,即实现受激发射光放大需要具备的基本条件及如何实现更有效的光放大。然后讲述激光的形成过程和与荧光相比激光具有的特性。为了对激光的产生进行定量描述,本章将介绍激光器的速率方程理论,并以此为基础介绍激光介质的增益系数及增益饱和的规律。最后根据速率方程理论和增益系数公式,介绍产生激光的阈值振荡条件及定量描述激光的输出功率和能量等。

2.1　粒子数反转与光放大

根据 1.4 节的内容可知,光和物质的相互作用可能存在自发发射、受激发射和受激吸收三个过程,其中自发发射过程与外来光场无关。因此当一束光通过介质时,若该光束的光子能量等于某对能级的能量差,则可能产生受激吸收和受激发射两个过程。受激吸收过程会消耗掉光子使该光束的光强减弱,而受激发射过程会产生与该光束中的光子完全相同的光子使该光束的光强增强。因此,当一束光通过介质时,光强是增强还是减弱由受激吸收和受激发射过程进行的多少决定。

1. 介质对光吸收

若一束光通过介质后光强减弱,则该介质为光吸收介质(简称吸收介质)。通过介质后光强减弱,表明光与介质相互作用过程中,受激吸收过程消耗的光子数大于受激发射过程产生的光子数。假设光子能量等于 E_2 和 E_1 能级的能量差,如图 1.4.4 和图 1.4.6 所示,则根据式(1.4.11)可知,dt 时间间隔内单位体积产生受激吸收过程的原子数为 $W_{12}n_1 dt$。由于一个原子产生受激吸收过程就会消耗一个光子,因此 dt 时间间隔内单位体积受激吸收消耗的光子数为 $W_{12}n_1 dt$。同理,根据式(1.4.19),在 dt 时间间隔内单位体积受激发射产生的光子数为 $W_{21}n_2 dt$。在吸收介质中受激吸收消耗的光子数大于受激发射产生的光子数,所以此时有

$$W_{12}n_1 dt > W_{21}n_2 dt \tag{2.1.1}$$

根据式(1.4.12)和式(1.4.20),式(2.1.1)可变为

$$B_{12}\rho_\nu n_1 dt > B_{21}\rho_\nu n_2 dt \tag{2.1.2}$$

上式两端约去 dt 和 ρ_ν,并根据式(1.4.27)得

$$\frac{B_{21}g_2}{g_1}n_1 > B_{21}n_2$$

上式两端约去 B_{21} 可得

$$\frac{n_1}{g_1} > \frac{n_2}{g_2} \tag{2.1.3}$$

由上式可知,当低能级上每个简并能级的平均原子数大于高能级上每个简并能级的平均原子数时,该介质为光吸收介质。光吸收介质原子数分布如图2.1.1所示,入射到介质中的光强为I_0,经介质后输出的光强为I,则$I_0 > I$。根据1.3节中对式(1.3.5)的讨论可知,在热平衡状态下,原子数

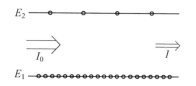

图2.1.1 光吸收介质原子数分布

在能级上的分布恰好满足式(2.1.3),所以热平衡状态下的介质为吸收介质。

初始光强为I_0的光垂直入射到长度为L的吸收介质中,穿过介质后的光强为I,吸收介质对光的衰减如图2.1.2所示。若光在吸收介质中传播dL距离时光强减少dI,则dI可表示为

$$dI = -\alpha I dL \quad (2.1.4)$$

式中,比例系数α称为吸收系数,代表介质对光吸收能力的强弱。根据式(2.1.4),α可表示为

$$\alpha = -\frac{dI}{I dL} \quad (2.1.5)$$

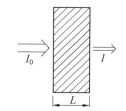

图2.1.2 吸收介质对光的衰减

由上式可知,吸收系数代表光在介质内传播单位距离时光强减少的百分比。根据图2.1.2设入射光强为I_0,仿照式(1.4.2)的求解方法求解式(2.1.4)可得

$$I = I_0 e^{-\alpha L} \quad (2.1.6)$$

所以光在吸收介质中传播时,随着传播距离的增加,光强呈指数衰减。

2. 介质对光放大

若一束光通过介质后光强增加,则该介质为光放大介质(简称放大介质),也称该介质为激活介质或增益介质。由于通过介质后光强增加,表明其与吸收介质相反,受激发射过程产生的光子数大于受激吸收过程消耗的光子数。因此与式(2.1.3)相反,对于增益介质有

$$\frac{n_2}{g_2} > \frac{n_1}{g_1} \quad (2.1.7)$$

上式表明,当高能级上每个简并能级的平均原子数大于低能级上每个简并能级的平均原子数时,该介质为增益介质,增益介质原子数分布如图2.1.3所示,入射到介质中的光强为I_0,经增益介质后输出的光强为I,则$I_0 < I$。当原子数按能级的分布满足式(2.1.7)时,称介质处于粒子数反转状态。若想通过受激发射光放

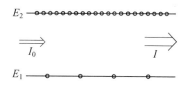

图2.1.3 增益介质原子数分布

大产生激光,则必须要实现粒子数反转,所以式(2.1.7)是产生激光的必要条件。此外,该不等式表明,此时介质显然已经不处于热平衡状态,所以若想使介质成为能放大光的增益介质,必须向介质注入能量,打破介质原有的热平衡状态。向介质注入能量的装置称为泵浦源或激励源。激励源的作用是将基态粒子尽可能多地激发到激光上能级,使激光上下能级之间形成粒子数反转,然后通过受激发射过程实现光放大进而产生激光。激励源可以是闪光灯、激光器等光源产生的一束光,通过受激吸收过程激发粒子到激光上能级,此时是将光能转化成激发能。也可以采用放电激励方式,通过电子碰撞激发等方式使粒

子被激发到激光上能级,此时是将电能转化成激发能。除此之外还可以采用化学激励、核爆激励等方式,将化学能、核能等形式的能量转化成激发能。

增益介质对光的放大如图 2.1.4 所示,初始光强为 I_0 的光垂直入射到长度为 L 的增益介质中,穿过介质后的光强为 I。若光在增益介质中传播 dL 距离时光强增加 dI,则 dI 可表示为

$$dI = GIdL \qquad (2.1.8)$$

式中,G 为增益系数,代表介质对光放大能力的强弱。根据式(2.1.8),G 可表示为

$$G = \frac{dI}{IdL} \qquad (2.1.9)$$

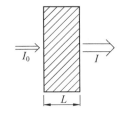

图 2.1.4　增益介质对光的放大

由上式可知,增益系数代表光在介质内传播单位距离时光强增大的百分比。根据图 2.1.4,设入射光强为 I_0,仿照式(1.4.2)的求解方法求解式(2.1.8),可得

$$I = I_0 e^{GL} \qquad (2.1.10)$$

所以光在增益介质中传播时,随着传播距离的增加,光强呈指数增大。在后续的 2.6 节中会对增益系数做更详细的讨论,并给出增益系数的具体表达式。

根据以上描述,可以构建一台图 2.1.5 所示的单程放大激光器。在图 2.1.5 所示的激光器中,激励源将能量注入工作物质,使工作物质中粒子的某一对能级获得粒子数反转成为增益介质。当光子能量等于这对能级能量差时,光从工作物质一端向另一端传播的过程中得到受激发射光放大,理想状态下会产生一束特性完全相同的光子。由

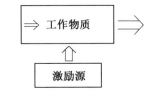

图 2.1.5　单程放大激光器

于光只能一次通过增益介质获得放大,因此该类激光器称为单程放大激光器。在极紫外和软 X 射线等短波长波段,由于无法获得理想的光学元件,因此一般为图 2.1.5 所示的单程放大激光器;而在紫外、可见光和红外波段,一般将图 2.1.5 所示的结构用作激光放大器,而不称为激光器。

2.2　光学谐振腔的作用

采用图 2.1.5 所示的结构,光只能一次通过介质获得放大,显然放大得不够充分。为了使光多次通过介质获得充分放大,可以在工作物质两端恰当地放置两个内表面镀有反射膜的反射镜片,这两个反射镜构成了一个最简单的开放式光学谐振腔,激光器的基本结构如图 2.2.1 所示。一般情况下,其中一个反射镜的反射率应尽量高,称为全反射镜或后反射镜,该反射镜一端几乎没有激光输出;另一个反射镜有一定反射率的同时也有一定的透过率,激光从该反射镜一端输出,称该反射镜为输出镜或前镜。在激光发展史上,最早提出的是由两个平面镜组成的平行平面腔(简称平-平腔),也称为法布里-珀罗谐振腔。随着激光技术的不断发展,平面反射镜、凹面反射镜、凸面反射镜等得以应用,这三

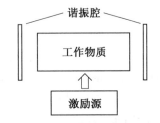

图 2.2.1　激光器的基本结构

种面型的反射镜分别作为后反射镜和输出镜可以构成平-平腔、平-凹腔、平-凸腔、凹-凹腔、凹-凸腔等不同类型的谐振腔。谐振腔也可以分为有源腔和无源腔。将含有激光介质且对光有增益放大作用（$G>0$）的谐振腔称为有源腔；将不含激光介质或者含有激光介质但激光介质对光既不放大也不衰减（$G=0$）的谐振腔称为无源腔。

本节只对谐振腔的作用做相应的描述，有关谐振腔的损耗、谐振腔的稳定性、谐振腔中传播的光束等内容将在第3章详细介绍。

在获得激光输出的过程中，谐振腔主要有提供光学反馈、限制光束的振荡方向和选择振荡光频率的作用。

1. 提供光学反馈作用

与图 2.1.5 所示的单程放大不同，由于腔镜的反射作用，一部分光被重新反射回腔内形成反馈光，该部分光将在介质中做进一步的放大，因此谐振腔能使光往返通过增益介质获得多次放大。反馈作用的大小主要由反射镜的反射率、镜面的曲率半径和两腔镜间的距离决定。

首先讨论腔镜反射率对反馈作用的影响。往返光放大过程如图 2.2.2 所示，谐振腔两个腔镜的反射率分别为 r_1 和 r_2，两个腔镜之间的距离与增益介质长度相同，均为 L。设介质的增益系数为 G，垂直于镜面 r_2 向右传播光的初始光强为 I_0。光强为 I_0 的光从增益介质左端向右端传播的过程中会获得光放大，根据式（2.1.10），到达增益介质右端时光强为 $I_0 e^{GL}$，经腔镜 r_1 垂直于镜面反射回介质中的光强为 $r_1 I_0 e^{GL}$，该部分光从增益介质右端向左端传播过程中继续获得光放大，到达左端时光强为 $r_1 I_0 e^{2GL}$，经左端腔镜 r_2 垂直于镜面反射回介质中的光强为 $r_1 r_2 I_0 e^{2GL}$，至此初始光强为 I_0 的光束恰好在谐振腔中往返振荡一次。若

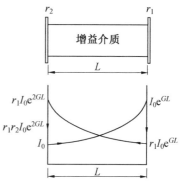

图 2.2.2 往返光放大过程

要维持这样的往返振荡过程，则需保证往返振荡一次后的光强不小于初始光强，即

$$r_1 r_2 I_0 e^{2GL} \geq I_0$$

上式两端约去 I_0 得

$$r_1 r_2 e^{2GL} \geq 1 \quad (2.2.1)$$

上式也可以表示为

$$G \geq -\frac{1}{2L} \ln r_1 r_2 \quad (2.2.2)$$

上式的右端代表由两个反射镜的反射不完全引起的损耗。根据上述推导可知，只有满足式（2.2.2）时，光束才能在谐振腔中维持往返振荡，否则光强会逐渐减小直至光束消失。实际上，除了两个反射镜的反射不完全引起的损耗以外，还存在衍射、吸收、散射等其他形式的损耗，把所有这些损耗的总和定义为总损耗系数 α，则式（2.2.2）应改写为

$$G \geq \alpha \quad (2.2.3)$$

上式表示只有增益不小于损耗时，光束才能在谐振腔中维持往返振荡过程。因此，若想在谐振腔中维持激光振荡，则必须使增益不小于损耗。

根据式(2.2.2),两个腔镜的反射率越高(即 r_1 和 r_2 越接近1),反馈作用越好,对介质的增益系数要求越低,越有利于维持振荡。但另一方面,腔镜的反射率很高会导致大部分光在腔中来回振荡,不利于激光输出。因此通常使其中一个反射镜反射率尽量高,以利于降低腔镜反射不完全引起的损耗,维持振荡;另一个反射镜的反射率要根据增益系数的大小确定,既要保证获得较好的反馈作用,又要保证激光的有效输出。

除了两个反射镜的反射率外,谐振腔是否有好的反馈作用还与腔镜的曲率半径和两腔镜之间的距离有关。根据腔镜曲率半径 R 的不同,可将腔镜分为平面镜、凹面镜和凸面镜三种,用这三种腔镜可以组成不同类型的谐振腔,其中两个腔镜都是平面镜的称为平行平面腔(平-平腔);一个腔镜为平面镜,另一个腔镜为凹面镜的称为平-凹腔;一个腔镜为平面镜,另一个腔镜为凸面镜的称为平-凸腔;两个腔镜都是凹面镜的称为双凹腔;两个腔镜都是凸面镜的称为双凸腔;一个腔镜为凹面镜,另一个腔镜为凸面镜的称为凹-凸腔等。

设两个腔镜的曲率半径分别为 R_1 和 R_2,腔镜之间的距离为 L,则谐振腔的腔参数 g 可以表示为

$$g_1 = 1 - \frac{L}{R_1} \quad (2.2.4)$$

$$g_2 = 1 - \frac{L}{R_2} \quad (2.2.5)$$

式中,曲率半径正负号的选取遵循凹面向着腔内取正、凸面向着腔内取负的原则,平面镜对应的曲率半径为 ∞。

根据几何偏折损耗的大小,谐振腔可分为稳定腔、临界腔和非稳腔三种。三种腔的几何偏折损耗不同,因而其反馈作用也不同。稳定腔的几何偏折损耗较小,因而其反馈作用最好;临界腔的几何偏折损耗较大,因而其反馈作用较差;非稳腔的几何偏折损耗最大,因而其反馈作用最差。可以用 g_1 和 g_2 的乘积衡量谐振腔属于哪种谐振腔:$0 < g_1g_2 < 1$ 时为稳定腔;$g_1g_2 = 0$ 或 $g_1g_2 = 1$ 时为临界腔(或称介稳腔);$g_1g_2 < 0$ 或 $g_1g_2 > 1$ 时为非稳腔。以上对谐振腔稳定性的判据,将在3.2节给出推导。稳定性的好坏是设计谐振腔时需重点考虑的参数之一。

2. 限制光束的振荡方向作用

图2.2.3中给出了平行平面腔中光束的传播情况,从图中可以看出,与镜面垂直的光束可以在谐振腔中往返振荡获得很好的放大;而与光轴有一定夹角的光束在谐振腔中往返传播的过程中很容易逸出腔外,得不到很好的放大。所以在谐振腔的作用下,只有与光轴夹角很小

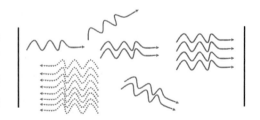

图2.2.3 谐振腔对光束方向的限制作用

的光才会得到很好的放大,保证了激光器输出的激光具有很好的方向性。

3. 限制振荡光频率作用

谐振腔对激光振荡频率有一定的限制作用,使输出的激光具有极高的单色性。

(1) 谐振腔对振荡频率的限制。

如1.2节所述,在谐振腔内稳定存在的光波为图1.2.1所示的驻波,其腔长 L 与光波长 λ 的对应关系满足式(1.2.5)。如果考虑谐振腔中增益介质的折射率 η,则式(1.2.5)

表示为

$$\eta L = q \frac{\lambda}{2} \tag{2.2.6}$$

式中,q 为正整数,由于谐振腔的腔长 L 远大于光波波长 λ,所以通常情况下 q 的取值为 $10^4 \sim 10^6$ 数量级。例如,设腔长 $L = 1$ m,折射率 $\eta = 1$,则根据式(2.2.6)波长 $\lambda = 400$ nm 的紫光对应的 q 值为 $q = 5 \times 10^6$。当 η 和 L 一定时,q 取不同整数会得到不同的波长值 λ_q。根据光波长与频率的关系 $\lambda_q = \frac{c}{\nu_q}$,式(2.2.6)可改写为

$$\nu_q = q \frac{c}{2\eta L} \tag{2.2.7}$$

显然,不同的 q 值对应于满足驻波条件的不同频率的纵模(图1.2.1),谐振腔中只有满足式(2.2.7)频率的光波才能形成振荡。根据式(2.2.7),两个相邻纵模频率间隔为

$$\Delta \nu_q = \nu_{q+1} - \nu_q = \frac{c}{2\eta L} \tag{2.2.8}$$

(2)激光振荡的纵模频率。

若要在谐振腔中实现激光振荡,除了要满足驻波条件式(2.2.7)外,还要满足式(2.2.3),即还要满足该频率光的增益大于损耗。在考虑1.5节光谱线加宽的情况下,增益系数 G 随频率(或波长)的变化与线型函数成正比

$$G(\nu) \propto g(\nu, \nu_0) \tag{2.2.9}$$

上式的详细推导过程将在2.5节和2.6节给出。式(2.2.9)表明,增益系数随频率的变化曲线和线型函数曲线的形状相同、宽度相同,只是幅值不同。图2.2.4中给出了增益系数随频率变化的曲线、损耗系数 α 和满足式(2.2.7)的纵模频率。从图中可以看出 ν_{q-1}、ν_q 和 ν_{q+1} 这三个频率既满足式(2.2.7)的驻波条件,又满足式(2.2.3)增益大于损耗的条件,因此这三个频率可能在谐振腔中形成激光振

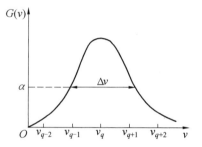

图 2.2.4　增益系数随频率变化的曲线、损耗系数 α 和满足式(2.2.7)的纵模频率

荡。而 ν_{q-2}、ν_{q+2} 等频率虽然满足式(2.2.7)的驻波条件,但由于增益小于损耗,因此不能实现激光振荡。根据上述分析,图2.2.4所示的激光器输出的激光可能包含 ν_{q-1}、ν_q 和 ν_{q+1} 三个纵模频率。可产生激光振荡的纵模数可表示为

$$m = \left[\frac{\Delta \nu}{\Delta \nu_q}\right] + 1 \tag{2.2.10}$$

式中,[ ] 代表取整函数;$\Delta \nu$ 代表增益大于损耗对应的频率范围。

此外,由于增益系数随频率的变化曲线 $G(\nu)$ 和线型函数曲线 $g(\nu, \nu_0)$ 的宽度相同,因此图2.2.4中的 $\Delta \nu$ 的大小与荧光谱线宽度相近。在 $\Delta \nu$ 的频率范围内,只有三个纵模频率产生了激光振荡,显然激光比荧光具有更好的单色性。如果通过选模将 ν_{q-1} 和 ν_{q+1} 抑制掉,只剩下 ν_q 一个纵模频率,则激光具有更好的单色性,此时称该激光器为单纵模激光器。

例题　假设图2.2.4中 $\Delta \nu = 1.5 \times 10^9$ Hz,增益介质的折射率 $\eta = 1$,求腔长 L 分别

为 20 cm 和 60 cm 时,有几个纵模频率可能产生激光振荡?

解 当 $L = 20$ cm 时,根据式(2.2.8)可得纵模频率间隔为

$$\Delta\nu_q = \frac{c}{2\eta L} = 0.75 \times 10^9 \text{ Hz}$$

根据式(2.2.10)可产生激光振荡纵模数为

$$m = \left[\frac{\Delta\nu}{\Delta\nu_q}\right] + 1 = 3$$

当 $L = 60$ cm 时

$$\Delta\nu_q = \frac{c}{2\eta L} = 0.25 \times 10^9 \text{ Hz}$$

此时可产生激光振荡纵模数为

$$m = \left[\frac{\Delta\nu}{\Delta\nu_q}\right] + 1 = 7$$

从式(2.2.10)可以看出,$\Delta\nu$ 越宽,可振荡的纵模数越多。$\Delta\nu$ 的大小除了与光谱线加宽有关外,还与损耗的大小有关,损耗越小,对应的 $\Delta\nu$ 越宽,越有利于实现多模振荡。要想减小振荡纵模数,提高激光单色性,一种方法是增加损耗来减小 $\Delta\nu$,但增加损耗会减小激光的输出能量;另一种方法是增加纵模频率间隔。从上述例题和式(2.2.8)可以看出,腔长 L 越短,纵模频率间隔越大,可振荡的纵模数越少,因此采用缩短腔长的方法也可以减小振荡纵模数,以提高激光单色性。有关选择纵模的方法,在有关激光技术的书籍中有详细的介绍。

以上所描述的纵模代表谐振腔内纵向(沿光轴方向)的电磁场分布,而谐振腔内横向(垂直于光轴方向)的电磁场分布称为横模。不同的横模对应激光光斑的形状不同,该部分知识将在第 3 章进行详细介绍。综合考虑纵模和横模可用 TEM_{mnq} 表示腔内激光振荡模式。TEM 表示纵向电场为 0 的横电磁波,m、n、q 取正整数,其中 q 对应纵模指数,m 和 n 对应横模指数。如果只讨论横模时可用 TEM_{mn} 表示,m 和 n 为 0 的模称为基模,m 和 n 大于等于 1 的模称为高阶模,m 和 n 越大代表模的阶次越高。

(3) 对谱线宽度的限制。

当激光器稳定运行时,腔内的光子数保持不变,此时腔镜的输出导致腔内光子数的减少,会由激光介质通过受激发射产生完全相同的光子给予补充。因此可以认为腔内光子的寿命 $\tau_s \to \infty$,仿照式(1.5.18),此时对应的激光谱线宽度为

$$\Delta\nu_s = \frac{1}{2\pi\tau_s} \tag{2.2.11}$$

显然,$\tau_s \to \infty$ 导致 $\Delta\nu_s \to 0$,因此在谐振腔的作用下激光的谱线宽度会非常小(甚至可达 $\Delta\lambda < 10^{-8}$ nm),远小于荧光谱线宽度(一般为 0.1 ~ 1 nm)。

2.3 激光器的分类与激光的形成过程

2.3.1 激光器的基本结构

根据图 2.2.1,通常激光器由激励源(或称泵浦源)、激光工作物质(或称增益介质、激活介质等)和谐振腔三部分组成。其中激励源给工作物质注入能量以使工作物质获得激

发并实现粒子数反转;工作物质在激励源作用下实现粒子数反转并实现受激发射光放大;谐振腔提供光学反馈,使得受激发射光在腔内维持振荡,同时限制光束方向和选择激光频率,使激光具有更好的方向性和单色性。

2.3.2 激光器的分类

根据激光器的结构,可按激励形式和工作物质形态进行分类。

1. 按工作物质形态分类

按工作物质形态可将激光器分为固体激光器、气体激光器、液体激光器、半导体激光器和光纤激光器等。

固体激光器的工作物质为掺杂晶体或玻璃,如1960年梅曼发明的第一台激光器是以红宝石晶体为工作物质的固体激光器。红宝石晶体为$Cr^{3+}:Al_2O_3$,即在Al_2O_3宝石中掺杂Cr^{3+}离子,以Cr^{3+}离子能级跃迁获得激光,常用的激光波长为0.694 3 μm。目前应用最为广泛的固体激光器是$Nd^{3+}:YAG$激光器,其采用掺杂Nd^{3+}(钕)离子的钇铝石榴石晶体$YAG(Y_3Al_5O_{12})$作为工作物质,以Nd^{3+}离子能级跃迁获得激光,常用的激光波长为1.06 μm。若要获得大能量的激光输出,一般采用钕玻璃作为工作物质,即在玻璃中掺杂Nd^{3+}离子,称为钕玻璃激光器。由于钕玻璃与$Nd^{3+}:YAG$激光器都是采用Nd^{3+}离子能级跃迁获得激光,所以常用的激光波长也在1.06 μm附近。与$Nd^{3+}:YAG$激光器相比,钕玻璃激光器的主要优点是工作物质制造成本较低,可制成较大尺寸的器件,用来获得较高峰值功率或较大能量(高于几千焦耳)的近红外脉冲激光输出。但与$Nd^{3+}:YAG$晶体相比,钕玻璃工作物质的热传导性能较差,故不适合进行连续运转或较高重复频率的脉冲运转。典型的可调谐(即激光波长在一定范围内可以变化)固体激光器为钛宝石激光器,工作物质为$Ti^{3+}:Al_2O_3$晶体,即在Al_2O_3宝石中掺杂Ti^{3+}离子,以Ti^{3+}离子多对能级的跃迁可获得波长在0.66~1.18 μm范围内的可调谐激光输出。除此之外,固体激光器还有很多,其输出激光波长从深紫外波段一直覆盖到红外波段,由于篇幅限制这里不做一一介绍。

气体激光器的工作物质为气体,包括原子气体、分子气体和离子气体。气体激光器一般采用放电激励的方式,某些气体激光器也可采用光激励的方式。典型的原子气体激光器为He-Ne激光器,以Ne原子的能级跃迁获得激光输出,常用的激光波长为0.632 8 μm,也可以产生波长为1.15 μm和3.39 μm的激光输出。除此之外还有其他惰性气体激光器和金属原子蒸气激光器等。在红外波段常用的分子气体激光器为CO_2激光器,以CO_2分子的能级跃迁获得激光输出,常用的激光波长为10.6 μm。在紫外波段常用的分子气体激光器为N_2激光器,其一般输出波长为0.337 1 μm。此外气体准分子激光器一般工作在紫外波段,如$XeCl^*$准分子激光器波长为0.308 μm,KrF^*准分子激光器波长为0.248 μm,ArF^*准分子激光器波长为0.193 μm等。典型的离子气体激光器为Ar^+离子激光器和Kr^+离子激光器,Ar^+离子激光器常用波长为0.488 0 μm和0.514 5 μm,Kr^+离子激光器常用波长为0.647 1 μm。采用高价离子气体为工作物质,可以获得极紫外和软X射线波段的激光输出,如采用Ar^{8+}离子能级跃迁可以获得46.9 nm软X射线激光,也可获得69.8 nm极紫外激光。

液体激光器的工作物质为有机液体或无机液体。典型的有机液体激光器为染料激光器,将染料(香豆素、罗丹明等)溶于乙醇等溶剂中,以光激励的方式利用染料分子能级跃迁获得可调谐激光输出,利用不同种类的染料可获得波长为 $0.355 \sim 0.775$ μm 的可调谐激光输出。典型的无机液体激光器为掺钕无机液体激光器,工作物质为 Nd^{3+}:$POCl_3/ZrCl_4$,利用 Nd^{3+} 离子能级跃迁可获得波长为 1.05 μm 的激光。

半导体激光器和光纤激光器的工作物质虽然也是固态物质,但并不称这两种激光器为固体激光器,只有工作物质为晶体或玻璃的激光器才称为固体激光器。半导体激光器以半导体材料为工作物质,在半导体物质的能带之间或者能带与杂质能级之间,通过激发非平衡载流子实现粒子数反转。半导体激光器波长可覆盖 $0.375 \sim 2.20$ μm,具有能量转换效率高、体积小、结构简单和寿命长等优点,广泛用于光存储、光通信、光显示、光信息处理等领域。光纤激光器以掺杂某些激活离子的光纤为工作物质,通过激活离子能级跃迁获得激光输出。光纤激光器的波长可覆盖 $0.4 \sim 4$ μm,常用的掺铒光纤激光器的波长为 1.55 μm,掺镱光纤激光器的波长为 $0.975 \sim 1.20$ μm。光纤激光器具有总增益高、阈值低、能量转换效率高、波长在一定范围内可调谐等优点,广泛应用于激光通信、激光加工等领域。

2. 按激励方式分类

按激励方式可将激光器分为光激励激光器、电激励激光器、化学激励激光器和核能激励激光器等。在光激励激光器中,又可分为闪光灯激励激光器和激光激励激光器。光激励激光器主要是利用光来照射固体、液体甚至气体工作物质,通过受激吸收方式将光子能量转换为激发能量,使工作物质产生粒子数反转。电激励激光器又可分为放电激励激光器和电子束激励激光器,二者对应的工作物质一般为气体,主要通过电子碰撞激发等方式将电能转换为激发能量,使气体介质产生粒子数反转。放电激励激光器中,高电压加到阴阳极间击穿气体产生放电,此时电子在阴阳极间加速获得能量的过程在气体中进行,由于加速过程中电子会与气体粒子碰撞损失能量,因此电子能量相对较低。而在电子束激励激光器中,两高压电极间为真空状态,电子在两电极间加速时不会与气体碰撞,因此可以获得很高的电子能量,然后再将这束高能电子注入气体中,可以激发较高气压的气体获得高能激光输出。化学激励是利用激光工作物质内部发生的化学反应过程,将化学能转换成激发能量使工作物质获得粒子数反转。典型的化学激光器有氟化氢(HF)激光器,输出波长为 $2.6 \sim 3.5$ μm;氟化氘(DF)激光器,输出波长为 $3.5 \sim 4.1$ μm;氧碘(OI)激光器,输出波长为 1.315 μm。化学激光器可产生能量非常高的激光脉冲,是很重要的高能激光武器。此外,核爆的能量也可以用来激发工作物质产生高能 X 射线激光。

3. 按激光脉冲宽度分类

按照激光脉冲宽度可将激光器分为连续运转激光器和脉冲运转激光器。He – Ne 激光器、CO_2 激光器、Ar^+ 离子激光器和半导体激光器等,都可以连续运转。如果不采用特殊的技术,脉冲运转激光器的激光脉冲宽度一般在毫秒(10^{-3} s)至微秒(10^{-6} s)量级。采用调 Q 技术可以获得纳秒(10^{-9} s)级巨脉冲激光,采用锁模技术可以获得皮秒(10^{-12} s)级超短脉冲激光,采用啁啾放大技术可以获得飞秒(10^{-15} s)甚至阿秒(10^{-18} s)级的超短脉冲激光。

2.3.3 激光的形成过程

为了获得激光输出,需要在工作物质某两个能级间实现粒子数反转。直接将这两个能级中的下能级粒子激发到上能级是否可以实现粒子数反转?还是需要借助其他能级的激发过程才能实现这两个能级的粒子数反转?为了回答上述问题,首先对二能级系统进行分析和讨论,然后再对三能级系统和四能级系统进行详细的分析和讨论。

1. 二能级系统

假设要在 E_2 和 E_1 能级间实现粒子数反转,如果采用光激励方式直接将 E_1 能级的粒子激发到 E_2 能级,能否实现粒子数反转?下面对该问题进行定性的分析和讨论,在 2.5 节对该问题再做定量的分析。

在未开始对工作物质进行激发时,工作物质处于初始的热平衡状态,根据 1.3 节的内容,此时低能级(E_1 能级)粒子数远大于高能级(E_2 能级)粒子数,如图 2.3.1(a)所示。根据 1.4 节的知识和 2.1 节的分析可知,此时光激发产生的受激吸收过程远大于受激发射过程,因此上能级的粒子数增加。只要 $\frac{n_1}{g_1} > \frac{n_2}{g_2}$,受激吸收过程就会大于受激发射过程,上能级粒子数就会持续增加,如图 2.3.1(b)所示。假设某一时刻激光上能级粒子数增加至 $\frac{n_1}{g_1} = \frac{n_2}{g_2}$,如图 2.3.1(c)和图 2.3.1(d)所示,在该条件下,受激吸收过程等于受激发射过程,也就是说受激吸收损失的光子数与受激发射产生的光子数相等,经过介质后光强不会增加也不会减少,相当于介质对光处于透明状态,称该状态为"激励饱和"或"二能级饱和"。介质对光处于透明状态,表明此时泵浦光的能量不再沉积到介质中,也就不会继续导致上能级粒子数增加。即使入射的光子数由图 2.3.1(c)所示的情况增加至图 2.3.1(d)所示的情况,上下能级粒子数也仍然保持在 $\frac{n_1}{g_1} = \frac{n_2}{g_2}$ 的状态,不可能出现 $\frac{n_1}{g_1} < \frac{n_2}{g_2}$ 的粒子数反转状态。从上述分析可以看出,采用光激发方式不能实现二能级系统粒子数反转,所以不能直接用二能级系统产生激光。要想某两个能级间产生粒子数反转,实现激光输出,必须有其他能级的参与,这样的能级系统分别称为三能级系统和四能级系统。

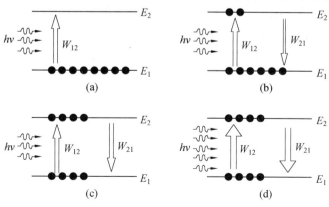

图 2.3.1 二能级系统激发过程

2. 三能级系统

如果激光下能级为基态,可以采用图2.3.2所示的三能级系统,实现激发态E_2和基态E_1之间的粒子数反转,进而实现激光振荡。根据前面分析,由于二能级系统不能实现粒子数反转,因此三能级系统不像二能级系统那样,直接将E_1能级的粒子激发到E_2能级,而是先将E_1能级的粒子激发到E_3能级,然后再从E_3能级跃迁到E_2能级。如果采用光激励,则E_1能级的粒子通过受激吸收方式吸收光子能量跃迁到E_3能级。如果采用放电激励,则电子碰撞激发等多种方式都可以使E_1能级的粒子被激发到E_3能级。由于放电激励方式涉及的激发过程和其他跃迁过程都很复杂,因此这里主要以光激励的方式讲述激光的形成过程。下面描述光激励时图2.3.2所示的三能级系统的激光形成过程,主要包括以下六个过程。

(1) 受激吸收过程。

在没有被激发之前工作物质一般处于热平衡状态,几乎所有粒子都处于基态E_1能级。在光激励下,通过受激吸收过程W_{13},基态E_1能级的粒子吸收能量$h\nu_{13}=E_3-E_1$的光子跃迁到E_3能级。

(2) 无辐射跃迁过程。

E_3能级的粒子通过快速的无辐射跃迁S_{32}到达激光上能级E_2。该跃迁过程一般由其他粒子与处于E_3能级的粒子的碰撞产生,E_3能级与E_2能级的能量差转

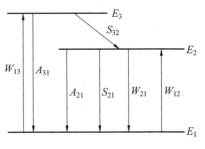

图2.3.2 三能级系统

变成了其他粒子的热能,使工作物质温度升高。由于从E_3能级到E_2能级跃迁不辐射出光子,因此称该过程为无辐射跃迁。此外,由于通过该无辐射跃迁过程E_3能级的粒子快速地跃迁到E_2能级,因此E_3能级几乎没有粒子积累。E_2能级一般为寿命较长的亚稳态,有利于粒子在该能级上积累。

(3) 形成粒子数反转。

通过受激吸收W_{13}和无辐射跃迁S_{32},E_1能级的粒子被不断地激发到E_2能级,当两能级间粒子数密度满足$\frac{n_2}{g_2} > \frac{n_1}{g_1}$时,就实现了激光上下能级的粒子数反转。由于初始状态下几乎所有粒子都处于E_1能级,因此在不考虑统计权重的情况下,要想实现粒子数反转需要把一半以上的粒子由基态E_1能级激发到E_2能级,这表明三能级系统对激励源(即泵浦源)的泵浦能力要求很高,不太容易实现粒子数反转和激光输出。

(4) 自发发射过程。

根据1.4节受激发射的概念,要想通过E_2能级和E_1能级之间的受激发射光放大产生激光,则需有能量恰好为$h\nu_{21}=E_2-E_1$的光子,该光子可由E_2能级到E_1能级的自发发射产生。虽然E_2能级寿命比较长,但是仍然有一定的概率产生自发发射过程,且自发发射产生的光子能量恰好为$h\nu_{21}=E_2-E_1$,可以作为受激发射的外来光子实现受激发射过程。

(5) 受激发射过程。

在自发发射产生的能量为$h\nu_{21}$的光子的作用下,产生E_2和E_1能级间的受激发射过程。由于已经实现了E_2和E_1能级之间的粒子数反转,因此通过受激发射过程可以实现

光放大,产生大量的能量为 $h\nu_{21}$ 的光子,且受激发射产生的光子具有完全相同的特性。

(6) 产生激光过程。

在谐振腔的作用下,能量为 $h\nu_{21}$ 的光子在工作物质中来回振荡得到放大,然后在输出镜一端产生激光输出。由于受激发射过程产生的光子具有完全相同的特性,同时谐振腔有对光束方向和频率的限制作用,因此最终输出的激光具有很好的方向性、单色性和相干性。激光特性的具体描述参见 2.4 节。

另外值得强调的是,三能级系统并不是只有三个能级参加了激光跃迁过程,在实际激光介质中图 2.3.2 所示的 E_3 能级往往包括很多能级。三能级系统最主要的特点是激光下能级为基态,这是判断激光系统是否为三能级系统的依据。另外泵浦光的频率 ν_{13} 大于产生激光的频率 ν_{21},所以泵浦光波长小于激光波长。

3. 四能级系统

根据对三能级系统激光形成过程的描述可以看出,当激光下能级为基态时,由于初始激发时刻几乎所有粒子都处于基态,因此要想产生粒子数反转需将一半以上的粒子泵浦到激光上能级。如果选择激光下能级为激发态,则在初始激发时刻几乎没有粒子在激发态,此时只需将很少的粒子激发到激光上能级即可实现激光上下能级的粒子数反转。这种激光下能级是激发态的激光系统称为四能级系统,如图 2.3.3 所示。

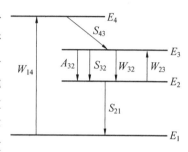

图 2.3.3 四能级系统

由于主要过程与三能级系统相似,这里根据图 2.3.3 简单描述四能级系统的激光产生过程。处于基态 E_1 能级的粒子通过受激吸收过程 W_{14} 跃迁到 E_4 能级;处于 E_4 能级的粒子通过快速的无辐射跃迁 S_{43} 到达激光上能级 E_3;当激光上能级 E_3 和下能级 E_2 间的粒子数密度满足 $\frac{n_3}{g_3} > \frac{n_2}{g_2}$ 时,就能实现激光上下能级的粒子数反转;E_3 能级与 E_2 能级间的自发发射产生能量为 $h\nu_{32}$ 的光子;在能量为 $h\nu_{32}$ 的光子的作用下,激光上下能级间产生受激发射光放大;在谐振腔的作用下获得激光输出。

与三能级系统不同,四能级系统初始时刻激光下能级几乎没有粒子,只需把少量的粒子激发到激光上能级即可实现粒子数反转,所以与三能级系统相比,四能级系统对泵浦源的泵浦能力要求低得多,更容易实现粒子数反转从而获得激光输出。此外,当产生激光时,受激发射过程会使激光下能级 E_2 的粒子数增加,要想维持粒子数反转状态,则需 E_2 能级迅速排空,这可通过 E_2 能级和 E_1 能级之间的快速无辐射跃迁 S_{21} 实现。因此,只要 S_{21} 足够大,就可以获得连续的激光输出。如果 S_{21} 不够大,产生激光时的受激发射过程会使激光下能级粒子数增加,当粒子数增加到一定值时不再能实现粒子数反转,则激光输出就会终止,此时激光只能工作在脉冲状态。当经过足够长的时间使 E_2 能级排空后,可重新泵浦输出下一个激光脉冲。

4. 典型激光器的激光形成过程

结合上面介绍的三能级和四能级系统的激光形成过程,介绍几种典型激光器的激光形成过程。这里分别介绍光激励的红宝石激光器和 Nd^{3+}:YAG 激光器(简称 YAG 激光器),以及放电激励的 He–Ne 激光器。

(1) 红宝石激光器。

红宝石激光器一般采用闪光灯泵浦方式,其工作物质为 $Cr^{3+}:Al_2O_3$,利用掺杂的 Cr^{3+} 离子的能级跃迁获得红光激光输出。与激光产生有关的 Cr^{3+} 离子的能级结构如图 2.3.4 所示,基态为 Cr^{3+} 离子的 $^4A_2$ 能级,激光上能级为 ^2E 能级,激光下能级为基态 $^4A_2$ 能级。其中 ^2E 能级包括两个子能级,分别为

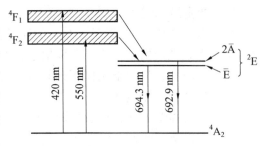

图 2.3.4 Cr^{3+} 离子的能级结构

$2\bar{A}$ 能级和 $\bar{E}$ 能级,两个子能级的粒子跃迁到基态分别产生 $0.692\ 9\ \mu m$ 和 $0.694\ 3\ \mu m$ 两个波长的红光激光。由于两个子能级的能量差很小,所以两个红光激光的波长相差很小,一般情况下 $0.694\ 3\ \mu m$ 波长的激光更容易获得。参照三能级系统的激光形成过程,红宝石激光器的激光形成过程分以下六步:

① 基态 Cr^{3+} 的受激吸收。在初始状态下,几乎所有粒子都处于基态 $^4A_2$ 能级,在闪光灯激励下,$^4A_2$ 能级粒子通过受激吸收过程跃迁到 $^4F_2$ 或 $^4F_1$ 能级,其跃迁过程可表示为

$$^4A_2 + h\nu(0.55\ \mu m\ 绿光) \rightarrow {}^4F_2$$
$$^4A_2 + h\nu(0.42\ \mu m\ 紫光) \rightarrow {}^4F_1$$

② 快速无辐射跃迁。被激发到 $^4F_2$ 或 $^4F_1$ 能级的粒子通过快速无辐射跃迁到 ^2E 能级的两个子能级。$^4F_2$ 或 $^4F_1$ 能级与 ^2E 能级的能量差转换为热能使晶体温度升高。其跃迁过程可表示为

$$^4F_2(^4F_1) \rightarrow {}^2E + \Delta E(热)$$

③ 形成粒子数反转。^2E 能级是亚稳态能级,寿命可达 3 ms,有利于粒子数的积累,当激发作用足够强时,会有大量的粒子从 $^4A_2$ 能级经 $^4F_2$ 或 $^4F_1$ 能级跃迁到 ^2E 能级;当把一半以上的粒子激发到 ^2E 能级的某个子能级时,则会在该子能级与 $^4A_2$ 能级之间形成粒子数反转。

④ 个别的自发发射。虽然 ^2E 能级的寿命很长,但仍有少量的粒子会从该能级的子能级 $\bar{E}$ 或 $2\bar{A}$ 能级自发发射跃迁到基态产生波长为 $0.692\ 9\ \mu m$ 或 $0.694\ 3\ \mu m$ 的光子,该跃迁过程可表示为

$$2\bar{A} \rightarrow {}^4A_2 + h\nu(0.692\ 9\ \mu m)$$
$$\bar{E} \rightarrow {}^4A_2 + h\nu(0.694\ 3\ \mu m)$$

⑤ 受激发射光被放大。这些自发发射产生的光子在红宝石晶体中传播时,会产生 ^2E 能级和 $^4A_2$ 能级间的受激发射和受激吸收过程。由于在这两个能级间已实现粒子数反转,受激发射过程产生的光子数大于受激吸收过程消耗的光子数,$0.694\ 3\ \mu m$ 或 $0.692\ 9\ \mu m$ 的光通过受激发射光放大过程,光强迅速增加。

⑥ 在谐振腔作用下形成激光。在谐振腔的作用下,$0.694\ 3\ \mu m$ 或 $0.692\ 9\ \mu m$ 的光在红宝石晶体中往返振荡,并实现激光输出。

由于红宝石激光器是在 Cr^{3+} 离子的激发态与基态之间跃迁产生激光,所以属于三能

级激光系统。该激光器对泵浦源的泵浦能力要求很高,较难实现激光输出。

(2) YAG 激光器。

YAG 激光器既可以采用闪光灯泵浦方式,也可以采用半导体激光的泵浦方式,其工作物质是 Nd^{3+}:$Y_3Al_5O_{12}$(简写为 Nd^{3+}:YAG),利用掺杂 Nd^{3+} 离子的能级跃迁获得红外激光输出。与激光产生有关的 Nd^{3+} 离子的能级结构如图 2.3.5 所示,基态为 Nd^{3+} 离子的 $^4I_{9/2}$ 能级(以下称为 E_1 能级),激光上能级为 $^4F_{3/2}$ 能级(以下称为 E_3 能级),激光下能级可以是 $^4I_{13/2}$ 能级或 $^4I_{11/2}$ 能级(以下称为 E_2 能级),也可以是基态 $^4I_{9/2}$ 能级。YAG 激光器产生激光的过程与红宝石激光器相似,这里只做简单描述。

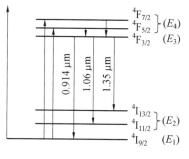

图 2.3.5 Nd^{3+} 离子的能级结构

在初始状态下,几乎所有粒子都处于基态 E_1 能级,在光激励下,E_1 能级粒子通过受激吸收过程跃迁到 $^4F_{7/2}$ 或 $^4F_{5/2}$ 能级(以下称为 E_4 能级),其跃迁过程可表示为

$$E_1 + h\nu \rightarrow E_4$$

被激发到 E_4 能级的粒子通过快速无辐射跃迁到 E_3 能级,其跃迁过程可表示为

$$E_4 \rightarrow E_3 + \Delta E(热)$$

由于 E_3 能级是寿命为 0.23 ms 的亚稳态能级,有利于粒子数积累,所以通过上述跃迁过程,能够在 E_3 和 E_2 能级或 E_3 和 E_1 能级之间形成粒子数反转。E_3 能级的粒子经个别的自发发射向 E_2 和 E_1 能级跃迁,分别产生波长为 1.35 μm、1.06 μm 和 0.914 μm 的光子。这些自发发射产生的光子在 Nd^{3+}:YAG 晶体中传播时,通过受激发射光放大过程,光强迅速增加,在谐振腔的作用下往返振荡,实现激光输出。激光上能级与 $^4I_{13/2}$ 能级或 $^4I_{11/2}$ 能级跃迁分别产生波长为 1.35 μm 或 1.06 μm 的激光,由于此时激光下能级为激发态,所以属于四能级激光系统。YAG 激光器常用的激光波长为 1.06 μm,该波长激光跃迁过程属于四能级激光系统,对泵浦源的泵浦能力要求较低,比较容易实现激光输出,该激光可以工作在脉冲模式下,也可以实现连续输出。激光上能级向基态 $^4I_{9/2}$ 能级跃迁时产生 0.914 μm 激光,由于此时激光下能级为基态,所以属于三能级激光系统,在室温下很难获得该激光输出。

(3) He - Ne 激光器。

He - Ne 激光器为典型的放电激励的激光器,与激光跃迁有关的 He 原子和 Ne 原子的能级结构如图 2.3.6 所示。从图中可以看出,产生激光输出的是 Ne 原子能级的跃迁。基态 Ne 原子的电子排布为 $1s^2 2s^2 2p^6$,图 2.3.6 中 Ne 原子各激发态对应的电子排布分别为:1S 能级对应 $2p^5 3s$;2S 能级对应 $2p^5 4s$;3S 能级对应 $2p^5 5s$;2P 能级对应 $2p^5 3p$;3P 能级对应 $2p^5 4p$。图中所示的每个激发态能级还包含很多子能级。He - Ne 激光器的激光上能级为 Ne 原子 3S 或 2S 能级的子能级,激光下能级为 3P 或 2P 能级的子能级。与光激励不同,He - Ne 激光器中主要通过电子碰撞激发方式将放电能量沉积到气体中,激光的具体形成过程分为以下六步:

① 电子碰撞激发。初始时刻 He 原子和 Ne 原子都处于基态,当气体被高电压击穿产生放电后,在两电极间电场作用下,电子由阴极向阳极加速运动获得能量变为快电子

e^*。在加速的过程中,快电子可能与 He 原子间产生电子碰撞激发过程,使 He 原子被激发到 2^3S_1 态或 2^1S_0 态,同时电子损失 19.8 eV 或 20.6 eV 的激发能变为慢电子 e,该过程可表示为

$$He(基态) + e^* \rightarrow He(2^3S_1) + e(-19.8 \text{ eV})$$
$$He(基态) + e^* \rightarrow He(2^1S_0) + e(-20.6 \text{ eV})$$

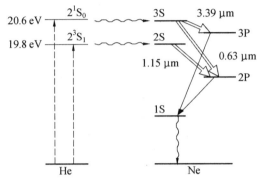

图 2.3.6　He 原子和 Ne 原子的能级结构

当然,基态的 Ne 原子也可以通过电子碰撞激发到激发态,但被激发到激光上能级的过程并不十分有效,因此在分析激光形成过程时,忽略了将 Ne 原子从基态直接激发到激光上能级的电子碰撞激发过程。

② 共振能量转移。He 原子的 2^3S_1 态和 2^1S_0 态都是寿命较长的亚稳态,可以积累大量的粒子。Ne 原子 2S 能级的子能级 $2S_2$ 的能量与 He 原子 2^3S_1 态的能量相近,Ne 原子 3S 能级的子能级 $3S_2$ 的能量与 He 原子 2^1S_0 态的能量相近,因此激发态的 He 原子可以通过共振能量转移过程,将激发能转移给基态 Ne 原子,使基态 Ne 原子被激发到激光上能级,该过程可表示为

$$He(2^3S_1) + Ne(基态) \rightarrow He(基态) + Ne(2S_2)$$
$$He(2^1S_0) + Ne(基态) \rightarrow He(基态) + Ne(3S_2)$$

③ 形成粒子数反转。通过对 He 原子的电子碰撞激发和激发态 He 原子与基态 Ne 原子的共振能量转移,Ne 原子被激发到 $3S_2$ 和 $2S_2$ 能级,在 $3S_2$ 和 3P 的子能级 $3P_4$ 间、$3S_2$ 和 2P 的子能级 $2P_4$ 间、$2S_2$ 和 $2P_4$ 间形成粒子数反转。

④ 个别的自发发射。处于激光上能级 $3S_2$ 或 $2S_2$ 的粒子,通过向激光下能级自发发射跃迁产生光子,其中 $3S_2$ 能级向 $3P_4$ 能级跃迁产生光子波长为 3.39 μm 的中红外光,$3S_2$ 能级向 $2P_4$ 能级跃迁产生光子波长为 0.632 8 μm 的红光,$2S_2$ 能级向 $2P_4$ 能级跃迁产生光子波长为 1.15 μm 的近红外光。上述自发发射过程可表示为

$$3S_2 \rightarrow 3P_4 + h\nu(3.39 \text{ μm})$$
$$3S_2 \rightarrow 2P_4 + h\nu(0.632 8 \text{ μm})$$
$$2S_2 \rightarrow 2P_4 + h\nu(1.15 \text{ μm})$$

⑤ 受激发射光被放大。这些自发发射产生的光子,在 He-Ne 气体中传播时,通过受激发射过程获得光放大。

⑥ 在谐振腔作用下形成激光。在谐振腔的作用下,3.39 μm、0.632 8 μm 或 1.15 μm

的光往返振荡,并实现相应波长的激光输出。国际上第一台 He - Ne 激光器的输出波长为 1.15 μm,而目前常用的 He - Ne 激光器的输出波长为 0.632 8 μm。由于 3.39 μm 和 0.632 8 μm 激光共用一个激光上能级,因此二者存在激烈的竞争关系,要获得较强的 0.632 8 μm 激光输出就必须通过增加损耗或降低增益等方式抑制 3.39 μm 的激光振荡。此外,不论是 3.39 μm、0.632 8 μm 还是 1.15 μm 的激光,其激光下能级都是激发态,因此三者都属于四能级激光系统。

2.4 激光的特性

与普通荧光相比,激光具有很好的方向性、单色性、相干性,且具有高亮度、高光子简并度。激光具有这些特性首先与受激发射机理有关,因为受激发射产生的光子是完全相同的;同时也与谐振腔的作用有关,谐振腔具有对光束方向性的限制和振荡频率选择的作用。下面对激光的特性分别加以讨论,给出衡量这些特性的物理量,分析产生这些特性的原因,并适当给出这些特性对应的应用等。

2.4.1 激光具有很好的方向性

荧光光源是通过自发发射过程产生光的,各原子通过自发发射过程产生的光子的传播方向是随机的,所以荧光光源发出的光是向四面八方传播的,方向性很差。相比之下激光具有非常好的方向性,这主要有两方面的原因。第一,激光是受激发射产生的光,由于受激发射产生的光子具有完全相同的特性,所以受激发射产生的光子沿同一方向传播,使得激光具有很好的方向性。第二,光学谐振腔的作用。如 2.2 节所述,谐振腔有限制光束方向的作用,那些与谐振腔光轴夹角较大的光线不能在谐振腔中往返振荡得到放大。

衡量光束方向性的物理量是光束发散角,对于荧光光源,光束发散角一般为 2π rad,而激光的发散角一般为毫弧度量级。最好的情况下,激光的发散角 θ 接近衍射角 $\theta_衍$:

$$\theta \approx \theta_衍 \approx 1.22 \frac{\lambda}{D} \approx \frac{\lambda}{D} \tag{2.4.1}$$

式中,D 为光束的直径;λ 为光波的波长。例如,He - Ne 激光器的输出波长为 0.632 8 μm,当激光光束直径为 1 mm 时,根据式(2.4.1) 激光的发射角为

$$\theta \approx \frac{\lambda}{D} = 0.632\ 8 \times 10^{-3} \text{ rad} \approx 1 \text{ mrad} = 3'26''$$

根据上面计算可以看出,激光具有非常小的光束发散角。

一般情况下,在介质均匀性、谐振腔长度等因素的影响下,激光的发散角往往大于衍射角。通常气体激光器的介质均匀性好且谐振腔较长,所以其方向性更好,发散角能接近衍射角,一般在 1 mrad 左右;固体激光器中激光介质的均匀性比气体介质差,发散角大于衍射角,一般为 5 mrad 甚至更大;由于腔长短等原因,半导体激光发散角较大。

由于荧光光源产生光子方向是四面八方的,因此很难实现对光源发出的所有能量光进行聚焦;即使实现了对所有能量光的聚焦,也很难实现把光聚焦在很小的直径范围内。由于激光的发散角小,只要放置适当的凸透镜使其覆盖整个激光光斑(图 2.4.1),即可将激光的几乎所有能量聚焦在很小的光斑内,获得很高的功率密度。图 2.4.1 中的激光束

发散角为 θ，采用焦距为 F 的透镜聚焦时，焦点处光斑直径 d 为
$$d = F\theta \qquad (2.4.2)$$
上式可以根据后面 3.11 节所学的知识推导得出。设激光的功率为 P，则聚焦后的功率密度（单位面积上的激光功率）为
$$I = \frac{P}{\frac{\pi}{4}d^2} = \frac{P}{\frac{\pi}{4}(F\theta)^2} \qquad (2.4.3)$$
上式分母代表聚焦后激光光斑面积。假设激光的功率为 $P = 1\ 000\ \text{W}$，激光束发散角为 $\theta = 5 \times 10^{-3}\ \text{rad}$，透镜焦距为 $F = 2\ \text{cm}$，根据式(2.4.3)，聚焦后的功率密度为

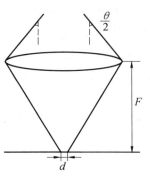

图 2.4.1　激光束的聚焦

$$I = \frac{P}{\frac{\pi}{4}(F\theta)^2} = \frac{1\ 000}{\frac{\pi}{4}(2 \times 10^{-2} \times 5 \times 10^{-3})^2} = 1.27 \times 10^{11}(\text{W/m}^2)$$

可见，激光被聚焦后可获得很高的功率密度，可用于工业加工中的打孔、切割、焊接等，也可用于医疗手术和光盘存储刻蚀等诸多领域。此外，目前对飞秒激光聚焦，可获得 $I > 10^{27}\ \text{W/m}^2$ 的功率密度，可用于强场物理领域的研究。激光具有很好的方向性，还可用于准直导向和远距离传输，如用于测量地球和月球之间的距离、开展自由空间远距离光通信等。

2.4.2　激光具有很好的单色性

光源的单色性用其辐射的光波长衡量，辐射的光波长越单一，光源的单色性越好，颜色越纯。一般情况下，荧光光源都会辐射出很多条谱线，甚至辐射波长范围很宽的谱带。即使荧光光源只辐射中心波长为 λ 的单一谱线（只对应原子一对能级的跃迁），根据 1.5 节的内容，该谱线也会有一定的谱线宽度 $\Delta\lambda$，也就是说该光源的辐射范围为 $\lambda - \frac{\Delta\lambda}{2} \sim \lambda + \frac{\Delta\lambda}{2}$。显然，$\Delta\lambda$ 越小，辐射的光波长越单一，光源的单色性越好。假设只考虑 Na 灯辐射的 $\lambda = 589.0\ \text{nm}$ 的谱线，其谱线宽度为 $\Delta\lambda = 0.6\ \text{nm}$，则 $\frac{\Delta\lambda}{\lambda} \approx 10^{-3}$；$\text{Kr}^{86}$ 灯中 $\lambda = 605.7\ \text{nm}$ 的谱线宽度只有 $\Delta\lambda = 4.7 \times 10^{-4}\ \text{nm}$，则 $\frac{\Delta\lambda}{\lambda} \approx 10^{-6}$。虽然假设二者都辐射单一谱线，但显然 $\lambda = 605.7\ \text{nm}$ 的 Kr^{86} 灯比 $\lambda = 589.0\ \text{nm}$ 的 Na 灯具有更好的单色性，二者 $\frac{\Delta\lambda}{\lambda}$ 相差三个数量级。与荧光光源相比，激光具有更好的单色性，如波长为 632.8 nm 的稳频 He - Ne 激光器，其谱线宽度可达 $\Delta\lambda$（$\Delta\lambda < 10^{-8}\ \text{nm}$），则 $\frac{\Delta\lambda}{\lambda} < 10^{-10}$。

激光具有很好的单色性主要有两方面的原因。第一，激光是受激发射产生的光，由于受激发射产生的光子具有完全相同的特性，因此受激发射产生光子的波长是完全相同的。第二，光学谐振腔的作用。如 2.2 节所述，谐振腔对振荡光频率有选择作用，可以使荧光谱线宽度 $\Delta\lambda$ 内符合驻波条件的几个甚至仅一个纵模振荡（图 2.2.4），这些纵模的谱线宽度要比荧光谱线宽度小得多，这导致激光比荧光谱线的波长更单一。一般情况下，即使像 YAG 激光器和 He - Ne 激光器一样有多对能级可以产生多个波长的激光，也会采用

适当的方法只使一对能级跃迁产生激光,以使激光具有更好的单色性。

激光具有很好的单色性,可应用于精密测量、超精密光谱分析和高选择性光激发等方面。另外,单色性与时间相干性密切相关,单色性越好则时间相干性越好,所以激光具有很好的时间相干性,可用于激光全息、干涉测量等领域。下面详细讨论激光的相干性。

2.4.3 激光具有很好的相干性

光源辐射光的相干性包括时间相干性和空间相干性,其中时间相干性与光源辐射光的单色性有关,空间相干性与光源辐射光的方向性有关。下面分别讨论时间相干性和空间相干性,并比较激光与荧光相干性的差别。

1. 激光具有很好的时间相干性

光源中同一辐射元在不同时间辐射出的光束之间的相干性称为时间相干性。它是衡量光源前一时刻发出的光和后一时刻发出的光是否相干的物理量。在两束光具有相干性的条件下,前后发光时刻对应的最大时间间隔定义为相干时间 τ_c。下面用迈克耳孙干涉仪来说明光源辐射光的时间相干性。

迈克耳孙干涉仪光路图如图 2.4.2 所示,光源 S 发出的光经分束器 G 分成两束,一束为反射光束 1,另一束为透射光束 2。光束 1 经反射镜 M_1 反射后透过分束器 G 到达光屏 P,光束 2 经反射镜 M_2 反射后再经分束器 G 反射到达光屏 P。光束 1 和光束 2 将在光屏 P 上产生干涉。分束器 G 与反射镜 M_1 之间的距离为 $\overline{GM_1}$,分束器 G 与反射镜 M_2 之间的距离为 $\overline{GM_2}$,反射镜 M_2 可沿光传播方向移动以改变 $\overline{GM_2}$ 的值。当 $\overline{GM_1} = \overline{GM_2}$ 时,相当于光源 S 同一时刻发出的光分别经过 M_1 和 M_2 的反射在光屏上相遇产生干涉。然而,当 $\overline{GM_1} \neq \overline{GM_2}$ 时,相当于光源 S 不同时刻发出的两束光传播不同距离后,同时到达光屏产生干涉。两束光从光源到光屏的传播距离之差为两束光的光程差:

$$\Delta L = 2 | \overline{GM_2} - \overline{GM_1} |$$

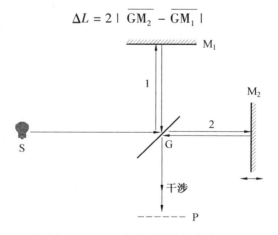

图 2.4.2 迈克耳孙干涉仪光路图

上式绝对值符号前面的 2 代表光束在分束器和反射镜之间传播一个往返过程。由于光程差相当于同一光源不同时刻发出的光同时到达光屏,因此根据光的传播速度 c,同时到达光屏的两束光,光源产生它们的时间差为

$$\Delta t = \frac{\Delta L}{c} \quad (2.4.4)$$

当光程差 ΔL 满足

$$\Delta L = 2k \cdot \frac{\lambda}{2} \quad (k = 0,1,2,\cdots) \quad (2.4.5)$$

时,光屏中心处为亮条纹(干涉极大);而当 ΔL 满足

$$\Delta L = (2k + 1) \cdot \frac{\lambda}{2} \quad (k = 0,1,2,\cdots) \quad (2.4.6)$$

时,光屏中心处为暗条纹(干涉极小)。

实际上光源 S 发出的光的波长并不是单一波长 λ,而是以 λ 为中心波长有一定的谱线宽度 $\Delta \lambda$,相当于光源的辐射范围为 $\lambda - \frac{\Delta \lambda}{2} \sim \lambda + \frac{\Delta \lambda}{2}$。对于波长为 λ 的光,当 ΔL 由 0 变化到 $\frac{\lambda}{2}$ 时,光屏 P 处由亮条纹变成暗条纹;而对于波长为 $\lambda + \frac{\Delta \lambda}{2}$ 的光,ΔL 由 0 变化到 $\frac{\lambda + \frac{\Delta \lambda}{2}}{2}$ 时,P 处才会由亮条纹变成暗条纹。也就是说一次由亮条纹变成暗条纹的过程,波长为 $\lambda + \frac{\Delta \lambda}{2}$ 的光和波长为 λ 的光相比,ΔL 相差 $\frac{\Delta \lambda}{4}$。经过 k 次由亮条纹变成暗条纹的过程,二者的光程差会相差 $k\frac{\Delta \lambda}{4}$。当 k 增加到某一值时,恰好波长为 λ 的光为亮条纹而波长为 $\lambda + \frac{\Delta \lambda}{2}$ 的光为暗条纹,此时二者叠加,无法分辨亮暗条纹,对应的光程差为最大光程差 $\Delta L_{\max}$。由上述分析可以看出达到最大光程差时屏上波长为 λ 的光为亮条纹,即

$$\Delta L_{\max} = 2k \cdot \frac{\lambda}{2} \quad (2.4.7)$$

而波长为 $\lambda + \frac{\Delta \lambda}{2}$ 的光为暗条纹,即

$$\Delta L_{\max} = (2k - 1) \cdot \frac{\lambda + \frac{\Delta \lambda}{2}}{2} \quad (2.4.8)$$

由式(2.4.7)和式(2.4.8)可得

$$\Delta L_{\max} = \frac{\lambda^2}{\Delta \lambda} + \frac{\lambda}{2} \quad (2.4.9)$$

由于 $\Delta \lambda \ll \lambda$,因此 $\frac{\lambda^2}{\Delta \lambda} \gg \frac{\lambda}{2}$,略去上式第二项得

$$\Delta L_{\max} = \frac{\lambda^2}{\Delta \lambda} \quad (2.4.10)$$

根据图 2.4.2,迈克耳孙干涉仪可以通过移动反射镜 M_2 观察光屏 P 上干涉条纹明暗的变化测量其移动距离。根据式(2.4.10),利用迈克耳孙干涉仪最大可测长度为

$$Z_{\max} = \frac{\Delta L_{\max}}{2} = \frac{\lambda^2}{2\Delta \lambda} \quad (2.4.11)$$

从式(2.4.10)和式(2.4.11)可以看出,当光谱线中心波长 λ 一定时,谱线宽度 $\Delta\lambda$ 越小,最大光程差 ΔL_{max} 越大,迈克耳孙干涉仪最大可测长度 Z_{max} 越大。例如,Kr^{86} 灯辐射光谱线的中心波长 $\lambda = 605.7$ nm,谱线宽度为 $\Delta\lambda = 4.7 \times 10^{-4}$ nm,根据式(2.4.11),以其为光源时迈克耳孙干涉仪最大可测长度为 $Z_{max} = 38.5$ cm。由于 Kr^{86} 灯在荧光光源中 $\Delta\lambda$ 最小,所以使用普通荧光光源,迈克耳孙干涉仪能够测量的最大长度一般不会超过 38.5 cm。而对于稳频 He – Ne 激光器,其中心波长为 $\lambda = 632.8$ nm,谱线宽度为 $\Delta\lambda < 10^{-8}$ nm,则以其为光源时迈克耳孙干涉仪最大可测长度 Z_{max} 为千米级。

由于当光程差 $\Delta L > \Delta L_{max}$ 时,两束光就不再相干了,因此最大光程差也称为相干长度 L_c,即

$$L_c = \Delta L_{max} = \frac{\lambda^2}{\Delta\lambda} \qquad (2.4.12)$$

根据上述相干时间的定义,相干时间应该等于光通过相干长度(最大光程差)所需的时间,即

$$\tau_c = \frac{L_c}{c} = \frac{\lambda^2}{\Delta\lambda \cdot c} \qquad (2.4.13)$$

根据前面的描述,光程差 ΔL 相当于同一光源在不同时刻 t_1 和 t_2 发出的光走的距离相差 ΔL,以使不同时刻发出的光在光屏 P 相遇。因为 $\Delta L < L_c$ 相干,所以 $|t_1 - t_2| < \frac{L_c}{c}$ 才相干,即当 $|t_1 - t_2| < \tau_c$ 时,光源在 t_1 和 t_2 两个时刻发出的光才相干。

由式(1.1.4)得 $\lambda = \frac{c}{\nu}$。将该式两面微分,且取 $\Delta\lambda$ 和 $\Delta\nu$ 为正值得 $\frac{\Delta\lambda}{\lambda} = \frac{\Delta\nu}{\nu}$。这样由式(2.4.13)可以推导出 $\tau_c = \frac{\nu}{\Delta\nu}\frac{1}{\nu} = \frac{1}{\Delta\nu}$,即

$$\tau_c \cdot \Delta\nu = 1 \qquad (2.4.14)$$

上式表明,谱线宽度 $\Delta\nu$ 越窄,相干时间 τ_c 越长。

根据上面所述,描述时间相干性的重要物理量主要包括最大光程差 ΔL_{max}、相干长度 L_c 和相干时间 τ_c,这些参数都与谱线宽度 $\Delta\lambda$ 或 $\Delta\nu$ 有关,可表示为

$$\Delta L_{max} = L_c = c \cdot \tau_c = \frac{\lambda^2}{\Delta\lambda} = \frac{c}{\Delta\nu} \qquad (2.4.15)$$

上式表明光的单色性越好,即谱线宽度 $\Delta\lambda$ 或 $\Delta\nu$ 越小,则对应的相干长度 L_c 和相干时间 τ_c 越长,时间相干性越好。由于激光谱线宽度比荧光谱线宽度小得多,所以激光比荧光具有更好的时间相干性。

2. 激光具有很好的空间相干性

发光面上不同两点在同一时间内发出辐射的相干性称为空间相干性。下面以杨氏双缝实验来说明空间相干性对光源的大小和光束发散角的要求。杨氏双缝实验光路图如图 2.4.3 所示。单色光源 S 发出的光经宽度为 l 的狭缝 S_0 限制后,照亮两个狭缝 S_1 和 S_2,分别经过狭缝 S_1 和 S_2 的两束光在光屏 P 上相遇,用以观察两束光是否相干。由于狭缝 S_0 的限制,相当于干涉实验的光源线度为 l,与狭缝 S_1 和 S_2 的夹角为 θ。狭缝 S_0 与狭缝 S_1 和 S_2 的距离为 R,狭缝 S_1 和 S_2 之间的距离为 d。下面讨论 l 线度内光源上不同两点辐射光的相

干性,选择光源上位于光轴的 S_0 为其中一点,光源边缘 S_0' 为另一点。由于点 S_0 在光轴上且狭缝 S_1 和 S_2 相对于光轴对称分布,所以 S_0 点发出的光经狭缝 S_1 到达光屏 P 上 O 点的传播距离与 S_0 点发出的光经狭缝 S_2 到达光屏 P 上 O 点的传播距离相等。也就是说,S_0 点发出的光分别经由 S_1 和 S_2 到达 O 点的光程差为零。根据式(2.4.5),S_0 点发出的光在光屏 P 上 O 点产生亮条纹。由于 S_0' 点不在光轴上,所以 S_0' 到 S_1 和 S_2 的距离 $\overline{S_0'S_1} \neq \overline{S_0'S_2}$,而 S_1 和 S_2 与 O 点的距离 $\overline{S_1O} = \overline{S_2O}$,所以 S_0' 点发出的光分别经由 S_1 和 S_2 到达 O 点的光程差不为零。如果当光源线度 l 增加到一定值时,光源边缘 S_0' 点发出的光在 O 点产生暗条纹,则该暗条纹与 S_0 点发出的光产生的亮条纹叠加,O 点不再有条纹出现,此时对应的 l 值为具有空间相干性的光源最大线度。

下面讨论 S_0' 点发出的光在 O 点产生暗条纹的条件,即 S_0' 点发出的光经 S_1 到达 O 点和经 S_2 到达 O 点的光程差为 $\lambda/2$。

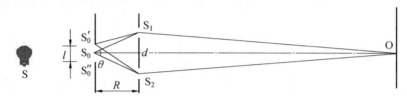

图 2.4.3　杨氏双缝实验光路图

S_0' 点发出的光经 S_1 到达 O 点和经 S_2 到达 O 点的光程差为

$$\Delta L = \overline{S_0'S_2} - \overline{S_0'S_1} \tag{2.4.16}$$

下面求解光程差 ΔL 的表达式。由图 2.4.3 可知

$$\overline{S_0'S_2}^2 = R^2 + \left(\frac{d}{2} + \frac{l}{2}\right)^2$$

$$\overline{S_0'S_1}^2 = R^2 + \left(\frac{d}{2} - \frac{l}{2}\right)^2$$

两式相减得

$$\overline{S_0'S_2}^2 - \overline{S_0'S_1}^2 = ld \tag{2.4.17}$$

另外

$$\overline{S_0'S_2}^2 - \overline{S_0'S_1}^2 = (\overline{S_0'S_2} + \overline{S_0'S_1})(\overline{S_0'S_2} - \overline{S_0'S_1})$$

由式(2.4.16)和式(2.4.17),上式可以写成

$$(\overline{S_0'S_2} + \overline{S_0'S_1})\Delta L = ld \tag{2.4.18}$$

在杨氏双缝实验中,$R \gg l$ 且 $R \gg d$,则

$$\overline{S_0'S_2} + \overline{S_0'S_1} \approx 2R$$

将上式代入式(2.4.18)得

$$\Delta L = \frac{ld}{2R} \tag{2.4.19}$$

由上式和式(2.4.6)可得 S_0' 点发出的光在 O 点产生暗条纹的条件为

$$\Delta L = \frac{ld}{2R} = \frac{\lambda}{2} \tag{2.4.20}$$

若要在 O 点观察到相干条纹,则需满足

$$\Delta L = \frac{ld}{2R} < \frac{\lambda}{2} \tag{2.4.21}$$

上式可改写成

$$l < \frac{R}{d}\lambda \tag{2.4.22}$$

根据 $R \gg d$ 可得

$$\theta \approx \frac{d}{R}$$

将上式代入式(2.4.22)可得

$$l\theta < \lambda \tag{2.4.23}$$

上式表明,在光波长 λ 一定的情况下,要想在 O 点处观察到干涉现象,如果 θ 角不变,则需光源线度满足 $l < \frac{\lambda}{\theta}$;如果光源线度 l 不变,则需光束发散角满足 $\theta < \frac{\lambda}{l}$。例如,普通光源辐射的光波长为 $\lambda = 0.6~\mu m$,如果光源线度为 $l = 100~\mu m$,则根据式(2.4.23),想观察到干涉现象需满足 $\theta < 0.006~\text{rad} \approx 20'42''$,可见此时的光束发散角非常小,仅为 6 mrad。也就是说只有在 6 mrad 范围内传播的光才能在屏上产生干涉条纹。

对于方向性很好的激光,其光束发散角 θ 可以接近衍射角,根据式(2.4.1)得

$$\theta \approx \frac{\lambda}{D} \tag{2.4.24}$$

式中,D 为光束直径。将式(2.4.24)代入式(2.4.23),可得以激光为光源时产生干涉的条件为

$$l < D \tag{2.4.25}$$

上式表明,只要光源线度小于激光束的直径,就满足相干条件。也就是说,激光束整个截面内的任意两点间的光场都满足式(2.4.25)的相干条件,在 O 点都可以产生干涉条纹,显然激光比荧光具有更好的空间相干性。由于此时激光束截面上任意两点的光场都相干,所以用发散角小的激光做杨氏双缝实验可去掉狭缝 S_0。

根据上述讨论,由于激光具有很好的单色性,谱线宽度 $\Delta\lambda$ 或 $\Delta\nu$ 很小,因此激光具有很好的时间相干性;由于激光具有很好的方向性,发散角 θ 很小,因此激光具有很好的空间相干性。由于激光具有很好的相干性,因此其可广泛应用于相干检测、全息成像等诸多领域。

2.4.4 激光具有很高的亮度

亮度用以表征光源的明亮程度。光源在单位面积上向某方向的单位立体角内发射的光功率称为光源在这个方向上的亮度。根据定义和图 2.4.4,亮度可以表示为

$$B = \frac{\Delta E}{\Delta\Omega \Delta s \Delta t} \tag{2.4.26}$$

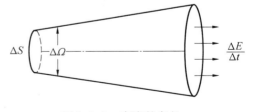

图 2.4.4 亮度的定义

式中,Δs 为光源的发光面积;$\Delta\Omega$ 为光束的立体角,单位为球面度(Sr);ΔE 为光能量;Δt 为

光脉冲宽度。根据式(2.4.26)和图2.4.4,亮度 B 表示发光面积为 Δs 的光源,在 Δt 时间内向立体角 $\Delta\Omega$ 内发射的光能量为 ΔE。根据式(2.4.26),亮度的单位为 $W/(m^2 \cdot Sr)$。在光源面积和发光能量一定的条件下,立体角越小、脉冲宽度越窄,则光源亮度越高。

与荧光光源相比,激光具有很高的亮度主要有以下两方面原因:

① 激光方向性好,其光束发散角小,导致光源发出的光在空间上高度压缩到很小的立体角 $\Delta\Omega$ 内。普通荧光光源向空间各方向发光,其光束的平面发散角 $\theta = 2\pi$ rad,立体角为 $\Delta\Omega = 4\pi$ Sr。相比之下激光的平面发散角可达 $\theta = 10^{-3}$ rad,比荧光光源小三个数量级;立体角可达 $\Delta\Omega \approx 10^{-6}$ Sr,比荧光光源小七个数量级,导致激光光源的亮度比荧光光源大 10^7 倍。

② 激光脉冲宽度可以很窄,使得激光能量在时间上被压缩到很短,导致其峰值功率 $\frac{\Delta E}{\Delta t}$ 很大。如激光能量 $\Delta E = 1$ J,若激光脉冲宽度只有 $\Delta t = 10$ ns,则输出功率可达 $\frac{\Delta E}{\Delta t} = 10^8$ W。如果进一步压缩激光脉冲宽度至 $\Delta t = 10$ fs,则输出功率可达 $\frac{\Delta E}{\Delta t} = 10^{14}$ W。目前通过压缩激光脉冲宽度或增加激光能量,可使激光亮度达 10^{24} W/$(m^2 \cdot Sr)$ 以上,而太阳表面的亮度只有 10^{12} W/$(m^2 \cdot Sr)$,二者相差 10^{12} 倍,显然激光具有更高的亮度。

综上所述,激光发散角小,导致其能量在空间上高度压缩;激光脉冲宽度可以很窄,导致其能量在时间上高度压缩。以上两方面使得激光具有很高的亮度。

2.4.5 激光具有极高的光子简并度

处于同一量子状态(即同一种光波模式)中的平均光子数 $\bar{n}$ 称为光源的光子简并度。光子简并度代表特性完全相同的平均光子数,这些处于同一种量子态的光子是相干的。下面对普通荧光光源和激光的光子简并度分别进行讨论。

首先讨论普通热平衡光源,其辐射场的能量密度可用普朗克黑体辐射公式(1.4.18)表示,即

$$\rho_\nu = \frac{8\pi\nu^2}{c^3} \frac{1}{e^{\frac{h\nu}{kT}} - 1} h\nu$$

根据式(1.4.17),上式中 $\frac{1}{e^{\frac{h\nu}{kT}} - 1} h\nu$ 代表处于同一模式内光波的平均能量,其中 $h\nu$ 代表一个光子的能量,则 $\frac{1}{e^{\frac{h\nu}{kT}} - 1}$ 应代表处于同一量子状态(即同一种模式)的平均光子数。根据上述分析和光子简并度的概念,普通光源的光子简并度应为

$$\bar{n} = \frac{1}{e^{\frac{h\nu}{kT}} - 1} \tag{2.4.27}$$

根据上式和式(1.2.14),式(1.4.18)可改写为模密度 n_ν、光子简并度 $\bar{n}$ 和光子能量 $h\nu$ 的乘积,即

$$\rho_\nu = \frac{8\pi\nu^2}{c^3} \frac{1}{e^{\frac{h\nu}{kT}} - 1} h\nu = n_\nu \bar{n} h\nu \tag{2.4.28}$$

根据式(2.4.27)可以对普通光源的光子简并度进行估算。例如,光源辐射波长 $\lambda =$

1 μm,温度 $T = 300$ K,则光子简并度为 $\bar{n} \approx 10^{-18}$;当温度增加至 $T = 3\,000$ K 时,光子简并度为 $\bar{n} \approx 10^{-2}$;当温度继续增加至 $T = 50\,000$ K 时,光子简并度为 $\bar{n} \approx 1$。

激光的产生是打破激光介质的热平衡状态,从而实现激光上下能级的粒子数反转,因此不能用式(2.4.27)计算激光的光子简并度。激光光子简并度的计算公式为

$$\bar{n} = \frac{P\tau_c}{h\nu} \quad (2.4.29)$$

式中,P 代表激光器以单模发射的功率;τ_c 代表相干时间,其表达式见式(2.4.13)。式(2.4.29)的分子 $P\tau_c$ 代表处于相干时间内的光子总能量,这些光子是相干的,应属于同一量子状态。因此式(2.4.29)是将处于同一量子状态的光子总能量除以每个光子的能量 $h\nu$,即可得到处于同一量子状态的平均光子数,这恰好符合光子简并度的概念。

例题 He – Ne 激光器波长为 $\lambda = 632.8$ nm,激光线宽为 $\Delta\lambda = 10^{-8}$ nm,单模输出功率为 $P = 1$ mW,计算激光的光子简并度。

解 首先计算相干时间 τ_c,根据式(2.4.13)有

$$\tau_c = \frac{\lambda^2}{\Delta\lambda \cdot c} = 1.3 \times 10^{-4} \text{ s}$$

再根据式(2.4.29)计算激光的光子简并度,则有

$$\bar{n} = \frac{P\tau_c}{h\nu} = \frac{1 \times 10^{-3} \times 1.3 \times 10^{-4}}{6.626 \times 10^{-34} \times 4.74 \times 10^{14}} \approx 4 \times 10^{11}$$

上述例题表明,激光具有非常高的光子简并度。荧光光源光子简并度低,这与其自发发射机理有关。自发发射产生的各个光子在方向、频率、偏振等方面都是随机的,因此其所发射的光子对应非常多的模式。荧光光源发射的光子分配到这些模式中时,由于模式数非常多,因此每个模式中分配到的光子数就非常少,所以荧光光源的光子简并度很低。而激光是受激发射产生的光,其产生的光子具有完全相同的特性,再通过谐振腔的选模等作用,可振荡的模式非常少,每个模式中的光子数就会非常多,所以激光的光子简并度非常高。

2.5 激光器速率方程

激光器速率方程是研究激光振荡的基本理论方法之一。激光的产生首先是把基态的粒子激发到较高的能级,通过该能级向激光上能级的跃迁实现激光上下能级的粒子数反转。在激光上下能级个别自发发射产生的光子的作用下,在谐振腔中形成激光振荡。激光振荡实际是激光场与处于粒子数反转状态的激光上下能级粒子的相互作用过程。显然在定量描述激光振荡时,需要计算与激光有关的各能级的粒子数随时间的变化。速率方程就是描述工作物质中与激光有关的各能级上粒子数和腔内振荡光子数随时间变化的方程。建立速率方程的基本思想,是将激光场看成由一群光子组成;将工作物质看成由一群数目确定的粒子组成,这些粒子分布在与激光作用有关的各能级上;粒子在光子作用下产生受激吸收或受激发射。速率方程是一组以时间为变量的微分方程,一般很难精确求解。采用四阶龙格 – 库塔法等数值计算方法,可计算速率方程组的数值解。在稳态的情况下,与激光有关的各能级上粒子数和腔内振荡光子数不随时间变化,此时速率方程变成

了一组普通的代数方程,可解析求解。通过求解速率方程,获得腔内光子数和各能级粒子数以后,则可用来讨论激光的振荡条件和输出能量、功率等。根据2.2节的介绍可以有多个模式在谐振腔中振荡产生不同频率的激光输出,这里只讨论激光器中只有一个模式振荡的情况,建立单模速率方程组。为了由简入繁,首先介绍二能级系统的速率方程,然后再介绍三能级系统和四能级系统的速率方程。

2.5.1 二能级系统的速率方程

假设考虑的能级系统如图2.5.1所示,有 E_1 和 E_2 两个能级,其中 E_1 能级的粒子数密度为 n_1,E_2 能级的粒子数密度为 n_2。两能级间自发发射的概率为 A_{21},受激吸收的概率为 W_{12},受激发射的概率为 W_{21},无辐射跃迁的概率为 S_{21}。参考式(1.4.2)、式(1.4.11)和式(1.4.19),可列出 E_2 能级的粒子数密度随时间变化的速率方程,即

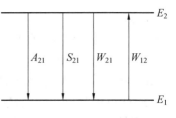

图 2.5.1 二能级系统

$$\frac{dn_2}{dt} = W_{12}n_1 - W_{21}n_2 - A_{21}n_2 - S_{21}n_2 \tag{2.5.1}$$

式中,受激吸收过程使 E_2 能级的粒子数密度增加,所以取"+"号;自发发射、受激发射和无辐射跃迁过程使其粒子数减少,所以取"-"号。另外,受激吸收导致 E_1 能级粒子数减少值与 E_2 能级粒子数增加值相等,所以式(1.4.11)可以改写为式(2.5.1)等号右端的第一项的形式。

在2.3节定性分析了为什么光激发的二能级系统不能实现粒子数反转,这里根据速率方程式(2.5.1),对该问题进行定量分析。考虑稳态情况,即 $\dfrac{dn_2}{dt} = 0$,此时式(2.5.1)改写为

$$W_{12}n_1 - W_{21}n_2 - A_{21}n_2 - S_{21}n_2 = 0$$

上式可进一步改写为

$$\frac{n_2}{n_1} = \frac{W_{12}}{W_{21} + A_{21} + S_{21}}$$

根据式(1.4.28)可得 $W_{12} = \dfrac{g_2}{g_1}W_{21}$,上式改写成

$$\frac{n_2}{n_1} = \frac{\dfrac{g_2}{g_1}W_{21}}{W_{21} + A_{21} + S_{21}}$$

即

$$\frac{n_2 g_1}{n_1 g_2} = \frac{W_{21}}{W_{21} + A_{21} + S_{21}}$$

由于上式的等号右端值小于1,因此有

$$\frac{n_2}{g_2} < \frac{n_1}{g_1}$$

上式表明,即使采用很强的光激发使受激吸收概率 W_{12} 很大,稳态二能级系统也不可能实现粒子数反转,该结论与2.3节对二能级系统定性分析所得的结论一致。

2.5.2 三能级系统的速率方程(单模)

在实际的激光介质中,与激光产生有关的能级结构和跃迁过程往往非常复杂,为了分析方便这里对能级进行了合理的简化,同时忽略了跃迁概率很小的跃迁过程。

简化后的三能级系统的能级图如图2.3.2所示,如2.3节所述,基态E_1能级的粒子经受激吸收过程W_{13}激发到E_3能级,E_3能级粒子经快速无辐射跃迁S_{32}到激光的上能级E_2。一般情况下,E_2能级为亚稳态有利于粒子数积累,在激光上能级E_2和下能级E_1之间形成粒子数反转。激光上下能级的跃迁过程与图2.5.1所示的二能级系统相似,这里不再赘述。

设谐振腔中只有第l个模产生激光振荡,忽略E_3与E_1能级间的无辐射跃迁等过程,只考虑图2.3.2所示的能级间跃迁过程,参照式(2.5.1)可得三能级系统的速率方程组为

$$\begin{cases} \dfrac{\mathrm{d}n_3}{\mathrm{d}t} = W_{13}n_1 - (S_{32} + A_{31})n_3 \\ \dfrac{\mathrm{d}n_2}{\mathrm{d}t} = W_{12}n_1 - W_{21}n_2 - (A_{21} + S_{21})n_2 + S_{32}n_3 \\ n = n_1 + n_2 + n_3 \\ \dfrac{\mathrm{d}n_l}{\mathrm{d}t} = W_{21}n_2 - W_{12}n_1 + A_{21}n_2 - \alpha v n_l \end{cases} \quad (2.5.2)$$

式中,n_l为腔内第l个模内的光子数密度;n为总粒子数密度;n_1,n_2,n_3分别为各能级的粒子数密度;α为总损耗系数;v为光在介质中的传播速度;αv为光子单位时间内的损耗率。对于三能级系统,只有两个能级的粒子数变化方程是独立的,因此式(2.5.2)只列出了n_2和n_3的速率方程。第三个方程表示粒子数守恒。第四个方程为腔内光子数密度的速率方程,其中受激发射和自发发射过程使光子数增加,因此等号右端的第一项和第三项符号为"+";受激吸收和损耗过程使光子数减少,因此等号右端的第二项和第四项符号为"-"。式(2.5.2)的四个方程对应n_1,n_2,n_3,n_l四个未知数,原则上可以求解。

式(2.5.2)中的$W_{12}n_1 - W_{21}n_2$代表光子在激光上下能级间产生的受激吸收和受激发射过程。根据2.1节的内容,当满足式(2.1.7)的粒子数反转条件时,受激发射过程产生的光子数大于受激吸收过程消耗的光子数,即$W_{21}n_2 - W_{12}n_1 > 0$。此时光通过介质后光子数增加,实现了光放大。仿照光子损耗项$\alpha v n_l$的形式,激光介质对光子放大项$W_{21}n_2 - W_{12}n_1$可写成

$$W_{21}n_2 - W_{12}n_1 = \Delta n \sigma_{21} v n_l \quad (2.5.3)$$

式中,Δn为反转粒子数密度,其表达式为

$$\Delta n = n_2 - \frac{g_2}{g_1}n_1 \quad (2.5.4)$$

Δn的量纲与n_2和n_1相同,均为m^{-3}或cm^{-3}。σ_{21}为E_2能级和E_1能级间的受激发射截面,其表达式为

$$\sigma_{21} = \frac{\lambda^2}{8\pi}A_{21}g(\nu,\nu_0) \quad (2.5.5)$$

σ_{21} 有截面积的含义,因此量纲为面积的量纲,即 m^2 或 cm^2。下面对式(2.5.3)进行详细的推导,以便理解式(2.5.3) ~ (2.5.5) 的由来。

激光的产生过程相当于准单色光与激光上下能级粒子的相互作用过程,因此根据式(1.5.50)和式(1.5.58)可得

$$W_{21}n_2 - W_{12}n_1 = B_{21}g(\nu,\nu_0)\rho n_2 - B_{12}g(\nu,\nu_0)\rho n_1$$
$$= (B_{21}n_2 - B_{12}n_1)g(\nu,\nu_0)\rho \quad (2.5.6)$$

根据式(1.4.27)得

$$B_{12} = \frac{B_{21}g_2}{g_1}$$

代入式(2.5.6)得

$$W_{21}n_2 - W_{12}n_1 = \left(B_{21}n_2 - B_{21}\frac{g_2}{g_1}n_1\right)g(\nu,\nu_0)\rho = \left(n_2 - \frac{g_2}{g_1}n_1\right)B_{21}g(\nu,\nu_0)\rho \quad (2.5.7)$$

根据式(1.5.49),ρ 代表激光器内第 l 模准单色光总能量密度,因此 ρ 与第 l 模光子数密度 n_l 的关系为

$$\rho = n_l h\nu$$

将上式代入式(2.5.7)得

$$W_{21}n_2 - W_{12}n_1 = \left(n_2 - \frac{g_2}{g_1}n_1\right)B_{21}g(\nu,\nu_0)n_l h\nu \quad (2.5.8)$$

上式中括号内的表达式与式(2.5.4)相同,因此上式可改写为

$$W_{21}n_2 - W_{12}n_1 = \Delta n B_{21}g(\nu,\nu_0)n_l h\nu \quad (2.5.9)$$

根据式(1.4.26)并考虑光在激光介质中的传播速度为 v 可得

$$B_{21} = \frac{v\lambda^2}{8\pi h\nu}A_{21}$$

将上式代入式(2.5.9)得

$$W_{21}n_2 - W_{12}n_1 = \Delta n \frac{v\lambda^2}{8\pi h\nu}A_{21}g(\nu,\nu_0)n_l h\nu$$
$$= \Delta n \frac{\lambda^2}{8\pi}A_{21}g(\nu,\nu_0)vn_l \quad (2.5.10)$$

根据式(2.5.5),上式可写成式(2.5.3)的形式。

将式(2.5.3)代入式(2.5.2),三能级系统的速率方程组可改写为

$$\begin{cases} \dfrac{dn_3}{dt} = W_{13}n_1 - (S_{32} + A_{31})n_3 \\ \dfrac{dn_2}{dt} = -\Delta n\sigma_{21}vn_l - (A_{21} + S_{21})n_2 + S_{32}n_3 \\ n = n_1 + n_2 + n_3 \\ \dfrac{dn_l}{dt} = \Delta n\sigma_{21}vn_l + A_{21}n_2 - \alpha vn_l \end{cases} \quad (2.5.11)$$

在有些情况下,采用上式讨论各能级粒子数和光子数的变化更为方便。

2.5.3 四能级系统的速率方程(单模)

四能级系统如图 2.3.3 所示,如 2.3 节所述,基态 E_1 能级的粒子经受激吸收过程 W_{14} 激发到 E_4 能级,E_4 能级的粒子经快速无辐射跃迁 S_{43} 到激光的上能级 E_3。初始热平衡状态下,激光下能级 E_2 几乎没有粒子,因此只要把少量的粒子激发到激光上能级,即可在激光上能级 E_3 和下能级 E_2 之间形成粒子数反转。激光下能级 E_2 的粒子通过无辐射跃迁 S_{21} 回到基态。忽略 E_4 与 E_1 能级间的自发发射和无辐射跃迁等过程、E_2 与 E_1 能级间的自发发射等过程,只考虑图 2.3.3 所示的能级间跃迁过程,仿照三能级系统,可以建立四能级系统的第 l 个模激光振荡时的速率方程,即

$$\begin{cases} \dfrac{dn_4}{dt} = W_{14} n_1 - S_{43} n_4 \\ \dfrac{dn_3}{dt} = W_{23} n_2 - W_{32} n_3 - (A_{32} + S_{32}) n_3 + S_{43} n_4 \\ \dfrac{dn_1}{dt} = S_{21} n_2 - W_{14} n_1 \\ n = n_1 + n_2 + n_3 + n_4 \\ \dfrac{dn_l}{dt} = W_{32} n_3 - W_{23} n_2 + A_{32} n_3 - \alpha v n_l \end{cases} \quad (2.5.12)$$

式中,n_1,n_2,n_3,n_4 分别代表各能级的粒子数密度。对于四能级系统,只有三个能级的粒子数变化方程是独立的,因此式(2.5.12)只列出了 n_1,n_3,n_4 的速率方程。第四个方程表示粒子数守恒。第五个方程为腔内光子数密度的速率方程。式(2.5.12)的五个方程对应 n_1,n_2,n_3,n_4,n_l 五个未知数,原则上可以求解。

仿照式(2.5.3),激光介质对光子放大项 $W_{32} n_3 - W_{23} n_2$ 可写为

$$W_{32} n_3 - W_{23} n_2 = \Delta n \sigma_{32} v n_l$$

式中,σ_{32} 为 E_3 能级和 E_2 能级间的受激发射截面。将上式代入式(2.5.12),四能级系统的速率方程组可改写为

$$\begin{cases} \dfrac{dn_4}{dt} = W_{14} n_1 - S_{43} n_4 \\ \dfrac{dn_3}{dt} = -\Delta n \sigma_{32} v n_l - (A_{32} + S_{32}) n_3 + S_{43} n_4 \\ \dfrac{dn_1}{dt} = S_{21} n_2 - W_{14} n_1 \\ n = n_1 + n_2 + n_3 + n_4 \\ \dfrac{dn_l}{dt} = \Delta n \sigma_{32} v n_l + A_{32} n_3 - \alpha v n_l \end{cases} \quad (2.5.13)$$

其中反转粒子数密度表达式为

$$\Delta n = n_3 - \frac{g_3}{g_2} n_2 \quad (2.5.14)$$

受激发射截面的表达式为

$$\sigma_{32} = \frac{\lambda^2}{8\pi} A_{32} g(\nu, \nu_0) \tag{2.5.15}$$

式(2.5.14)和式(2.5.15)的推导过程与三能级系统情况相似,这里不再赘述。

2.5.4 速率方程理论的成功之处与局限性

利用速率方程理论可以成功地讨论激光器的振荡条件,还可以讨论激光器的输出功率(或能量)及输出功率(或能量)随时间的变化,这为研究激光介质中的动力学过程和激光器的一些重要特性提供了重要的理论手段。但速率方程理论也有它的局限性。首先,该理论没有涉及光的相位等波动信息,因此没能全面反映光的本质。其次,该理论没有全面反映电磁场与微观系统的相互作用过程。当电磁波通过介质时,电磁波的电场会使介质产生极化现象。极化过程并不是瞬间完成的,而是要比电场滞后一定的时间 Δt,即 $t + \Delta t$ 时刻的极化强度 $P(t + \Delta t)$ 与 t 时刻的电场强度 $E(t)$ 相对应。速率方程理论并没有反映 $E(t)$ 与 $P(t + \Delta t)$ 之间有一定时间滞后的微观相互作用过程。Δt 实际上非常小,当激光场变化速率不是很快时,可以认为 $E(t) \approx E(t + \Delta t)$,此时速率方程理论仍然适用。但是对于变化速率很快的激光场,需要谨慎考虑速率方程理论的适用性。

2.6 介质的增益系数

在2.1节已经对增益系数的概念做了简单的介绍。增益系数是描述激活介质对光的放大能力的物理量,它是衡量激光器能否振荡、振荡强弱及设计激光器具体结构所依据的一个重要参量。本节结合前面所学的速率方程和光谱线加宽等内容,对增益系数做详细的定量描述。

2.6.1 增益系数的表达式

光在介质中的放大过程如图2.6.1所示,初始光强为 I_0 的光在介质中传输放大,在距离 z 处光强为 $I(z)$,继续向前传播到距离 $z + dz$ 处光强增大到 $I(z) + dI(z)$。根据式(2.1.9),可将增益系数表示为

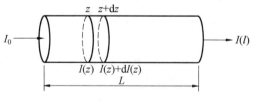

图2.6.1 光在介质中的放大过程

$$G = \frac{dI(z)}{I(z) dz} \tag{2.6.1}$$

所以增益系数代表光通过激活介质时,在单位长度上光强增大的百分比,单位为 m^{-1} 或 cm^{-1}。

在速率方程中,光的强弱不是用光强 I 表示的,而是用光子数密度 n_l 表示的。接下来推导用 n_l 表示的增益系数表达式。

设 z 处的某一圆柱体的底面积为 Δs,长度为 Δz,如图2.6.2所示。设该圆柱体内充满频率为 ν、光强为 $I(z)$、光子数密度为 n_l 的光子,则圆柱体内所有光子的总能量为 $n_l \cdot h\nu \cdot \Delta s \cdot \Delta z$。由于光强代表单位面积上的光功率,

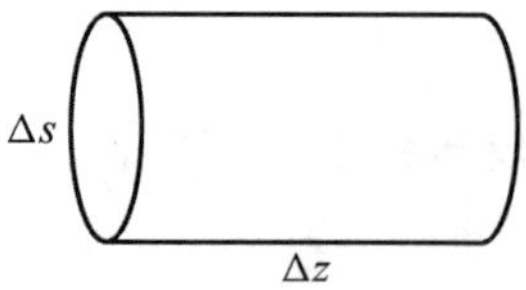

图2.6.2 圆柱形体积元

所以用光强 $I(z)$ 来计算圆柱体内光的总能量时应为 $I(z) \cdot \Delta s \cdot \frac{\Delta z}{v}$，其中 v 为光在圆柱体内的传播速度，$\frac{\Delta z}{v}$ 为光在圆柱体内的传播时间。用光子密度 n_l 和光强 $I(z)$ 表示的圆柱体内光的总能量是等价的，即

$$n_l \cdot h\nu \cdot \Delta s \cdot \Delta z = I(z) \cdot \Delta s \cdot \frac{\Delta z}{v}$$

对上式化简得光强与光子数密度的关系

$$I(z) = v n_l h\nu \tag{2.6.2}$$

将上式等号两端微分得

$$\mathrm{d}I(z) = v h\nu \mathrm{d}n_l$$

将上式、式(2.6.2)和 $\mathrm{d}z = v\mathrm{d}t$ 代入式(2.6.1)得

$$G = \frac{1}{v n_l} \frac{\mathrm{d}n_l}{\mathrm{d}t} \tag{2.6.3}$$

以四能级系统为例，若只考虑增益对光子数密度的影响，忽略自发发射项和损耗项，则速率方程组式(2.5.13)中的最后一个方程表示为

$$\frac{\mathrm{d}n_l}{\mathrm{d}t} = \Delta n \sigma_{32} v n_l \tag{2.6.4}$$

将上式代入式(2.6.3)得

$$G = \frac{1}{v n_l} \Delta n \sigma_{32} v n_l = \Delta n \sigma_{32} \tag{2.6.5}$$

式中，反转粒子数密度 Δn 和受激发射截面 σ_{32} 的表达式如式(2.5.14)和式(2.5.15)所示。

与四能级系统类似，三能级系统的增益系数可表示为

$$G = \Delta n \sigma_{21} \tag{2.6.6}$$

式中，反转粒子数密度 Δn 和受激发射截面 σ_{21} 的表达式如式(2.5.4)和式(2.5.5)所示。

与式(2.6.1)和式(2.6.3)不同，式(2.6.5)和式(2.6.6)给出的增益系数表达式不存在微分项，因此计算起来更为方便。后续主要利用式(2.6.5)和式(2.6.6)对增益系数进行深入的讨论。

从式(2.6.5)和式(2.6.6)可以看出，增益系数 G 与反转粒子数密度 Δn 成正比，而 Δn 可通过式(2.5.11)或式(2.5.13)求出。只有 $\Delta n > 0$（即实现粒子数反转）时，G 值才大于0，此时介质才对光有放大能力，所以要产生激光必须实现激光上下能级的粒子数反转。此外，G 与受激发射截面 σ_{32}（或 σ_{21}）成正比，σ_{32}（或 σ_{21}）只取决于能级本身性质，与外界激发作用无关。根据式(2.5.15)或式(2.5.5)可知，σ_{32}（或 σ_{21}）与 λ^2 成正比，也与自发发射概率 A_{32}（或 A_{21}）成正比。将式(2.5.15)代入式(2.6.5)或将式(2.5.5)代入式(2.6.6)可以看出，G 与线型函数 $g(\nu,\nu_0)$ 成正比，因此 G 是 ν 的函数，其随 ν 的变化关系与 $g(\nu,\nu_0)$ 相似。根据1.5节内容，均匀加宽和非均匀加宽的线型函数 $g(\nu,\nu_0)$ 的表达式不同，所以在后续讨论增益系数表达式时，会分均匀加宽和非均匀加宽两种情况进行讨论。

实际上，增益系数的大小还与腔内振荡的激光场光强有关，当激光场光强较弱时，激光上下能级间受激发射过程对反转粒子数密度 Δn 的影响不大，增益处于最大值，此时的增益系数称为小信号增益系数。随着激光场光强的增加，受激发射过程越来越多，导致越

来越多的上能级粒子跃迁到下能级,因此反转粒子数会减少,根据式(2.6.5)和式(2.6.6),增益系数也会随之减少,此时的增益系数称为大信号增益系数。当激光稳定运行时,腔内激光强度不再变化,反转粒子数也会达到稳定值,增益系数不再变化。所以在激光刚开始振荡时,腔内激光场较弱,此时为小信号增益情况,随着光在谐振腔内来回振荡放大,腔内激光强度逐渐增大,增益系数随光强增大而逐渐减小,直到激光器稳定时增益系数不再减少,此时增益与损耗相抵消,激光强度不再增加也不再减少。从上述分析可以看出,考虑小信号、大信号、均匀加宽和非均匀加宽四种情形,才能对增益系数进行全面的讨论。下面主要以四能级系统为例,分小信号和大信号两种情况讨论增益系数,在每种情况下再分别考虑均匀加宽和非均匀加宽两种情况。

2.6.2 小信号增益系数

根据前面的分析,在腔内光强很小(即光子数很少)的情况下,受激发射对反转粒子数密度的影响可以忽略不计,设此时小信号反转粒子数密度为 Δn^0,对应的增益系数为小信号增益系数 G^0。根据式(2.6.5)和式(2.5.15),小信号增益系数的表达式为

$$G^0 = \Delta n^0 \sigma_{32} = \Delta n^0 \frac{\lambda^2}{8\pi} A_{32} g(\nu,\nu_0) \tag{2.6.7}$$

式中,Δn^0 可由速率方程求出。下面以四能级系统为例介绍 Δn^0 的求解结果。取四能级速率方程组(2.5.13)中的前两个方程得

$$\begin{cases} \dfrac{dn_4}{dt} = W_{14} n_1 - S_{43} n_4 \\ \dfrac{dn_3}{dt} = - \Delta n \sigma_{32} v n_l - (A_{32} + S_{32}) n_3 + S_{43} n_4 \end{cases} \tag{2.6.8}$$

考虑稳态,则 $\dfrac{dn_4}{dt} = \dfrac{dn_3}{dt} = 0$;再考虑小信号情况,则 $n_l \approx 0$;由于激光下能级为激发态,几乎没有粒子,因此设 $n_2 \approx 0$,此时根据式(2.5.14)有 $\Delta n^0 \approx n_3$;对于四能级系统,只要把少量基态粒子激发到激光上能级,就可实现粒子数反转,在激光器工作过程中大部分粒子仍处于基态,所以设 $n_1 \approx n$。根据上述假设,式(2.6.8)变为

$$\begin{cases} W_{14} n_1 - S_{43} n_4 = 0 \\ -(A_{32} + S_{32}) \Delta n^0 + S_{43} n_4 = 0 \end{cases} \tag{2.6.9}$$

求解上式可得

$$\Delta n^0 = \frac{W_{14} n_1}{A_{32} + S_{32}} \approx \frac{W_{14} n}{A_{32} + S_{32}} \tag{2.6.10}$$

从上式可以看出 Δn^0 与外界概率(即受激吸收概率 W_{14})成正比,激发作用越强,小信号反转粒子数密度越大,小信号增益系数越大,即工作物质对光的放大能力越强,有望获得更强的激光输出。由于式(2.6.7)包含线型函数 $g(\nu,\nu_0)$,所以下面按均匀加宽和非均匀加宽两种情况分别讨论小信号增益系数。

1. 均匀加宽小信号增益系数

均匀加宽的线型函数见式(1.5.35),将式(1.5.35)代入式(2.6.7)可得均匀加宽小信号增益系数为

$$G_H^0(\nu) = \frac{\left(\frac{\Delta\nu_H}{2}\right)^2}{(\nu-\nu_0)^2 + \left(\frac{\Delta\nu_H}{2}\right)^2} G_H^0(\nu_0) \qquad (2.6.11)$$

式中,$G_H^0(\nu_0)$ 为均匀加宽介质中心频率处的小信号增益系数,它是小信号增益系数的最大值,其表达式为

$$G_H^0(\nu_0) = \frac{\lambda_0^2 A_{32}}{4\pi^2 \Delta\nu_H} \Delta n^0 \qquad (2.6.12)$$

上式表明,$G_H^0(\nu_0)$ 与谱线宽度 $\Delta\nu_H$ 成反比,均匀加宽谱线宽度越宽,中心频率处小信号增益系数越小。

下面对均匀加宽时小信号增益系数 $G_H^0(\nu)$ 随频率的变化与线型函数 $g_H(\nu,\nu_0)$ 随频率的变化进行比较,以便了解二者的相同点和不同点。根据式(2.6.11)可得均匀加宽时小信号增益系数 $G_H^0(\nu)$ 随频率的变化曲线如图 2.6.3 所示,可见中心频率 ν_0 处为增益系数的极大值。比较式(2.6.11)和式(1.5.35),二者曲线的极大值均在 $\nu = \nu_0$ 处,其中

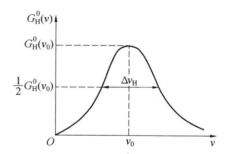

图 2.6.3 均匀加宽小信号增益系数曲线

$$G_H^0(\nu_0) = \frac{\lambda_0^2 A_{32}}{4\pi^2 \Delta\nu_H} \Delta n^0$$

则有

$$g_H(\nu_0,\nu_0) = \frac{2}{\pi\Delta\nu_H}$$

式(2.6.11)和式(1.5.35)都含有 $\dfrac{\Delta\nu_H}{(\nu-\nu_0)^2 + \left(\dfrac{\Delta\nu_H}{2}\right)^2}$ 项,表明二者的曲线形状均为洛伦兹型,但二者的曲线幅值不同。计算幅值一半对应的频率范围可知,图 2.6.3 所示的 $G_H^0(\nu)$ 曲线宽度和光谱线宽度相同,均为 $\Delta\nu_H$。

2. 非均匀加宽小信号增益系数

将非均匀加宽的线型函数式(1.5.34)代入式(2.6.7),得非均匀加宽小信号增益系数为

$$G_D^0(\nu) = G_D^0(\nu_0) e^{-4\ln 2 \left(\frac{\nu-\nu_0}{\Delta\nu_D}\right)^2} \qquad (2.6.13)$$

式中,$G_D^0(\nu_0)$ 为非均匀加宽介质中心频率处的小信号增益系数,它是小信号增益系数的最大值,其表达式为

$$G_D^0(\nu_0) = \left(\frac{\ln 2}{\pi}\right)^{\frac{1}{2}} \frac{\lambda_0^2 A_{32}}{4\pi \Delta\nu_D} \Delta n^0 \qquad (2.6.14)$$

根据式(2.6.13)和式(1.5.34),比较非均匀加宽的小信号增益系数 $G_D^0(\nu)$ 与线型函数 $g_D(\nu,\nu_0)$ 可以看出,二者曲线的极大值均在 $\nu = \nu_0$ 处,其中

$$G_D^0(\nu_0) = \left(\frac{\ln 2}{\pi}\right)^{\frac{1}{2}} \frac{\lambda_0^2 A_{32}}{4\pi \Delta\nu_D} \Delta n^0$$

则有

$$g_D(\nu_0,\nu_0) = \left(\frac{\ln 2}{\pi}\right)^{\frac{1}{2}} \frac{2}{\Delta\nu_D}$$

式(2.6.13)和式(1.5.34)都含有 $e^{-4\ln 2\left(\frac{\nu-\nu_0}{\Delta\nu_D}\right)^2}$ 项,表明二者的曲线形状均为高斯型,但二者的曲线幅值不同。计算幅值一半对应的频率范围可知,$G_D^0(\nu)$ 曲线宽度和光谱线宽度相同,均为 $\Delta\nu_D$。

$G_H^0(\nu_0)$ 和 $G_D^0(\nu_0)$ 可由实验测出,对常用器件也可由经验公式表示。例如,对于 He–Ne 激光器,在最佳放电条件下有

$$G^0(\nu_0) = 3\times 10^{-4} \frac{1}{d} \qquad (2.6.15)$$

式中,d 为放电管直径,单位为 cm。

2.6.3 增益饱和(大信号增益系数)

1. 增益饱和的概念

在激光振荡的初始时刻小信号增益大于损耗,即 $G^0 > \alpha$,只有满足该条件激光才能在谐振腔内得到振荡放大。而当激光器稳定工作时,由于腔内光强不再增加也不再减少,所以增益应该与损耗相等,即 $G = \alpha$。比较小信号和稳定运行两种情况下增益与损耗的关系可知,稳定运行时的增益系数小于小信号增益系数,即 $G < G^0$。所以随着腔内激光光强 I_ν 由小信号逐渐增加至稳定输出的光强,增益系数由小信号增益系数逐渐减小到稳定时的增益系数。也就是说,当 I_ν 很小时为小信号增益系数 G^0,其值不随 I_ν 变化;随着 I_ν 逐渐增大,增益系数 G 随 I_ν 的增大而减小。当激光器内光强达到一定值时,增益系数将随激光器内光强的增大而减小,这种现象称为增益饱和。增益饱和的物理机制是:当腔内光强 I_ν 增大时,强烈的受激发射导致大量的粒子由激光上能级跃迁到激光下能级,反转粒子数密度 Δn 减小,从而增益系数 G 减小。激光振荡产生后,随着腔内光强的增加,一直存在增益饱和现象,只要增益大于损耗($G > \alpha$)就继续饱和,直至最后增益等于损耗($G = \alpha$),激光器稳定运行。因为增益饱和现象的增益系数减小是反转粒子数密度减小引起的,所以下面首先讨论反转粒子数密度的饱和,然后再以此为基础讨论增益系数饱和。

2. 反转粒子数密度的饱和(Δn 与 I_ν 的关系)

根据前面的分析,增益系数的减小是因腔内光强 I_ν 增加使反转粒子数密度 Δn 减小而导致的,因此以四能级系统为例讨论 Δn 与 I_ν 的关系,即讨论反转粒子数密度的饱和情况。与小信号增益系数时式(2.6.9)的推导过程相似,从速率方程组(2.6.8)出发,考虑稳态 $\dfrac{dn_4}{dt} = \dfrac{dn_3}{dt} = 0$ 并假设 $n_2 \approx 0$,$\Delta n \approx n_3$ 和 $n_1 \approx n$,可得

$$\begin{cases} W_{14}n_1 - S_{43}n_4 = 0 \\ -\Delta n \sigma_{32} v n_l - (A_{32} + S_{32})\Delta n + S_{43}n_4 = 0 \end{cases} \qquad (2.6.16)$$

注意,与式(2.6.9)不同,由于此时是大信号情况,$n_l \neq 0$,因此上式中 $-\Delta n\sigma_{32}vn_l$ 项予以保留。由式(2.6.16)可解出

$$\Delta n = \frac{W_{14}n}{A_{32} + S_{32} + \sigma_{32}vn_l} \tag{2.6.17}$$

将上式与式(2.6.10)比较可以看出,在大信号的情况下不能假设 $n_l \approx 0$,所以上式的分母中多了与光子数密度 n_l 有关的一项。为了求解 Δn 与 I_ν 的关系,根据式(2.6.2)求出 n_l 的表达式并代入式(2.6.17)得

$$\Delta n = \frac{W_{14}n}{A_{32} + S_{32} + \sigma_{32}\dfrac{I_\nu}{h\nu}} = \frac{W_{14}n}{(A_{32} + S_{32})\left[1 + \dfrac{\sigma_{32}}{(A_{32} + S_{32})h\nu}I_\nu\right]} \tag{2.6.18}$$

根据式(2.6.10),上式可写为

$$\Delta n = \Delta n^0 \frac{1}{1 + \dfrac{\sigma_{32}}{(A_{32} + S_{32})h\nu}I_\nu} \tag{2.6.19}$$

上式即是 Δn 与 I_ν 的关系。显然 $\dfrac{\sigma_{32}}{(A_{32} + S_{32})h\nu}I_\nu$ 应为无量纲项,也就是说 I_ν 前面系数的量纲应抵消掉光强的量纲。将 I_ν 前面的系数设为光强 I_s 的倒数可得

$$\Delta n = \Delta n^0 \frac{1}{1 + \dfrac{I_\nu}{I_s}} \tag{2.6.20}$$

式中,I_s 为饱和光强或饱和参量,具有光强的量纲,其表达式为

$$I_s = \frac{(A_{32} + S_{32})h\nu}{\sigma_{32}} \tag{2.6.21}$$

从式(2.6.20)可以看出,当 I_ν 可与 I_s 相比拟时,Δn 明显减少,此时饱和作用显著。根据式(2.6.20),当 $I_\nu = 0$ 时 $\Delta n = \Delta n^0$,此时恰好对应小信号的情况;当 I_ν 逐渐增大时 Δn 逐渐减少,增益饱和效应越来越明显;当 $I_\nu = I_s$ 时 $\Delta n = \dfrac{\Delta n^0}{2}$,即腔内光强达到饱和光强时反转粒子数密度减少至一半。

将式(2.5.15)代入式(2.6.5),可得大信号增益系数为

$$G = \Delta n \sigma_{32} = \Delta n \frac{\lambda^2}{8\pi}A_{32}g(\nu,\nu_0) \tag{2.6.22}$$

根据式(2.6.19)可知,大信号时 Δn 的表达式中含有 σ_{32},而式(2.5.15)表明 σ_{32} 与线型函数 $g(\nu,\nu_0)$ 成正比,所以大信号时的反转粒子数密度和增益系数均要在均匀加宽和非均匀加宽两种加宽类型下讨论。首先确定激光上下能级自发发射跃迁产生的荧光属于哪种加宽类型,然后先根据式(2.6.19)和线型函数表达式推导 Δn 的表达式,再根据式(2.6.22)和线型函数表达式推导大信号增益系数的表达式。

3. 均匀加宽大信号增益

(1) 反转粒子数密度。

将式(2.5.15)代入式(2.6.19)得

$$\Delta n = \Delta n^0 \frac{1}{1 + \dfrac{\lambda^2 g_H(\nu,\nu_0)}{8\pi h\nu}\dfrac{A_{32}}{A_{32} + S_{32}}I_\nu} \tag{2.6.23}$$

再将式(1.5.35)代入上式得

$$\Delta n = \frac{(\nu - \nu_0)^2 + \left(\frac{\Delta\nu_H}{2}\right)^2}{(\nu - \nu_0)^2 + \left(\frac{\Delta\nu_H}{2}\right)^2 \left(1 + \frac{A_{32}}{A_{32} + S_{32}} \frac{\lambda^2}{4\pi^2} \frac{1}{\Delta\nu_H} \frac{I_\nu}{h\nu}\right)} \Delta n^0 \quad (2.6.24)$$

将上式中 I_ν 的系数定义成饱和光强 I_{sH}，则有

$$I_{sH} = \frac{4\pi^2 h\nu \Delta\nu_H}{\lambda^2} \frac{A_{32} + S_{32}}{A_{32}} \quad (2.6.25)$$

根据上式，式(2.6.24)可改写成

$$\Delta n = \frac{(\nu - \nu_0)^2 + \left(\frac{\Delta\nu_H}{2}\right)^2}{(\nu - \nu_0)^2 + \left(\frac{\Delta\nu_H}{2}\right)^2 \left(1 + \frac{I_\nu}{I_{sH}}\right)} \Delta n^0 \quad (2.6.26)$$

上式即为均匀加宽大信号时反转粒子数密度与腔内光强的关系。

(2) 增益系数。

将式(2.6.26)和式(1.5.35)代入式(2.6.22)，可得均匀加宽大信号增益系数的表达式为

$$G_H(\nu, I_\nu) = \frac{\left(\frac{\Delta\nu_H}{2}\right)^2}{(\nu - \nu_0)^2 + \left(\frac{\Delta\nu_H}{2}\right)^2 \left(1 + \frac{I_\nu}{I_{sH}}\right)} G_H^0(\nu_0) \quad (2.6.27)$$

式中，$G_H^0(\nu_0)$ 为均匀加宽时中心频率处的小信号增益系数，其表达式为式(2.6.12)。式(2.6.27)即为大信号时增益系数的表达式，可以看出此时增益系数不仅与光波的频率 ν 有关，还与腔内光强 I_ν 有关。当 $I_\nu = 0$ 时，式(2.6.27)变为小信号增益系数公式(2.6.11)。随着 I_ν 的增加，式(2.6.27)的分母变大，增益系数减小，出现增益饱和效应。考虑中心频率 $\nu = \nu_0$ 时，式(2.6.26)可写成与式(2.6.20)相同的形式，此时

$$I_{sH} = I_s \quad (2.6.28)$$

上式表明，I_{sH} 为均匀加宽 $\nu = \nu_0$ 时的饱和光强。根据式(2.6.28)可知，$\nu = \nu_0$ 时式(2.6.27)变为

$$G_H(\nu_0, I_{\nu_0}) = \frac{G_H^0(\nu_0)}{1 + \frac{I_{\nu_0}}{I_s}} \quad (2.6.29)$$

根据式(2.6.11)和式(2.6.27)可以得到小信号增益系数和大信号增益系数随频率变化的曲线。为了方便比较，图2.6.4中同时给出了小信号和大信号增益系数曲线。从图中可以看出，在两种情况下，增益曲线的极大值都位于中心频率处。与小信号增益系数曲线相比，大信号增益系数曲线整体下降，最大值变小，宽度变宽。根据式(2.6.27)可以得到大信号增益系数曲线最大值一半对应的宽度为

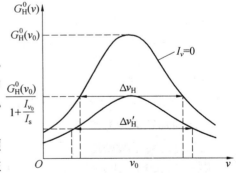

图2.6.4 小信号和大信号增益系数曲线

$$\Delta\nu'_{\mathrm{H}} = \sqrt{1 + \frac{I_\nu}{I_{\mathrm{sH}}}}\Delta\nu_{\mathrm{H}} \qquad (2.6.30)$$

根据上式，显然 $\Delta\nu'_{\mathrm{H}} > \Delta\nu_{\mathrm{H}}$，所以大信号增益系数曲线宽度大于小信号增益系数曲线宽度。

假设均匀加宽激光器的谐振腔内有一个频率为 ν_a 的纵模振荡，激光器的总损耗为 α，增益系数曲线如图 2.6.5 所示。在初始小信号的情况下，在图 2.6.5 的小信号增益系数曲线 $G_{\mathrm{H}}^0(\nu)$ 上，频率 ν_a 处的小信号增益系数显然大于损耗 α，所以频率为 ν_a 的光在谐振腔中来回振荡放大，光强逐渐增加。随着 ν_a 的光强增加，由于增益饱和效应，因此增益系数曲线整体下降。当增益系数曲线下降到 ν_a 处的增益系数等于损耗 α 时，如图 2.6.5 的 $G_{\mathrm{H}}(\nu)$ 曲线所示，此时由于增益等于损耗 ν_a 的光强不再增加，增益系数曲线不再下降，形成了稳定的激光输出。

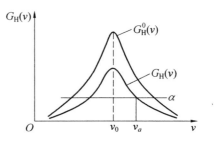

图 2.6.5 频率为 ν_a 的纵模振荡对增益系数曲线的影响

4. 非均匀加宽大信号增益

根据 1.5 节的内容，气体介质谱线的非均匀加宽是指多普勒加宽。在多普勒加宽的情况下，图 1.5.11(b) 所示的光谱线的不同频率对应不同运动速度 v_z 的发光粒子，其中中心频率 ν_0 对应运动速度为 0（即 $v_z = 0$）的粒子，频率 $\nu > \nu_0$ 对应向着探测器运动（即 $v_z > 0$）的粒子，频率 $\nu < \nu_0$ 对应远离探测器运动（即 $v_z < 0$）的粒子。根据式 (1.5.24)，图 2.6.6 中频率 ν_a 对应的发光粒子运动速度 v_a 可表示为

$$\nu_a = \nu_0\left(1 + \frac{v_a}{c}\right) \qquad (2.6.31)$$

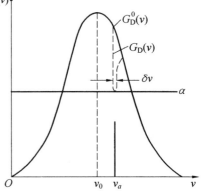

根据增益饱和效应，当有频率为 ν_a 的纵模振荡时，速度为 v_a 的粒子产生受激发射，其激光上下能级反转粒子数会因受激发射而减少，导致速度 v_a 粒子对应的频率 ν_a 处增益系数减小，如图 2.6.6 中虚线所示。由于速度为 v_a 的那部分粒子也有一定的寿命，它们也发射均匀加宽光谱线，所以这部分粒子按均匀加宽规律饱和，使得增益曲线在 ν_a 附近形成一个凹陷，该凹陷应该遵循均匀加宽的增益饱和规律。

为了计算图 2.6.6 所示带有凹陷的大信号增益系数曲线，先考虑速度为 v_a 的粒子激光上下能级反

图 2.6.6 非均匀加宽增益曲线

转粒子数密度，然后计算该部分粒子均匀加宽大信号增益系数，最后考虑所有速度的粒子，得到总的非均匀加宽大信号增益系数。下面按照上述思路介绍非均匀加宽大信号增益系数的具体推导过程。

速度为 v_a 的粒子对应的光谱线频率为 ν_a，在 $\nu_a \sim \nu_a + \mathrm{d}\nu_a$ 范围内的小信号反转粒子

数密度可表示为
$$\Delta n^0(\nu_a)\mathrm{d}\nu_a = \Delta n^0 g_\mathrm{D}(\nu_a,\nu_0)\mathrm{d}\nu_a \tag{2.6.32}$$

式中，$g_\mathrm{D}(\nu_a,\nu_0)$ 表示 ν_a 处非均匀加宽线型函数值。这部分粒子发射中心频率为 ν_a，线宽为 $\Delta\nu_a$ 的均匀加宽谱线。将式(2.6.32)代入式(2.6.12)得

$$\mathrm{d}G_\mathrm{D}^0(\nu_a) = \frac{\lambda_a^2 A_{32}}{4\pi^2 \Delta\nu_a}\Delta n^0 g_\mathrm{D}(\nu_a,\nu_0)\mathrm{d}\nu_a \tag{2.6.33}$$

式中，λ_a 为频率 ν_a 对应的波长。将均匀加宽大信号增益系数表达式(2.6.33)代入式(2.6.27)得

$$\mathrm{d}G_\mathrm{D}(\nu,I_\nu) = \frac{\lambda_a^2 A_{32}}{4\pi^2 \Delta\nu_a}\frac{\left(\frac{\Delta\nu_a}{2}\right)^2}{(\nu-\nu_a)^2+\left(\frac{\Delta\nu_a}{2}\right)^2\left(1+\frac{I_\nu}{I_{\mathrm{sH}}}\right)}\Delta n^0 g_\mathrm{D}(\nu_a,\nu_0)\mathrm{d}\nu_a \tag{2.6.34}$$

若考虑所有速度的粒子，需对上式进行积分，得到总的非均匀加宽大信号增益系数表达式

$$G_\mathrm{D}(\nu,I_\nu) = \Delta n^0 \int_{-\infty}^{+\infty}\frac{\lambda_a^2 A_{32}}{4\pi^2 \Delta\nu_a}\frac{\left(\frac{\Delta\nu_a}{2}\right)^2}{(\nu-\nu_a)^2+\left(\frac{\Delta\nu_a}{2}\right)^2\left(1+\frac{I_\nu}{I_{\mathrm{sH}}}\right)}g_\mathrm{D}(\nu_a,\nu_0)\mathrm{d}\nu_a \tag{2.6.35}$$

由于非均匀加宽小信号增益系数曲线宽度 $\Delta\nu_\mathrm{D} \gg \Delta\nu_a$，所以增益系数曲线凹陷对应的频率范围很小，可以将该频率范围内的线型函数值视为常数，即

$$g_\mathrm{D}(\nu_a,\nu_0) \approx g_\mathrm{D}(\nu,\nu_0)$$

另外，由于与光频率相比 $\Delta\nu_\mathrm{D}$ 是小量，所以增益曲线范围内的 λ 与 λ_a 相差很小，可假设 $\lambda_a \approx \lambda$。根据上述两个约等式，式(2.6.35)可变为

$$G_\mathrm{D}(\nu,I_\nu) = \frac{\lambda^2 A_{32}\Delta\nu_a}{16\pi^2}g_\mathrm{D}(\nu,\nu_0)\Delta n^0 \int_{-\infty}^{+\infty}\frac{1}{(\nu-\nu_a)^2+\left(\frac{\Delta\nu_a}{2}\right)^2\left(1+\frac{I_\nu}{I_{\mathrm{sH}}}\right)}\mathrm{d}\nu_a \tag{2.6.36}$$

上式中的积分项有

$$\int_{-\infty}^{+\infty}\frac{1}{(\nu-\nu_a)^2+\left(\frac{\Delta\nu_a}{2}\right)^2\left(1+\frac{I_\nu}{I_{\mathrm{sH}}}\right)}\mathrm{d}\nu_a = \frac{\pi}{\frac{\Delta\nu_a}{2}\sqrt{1+\frac{I_\nu}{I_{\mathrm{sH}}}}}$$

所以上式变为

$$G_\mathrm{D}(\nu,I_\nu) = \Delta n^0 \frac{\lambda^2 A_{32}}{8\pi}g_\mathrm{D}(\nu,\nu_0)\frac{1}{\sqrt{1+\frac{I_\nu}{I_{\mathrm{sH}}}}} \tag{2.6.37}$$

根据式(2.6.7)可得

$$G_\mathrm{D}^0(\nu) = \Delta n^0 \sigma_{32} = \Delta n^0 \frac{\lambda^2 A_{32}}{8\pi}g_\mathrm{D}(\nu,\nu_0) \tag{2.6.38}$$

根据上式，式(2.6.37)可写成

$$G_D(\nu, I_\nu) = \frac{G_D^0(\nu)}{\sqrt{1+\frac{I_\nu}{I_{sH}}}} \tag{2.6.39}$$

根据式(2.6.13)，上式可写成

$$G_D(\nu, I_\nu) = \frac{G_D^0(\nu)}{\sqrt{1+\frac{I_\nu}{I_{sH}}}} = \frac{G_D^0(\nu_0)}{\sqrt{1+\frac{I_\nu}{I_{sH}}}} e^{-4\ln 2\left(\frac{\nu-\nu_0}{\Delta\nu_D}\right)^2} \tag{2.6.40}$$

式中，$G_D^0(\nu_0)$ 的表达式见式(2.6.14)。

当腔内光强 $I_\nu = 0$ 时，式(2.6.40)变为小信号增益系数公式(2.6.13)。随着 I_ν 增加，式(2.6.40)分母增大，增益系数 G_D 减小，产生增益饱和效应。当 $\nu = \nu_0$ 时，式(2.6.40)变为 $G_D(\nu_0, I_{\nu_0}) = \frac{G_D^0(\nu_0)}{\sqrt{1+\frac{I_{\nu_0}}{I_{sH}}}}$。当 $\nu = \nu_0, I_{\nu_0} = I_{sH}$ 时，$G_D(\nu_0, I_{\nu_0}) = \frac{G_D^0(\nu_0)}{\sqrt{2}}$。而对于均匀加宽大信号增益系数式(2.6.27)，当 $\nu = \nu_0, I_{\nu_0} = I_{sH}$ 时，$G_H(\nu_0, I_{\nu_0}) = \frac{G_H^0(\nu_0)}{2}$。二者相比较可以看出，非均匀加宽比均匀加宽饱和要弱一些。

5. 烧孔效应

以非均匀加宽为主的激光器，当某一频率 ν_a 振荡时，消耗与该频率对应的速度 v_a 粒子的激光上下能级反转粒子数密度，导致该频率附近的增益系数出现凹陷，如图 2.6.6 所示。这种增益曲线出现局部下降的现象称为烧孔效应。根据上面描述，烧孔效应产生的原因是反转粒子数的选择性消耗，产生的条件是非均匀加宽为主的情况，即 $\Delta\nu_D \gg \Delta\nu_H$。由于孔有一定的宽度是因为某一速度粒子自发发射荧光谱线的均匀加宽，所以孔的宽度应为式(2.6.30)表示的均匀加宽大信号增益曲线的宽度。孔的深度 d 应为该频率处小信号增益系数与饱和增益系数之差，即

$$d = G_D^0(\nu) - \frac{G_D^0(\nu)}{\sqrt{1+\frac{I_\nu}{I_{sH}}}} \tag{2.6.41}$$

当激光稳定运行时，光强不再增加，饱和增益系数等于损耗，此时孔深为

$$d = G_D^0(\nu) - \alpha \tag{2.6.42}$$

孔的面积与激活介质中参与受激发射的粒子数成正比，即孔面积代表对振荡模式有贡献的反转粒子数，面积越大，有贡献的粒子数就越多，激光输出功率就越大。

对于非均匀加宽的驻波激光器，某一频率纵模振荡时，增益曲线上会出现图 2.6.7 所示的两个孔。由于两个孔在中心频率两侧对称分布，因此称一个为原孔，另一个为像孔。下面根据图 2.6.8 分

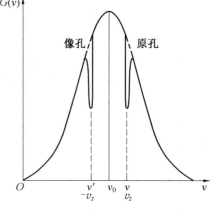

图 2.6.7 增益曲线上的原孔与像孔

析原孔和像孔产生的原因。假设图 2.6.7 所示的频率为 ν 的纵模在谐振腔中往返振荡。如图 2.6.8 上侧的图所示,当该光从左向右传播时,恰好与同方向的速度为 v_z 的粒子产生共振,则 v_z 与 ν 应满足式(1.5.24),此时该频率与中心频率的差为

$$\nu - \nu_0 = \nu_0 \left(1 + \frac{v_z}{c}\right) - \nu_0 = \frac{v_z}{c}\nu_0 \tag{2.6.43}$$

根据非均匀加宽增益饱和效应,当频率 ν 振荡时消耗了速度为 v_z 的粒子激光上下能级的反转粒子数密度,导致探测器测得的增益曲线在 ν 附近产生烧孔效应,称该孔为原孔。经右侧反射镜反射后,频率为 ν 的光从右向左传播(图 2.6.8 下侧的图),此时该光应该与同方向的速度为 $-v_z$ 的粒子产生共振,消耗了速度为 $-v_z$ 的粒子激光上下能级的反转粒子数密度,导致探测器测得的增益曲线在 ν' 附近产生烧孔效应,称该孔为像孔。根据式(1.5.24),中心频率与 ν' 之差为

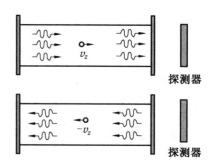

图 2.6.8 驻波激光器振荡过程

$$\nu_0 - \nu' = \nu_0 - \nu_0 \left(1 - \frac{v_z}{c}\right) = \frac{v_z}{c}\nu_0 \tag{2.6.44}$$

根据式(2.6.43)和式(2.6.44)得 $\nu - \nu_0 = \nu_0 - \nu'$,所以原孔与像孔在中心频率两侧呈图 2.6.7 所示的对称分布。

对于均匀加宽激光器,一个纵模振荡时,增益饱和作用会导致增益系数曲线整体下降,所以其他纵模的增益也会同时下降。而对于非均匀加宽激光器,各纵模会分别在增益系数曲线上烧孔。根据式(2.2.8)和式(2.6.30),当纵模间隔大于孔宽时,即 $\frac{c}{2\eta L} > \sqrt{1 + \frac{I_\nu}{I_{sH}}}\Delta\nu_H$ 时,各纵模烧的孔不会重叠,因此互不影响;而当纵模间隔小于等于孔宽时,即 $\frac{c}{2\eta L} \leqslant \sqrt{1 + \frac{I_\nu}{I_{sH}}}\Delta\nu_H$ 时,孔间出现重叠现象,因此会互相影响。由于孔面积越大激光功率就越大,所以在不太关心单色性而更希望提高激光输出功率的情况下,会有意产生多纵模振荡,且让各纵模烧的孔严重重叠,以增大孔的总面积,多纵模烧孔的增益曲线如图 2.6.9 所示。为了达到增大孔的总面积的目的,可以增加腔长以减小纵模间隔,使更多的纵模振荡;

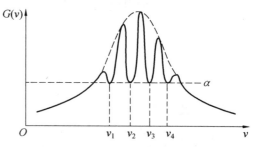

图 2.6.9 多纵模烧孔的增益曲线

也可以想办法增加孔宽使孔严重重叠,这样可以使整个反转粒子数被消耗得更多,以获得更大的激光功率。

2.7 激光振荡的阈值条件

根据 2.1 节,当工作物质满足粒子数反转条件时,工作物质就存在一定的增益,对光

有放大作用。但对于实际的激光器来说,能否在谐振腔内的工作物质中产生激光振荡,不仅取决于增益系数的大小,还与损耗的大小有关。也就是说,除了要考虑工作物质的增益系数,还要考虑散射、衍射、谐振腔的反射镜反射不完全等损耗对光的衰减作用。在初始小信号情况下,只有当增益大于损耗时,光放大过程才会大于光损耗过程,此时才能在谐振腔中产生激光振荡。把增益恰好能够补偿损耗的临界振荡条件称为阈值条件。显然,阈值条件对应于激光刚好能够在谐振腔中振荡的临界条件,此时腔内光强很弱,因此本节的内容只涉及小信号情况。

2.7.1 小信号增益系数的阈值条件

激光振荡过程中光强的变化如图 2.7.1 所示,介质的小信号增益系数为 G^0,谐振腔两个反射镜的反射率分别为 r_1 和 r_2,腔内的损耗系数为 $\alpha_{内}$。与图 2.2.2 相比,这里只是多考虑了腔内的损耗,所以实际情况下光在介质中传播时不仅要考虑增益导致光强的指数增长,还要考虑腔内损耗导致光强的指数衰减。由于除了需要考虑腔内损耗外,其他分析过程与 2.2 节对图 2.2.2 的分析相似,因此这里不再赘述。根据图 2.7.1,初始光强为 I_0 的光在谐振腔内经过一个往返过程后的光强为

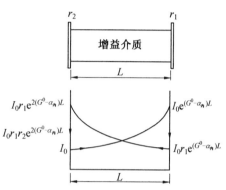

图 2.7.1 激光振荡过程中光强的变化

$$I = I_0 r_1 r_2 e^{2(G^0 - \alpha_{内})L} \tag{2.7.1}$$

式中,$\alpha_{内}$ 为腔内损耗系数,包括工作物质内部吸收、散射等原因造成的损耗。要想激光能够在谐振腔内振荡,需满足一个往返过程后的光强不小于初始光强的条件,即

$$I_0 r_1 r_2 e^{2(G^0 - \alpha_{内})L} \geq I_0 \tag{2.7.2}$$

上式可化简为

$$r_1 r_2 e^{2(G^0 - \alpha_{内})L} \geq 1 \tag{2.7.3}$$

光在谐振腔的腔镜上存在反射、透射和损耗三种过程,其中两个腔镜的反射率已如前所述为 r_1 和 r_2;两个腔镜的透过率为 T_1 和 T_2;两个腔镜上的损耗为 a_1 和 a_2。腔镜上的损耗主要由腔镜内物质的吸收和散射,以及腔镜上的衍射引起。腔镜上仅有反射、透射和损耗三种过程,所以有 $r_1 + T_1 + a_1 = 1$ 和 $r_2 + T_2 + a_2 = 1$,则式(2.7.3)可改写为

$$(1 - a_1 - T_1)(1 - a_2 - T_2) e^{2(G^0 - \alpha_{内})L} \geq 1 \tag{2.7.4}$$

根据上式可解出小信号增益系数满足的条件为

$$G^0 \geq \alpha_{内} - \frac{1}{2L} \ln[(1 - a_1 - T_1)(1 - a_2 - T_2)] \tag{2.7.5}$$

令不等式右端为总损耗系数 α,则

$$\alpha = \alpha_{内} - \frac{1}{2L} \ln[(1 - a_1 - T_1)(1 - a_2 - T_2)] \tag{2.7.6}$$

根据上面的分析可知,总损耗包含反射镜上的损耗 $-\frac{1}{2L} \ln[(1 - a_1 - T_1)(1 - a_2 - T_2)]$ 和工作物质内部的损耗 $\alpha_{内}$ 两部分。其中反射镜上的损耗主要是两个反射镜的透射、衍射、

吸收和散射损耗。根据式(2.7.6),式(2.7.5)可写为
$$G^0 \geqslant \alpha \tag{2.7.7}$$
上式表明若要实现激光振荡,要求小信号增益系数大于等于总损耗系数,因此阈值条件为
$$G_t = \alpha \tag{2.7.8}$$
式中,G_t 为阈值增益系数。

在 $x \ll 1$ 的条件下,对 $\ln(1+x)$ 函数做泰勒展开取一级近似得
$$\ln(1+x) \approx x$$
根据上式,在 $a_1 + T_1 \ll 1, a_2 + T_2 \ll 1$ 的条件下,可得
$$\frac{1}{2L}\ln[(1-a_1-T_1)(1-a_2-T_2)] \approx -\frac{a_1+T_1}{2L} - \frac{a_2+T_2}{2L}$$
将上式代入式(2.7.6)得
$$\alpha \approx \frac{a+T}{2L} \tag{2.7.9}$$
式中,a 为除透射外的往返净损耗率,其表达式为
$$a = 2\alpha_{内}L + a_1 + a_2 \tag{2.7.10}$$
T 表示往返透射损耗,其表达式为
$$T = T_1 + T_2 \tag{2.7.11}$$
当两腔镜的反射率较高时,用式(2.7.9)~(2.7.11)可以很方便地估算往返净损耗率和总损耗系数。

2.7.2 小信号反转粒子数密度的阈值条件

若要产生激光振荡,小信号反转粒子数密度需满足的条件可由式(2.6.7)代入式(2.7.7)求得
$$\Delta n^0 \geqslant \frac{\alpha}{\sigma_{32}} \tag{2.7.12}$$
所以阈值反转粒子数密度为
$$\Delta n_t = \frac{\alpha}{\sigma_{32}} \tag{2.7.13}$$
下面分三能级系统和四能级系统两种情况计算激光上能级的阈值粒子数密度。

1. 三能级系统

式(2.7.13)为四能级系统阈值反转粒子数密度的表达式,同样由式(2.6.6)可以写出三能级系统阈值反转粒子数密度的表达式
$$\Delta n_t = \frac{\alpha}{\sigma_{21}} \tag{2.7.14}$$
根据2.3节的内容,在图2.3.2所示的三能级系统中,一般情况下 $S_{32} \gg W_{13}$,即无辐射跃迁过程 S_{32} 远快于受激吸收过程 W_{13},使得粒子几乎不在 E_3 能级上停留,此时可认为 E_3 能级基本上是空的,几乎全部的粒子都处于激光下能级 E_1 和激光上能级 E_2,即
$$n_2 + n_1 \approx n$$
式中,n 为总粒子数密度。在不考虑激光上下能级统计权重的情况下,根据式(2.5.4),反

转粒子数密度可表示为

$$\Delta n = n_2 - n_1$$

根据以上两式可得

$$n_2 = \frac{n + \Delta n}{2}$$

根据上式,阈值反转粒子数密度对应的激光上能级的阈值粒子数密度为

$$n_{2t} = \frac{n + \Delta n_t}{2}$$

对于典型的三能级系统红宝石激光器,如果总粒子数密度为 10^{19} cm^{-3} 量级,则 Δn_t 为 10^{17} cm^{-3} 量级。所以一般情况下有 $\Delta n_t \ll n$,上式可写为

$$n_{2t} = \frac{n + \Delta n_t}{2} \approx \frac{n}{2} \tag{2.7.15}$$

上式表明,对于三能级系统,需要将一半以上的粒子激发到激光上能级,才能满足产生激光振荡的阈值条件。

2. 四能级系统

对于四能级系统,在初始小信号的情况下,激光下能级基本为空,即 $n_2 \approx 0$,根据式(2.5.14)得

$$\Delta n = n_3 - \frac{g_3}{g_2} n_2 \approx n_3$$

所以激光上能级阈值粒子数密度为

$$n_{3t} \approx \Delta n_t$$

再根据式(2.7.13)得

$$n_{3t} \approx \Delta n_t = \frac{\alpha}{\sigma_{32}} \tag{2.7.16}$$

上式表明,对于四能级系统,激光上能级的阈值粒子数密度与损耗成正比,损耗越大就需要把越多的粒子数激发到激光上能级,才能满足产生激光的阈值条件。

2.7.3 泵浦能量和泵浦功率的阈值条件

为了计算泵浦能量和泵浦功率的阈值条件,首先定义几个量子效率,然后根据量子效率推导短脉冲时的阈值泵浦能量和长脉冲时的阈值泵浦功率。由于产生激光的主要是三能级和四能级系统,所以下面对这两种情况进行讨论。此外,由于讨论阈值条件时对应小信号情况,此时腔内光子数很少,所以在考虑激光上下能级跃迁过程时忽略了受激吸收和受激发射过程。

1. 量子效率

(1) 三能级系统。

根据三能级系统能级图2.3.2可知,E_3 能级向下跃迁过程包括自发发射 A_{31} 和无辐射跃迁 S_{32} 两个过程,定义 E_3 能级向下跃迁过程中无辐射跃迁占总跃迁的比例为无辐射跃迁量子效率 η_1,则

$$\eta_1 = \frac{S_{32}}{S_{32} + A_{31}} \qquad (2.7.17)$$

在考虑激光上下能级跃迁时,由于是小信号情况,忽略受激吸收和受激发射过程,因此激光上能级以自发发射 A_{21} 和无辐射跃迁 S_{21} 两种方式跃迁到激光下能级。定义其中自发发射跃迁占总跃迁的比例为 E_2 能级到基态 E_1 能级跃迁的荧光量子效率 η_2,则

$$\eta_2 = \frac{A_{21}}{A_{21} + S_{21}} \qquad (2.7.18)$$

假设工作物质从泵浦光中吸收 N 个光子,每个光子会使一个基态粒子通过受激吸收激发到 E_3 能级,所以激发到 E_3 能级粒子数也为 N。根据无辐射跃迁量子效率 η_1 的定义,$N\eta_1$ 代表从 E_3 能级跃迁到 E_2 能级的粒子数;再根据荧光量子效率 η_2 的定义,$N\eta_1\eta_2$ 代表激光上下能级自发发射产生的荧光光子数。定义总量子效率 $\eta_F = \eta_1\eta_2$,则根据上面的分析,总量子效率的物理含义为

$$\eta_F = \eta_1\eta_2 = \frac{\text{发射荧光光子数}(E_2 \to E_1)}{\text{工作物质从泵浦光吸收的光子数}(E_1 \to E_3)} \qquad (2.7.19)$$

(2) 四能级系统。

根据四能级系统的能级图 2.3.3 可知,考虑 E_4 能级到 E_1 能级的自发发射过程 A_{41},可以定义四能级系统的无辐射跃迁量子效率 η_1 为

$$\eta_1 = \frac{S_{43}}{S_{43} + A_{41}} \qquad (2.7.20)$$

激光上下能级的荧光量子效率 η_2 为

$$\eta_2 = \frac{A_{32}}{A_{32} + S_{32}} \qquad (2.7.21)$$

总量子效率 η_F 为

$$\eta_F = \eta_1\eta_2 = \frac{\text{发射荧光光子数}(E_3 \to E_2)}{\text{工作物质从泵浦光吸收的光子数}(E_1 \to E_4)} \qquad (2.7.22)$$

2. 短脉冲时的阈值泵浦能量 E_{pt}

这里所说的短脉冲是指泵浦脉冲 t_0 很短且满足泵浦脉冲远小于激光上能级寿命 τ 的情况,即 $t_0 \ll \tau$。

(1) 三能级系统。

对于三能级系统,初始情况下几乎所有粒子都处于基态 E_1 能级,若采用阈值泵浦能量 E_{pt} 的光激发,则此时参与 E_3 能级到 E_1 能级受激吸收的光子数为 $\frac{E_{pt}}{h\nu_{13}}$。每一个光子会激发一个基态粒子到 E_3 能级,所以这些光子被吸收后 E_3 能级上的粒子数为 $\frac{E_{pt}}{h\nu_{13}}$。从 E_3 能级跃迁到激光上能级 E_2 的粒子数为 $\frac{E_{pt}}{h\nu_{13}}\eta_1$,此时采用阈值泵浦能量激发到激光上能级 E_2 的粒子数应为阈值粒子数,所以有

$$\frac{E_{pt}}{h\nu_{13}}\eta_1 = n_{2t}V$$

式中，V 为工作物质的体积。由上式可得阈值泵浦能量为

$$E_{pt} = \frac{Vh\nu_{13}}{\eta_1} n_{2t} \tag{2.7.23}$$

根据式(2.7.15)，上式可写成

$$E_{pt} = \frac{Vh\nu_{13}}{\eta_1} \frac{n}{2} \tag{2.7.24}$$

根据上式，三能级系统的阈值泵浦能量是将总粒子数的一半激发到激光上能级所要消耗的能量。

(2) 四能级系统。

将式(2.7.23)中的 $h\nu_{13}$ 改成 $h\nu_{14}$，n_{2t} 改成 n_{3t}，即可得到四能级系统的阈值泵浦能量

$$E_{pt} = \frac{Vh\nu_{14}}{\eta_1} n_{3t} \tag{2.7.25}$$

根据式(2.7.16)，上式可写为

$$E_{pt} = \frac{Vh\nu_{14}}{\eta_1} \frac{\alpha}{\sigma_{32}} \tag{2.7.26}$$

上式表明，四能级系统的阈值泵浦能量是使介质的增益能够抵消损耗所需的能量。

3. 长脉冲时的阈值泵浦功率 P_{pt}

与短脉冲相反，长脉冲是指泵浦脉冲 t_0 远大于激光上能级寿命 τ 的情况，即 $t_0 \gg \tau$。此时可以按照稳态来考虑相关的跃迁过程。

(1) 三能级系统。

对于三能级系统，若采用阈值泵浦功率 P_{pt} 的光激发，则单位时间内激发到 E_3 能级上的粒子数为 $\frac{P_{pt}}{h\nu_{13}}$，单位时间内激发到激光上能级 E_2 的粒子数为 $\frac{P_{pt}}{h\nu_{13}}\eta_1$。在长脉冲情况下，在阈值泵浦功率光的激发下，激光上能级长时间维持在阈值粒子数密度为 n_{2t} 的状态。激光上能级 E_2 向下能级 E_1 跃迁包括自发发射 A_{21} 和无辐射跃迁 S_{21} 两个过程，所以单位时间内上能级 E_2 向下能级 E_1 跃迁的粒子数应为 $n_{2t}(A_{21} + S_{21})V$。若想激光上能级长时间保持阈值粒子数密度为 n_{2t} 的状态，则激发到激光上能级的粒子数应等于激光上能级向下能级跃迁的粒子数，即

$$\frac{P_{pt}}{h\nu_{13}}\eta_1 = n_{2t}(A_{21} + S_{21})V \tag{2.7.27}$$

根据式(2.7.27)、式(2.7.18)和式(2.7.19)，可求得阈值泵浦功率为

$$P_{pt} = Vh\nu_{13} \frac{A_{21} + S_{21}}{\eta_1 A_{21}} A_{21} n_{2t} = \frac{Vh\nu_{13}}{\eta_F \tau} n_{2t} \tag{2.7.28}$$

式中，τ 为激光上能级的自发发射荧光寿命，$\tau = \frac{1}{A_{21}}$。根据式(2.7.15)，式(2.7.28)可写为

$$P_{pt} = \frac{Vh\nu_{13}}{\eta_F \tau} \frac{n}{2} \tag{2.7.29}$$

(2) 四能级系统。

将式(2.7.28)中的 $h\nu_{13}$ 改成 $h\nu_{14}$，n_{2t} 改成 n_{3t}，即可得到四能级系统的阈值泵浦功率

$$P_{pt} = \frac{Vh\nu_{14}}{\eta_F \tau} n_{3t} \qquad (2.7.30)$$

根据式(2.7.16),上式可写为

$$P_{pt} = \frac{Vh\nu_{14}}{\eta_F \tau} \frac{\alpha}{\sigma_{32}} \qquad (2.7.31)$$

比较三能级系统和四能级系统的短脉冲阈值泵浦能量公式(2.7.24)和式(2.7.26)及阈值泵浦功率公式(2.7.29)和式(2.7.31)可以看出,三能级系统需要把一半以上的粒子激发到激光上能级才能达到阈值,而四能级系统只需把增益能够抵消损耗的粒子激发到激光上能级即可达到阈值,因此三能级系统所需的阈值泵浦能量和阈值泵浦功率比四能级系统大得多。此外,从式(2.7.24)和式(2.7.29)中可以看出,三能级系统中光腔损耗对阈值泵浦能量和阈值泵浦功率影响不大,这是因为抵消损耗所需的反转粒子数远小于总粒子数的一半,所以光损耗对上能级粒子数是否达到阈值影响不大。然而对于四能级系统,根据式(2.7.26)和式(2.7.31)可知,阈值泵浦能量和阈值泵浦功率正比于总损耗系数 α,这是因为总损耗越大,抵消该损耗所需的激光上能级粒子数越多,所以需要泵浦到激光上能级的粒子数也就越多。

2.8 激光器的振荡纵模

在实际激光器中,可能存在很多纵模能够满足阈值条件在谐振腔内振荡,在2.2节已经对激光振荡的纵模频率进行了详细的讨论。根据2.2节的内容,能够在谐振腔中振荡的纵模频率需满足驻波条件,同时还要满足式(2.7.7),即该频率处的小信号增益大于损耗。实际上,满足上述条件的纵模在谐振腔中不一定能够稳定存在。由于增益饱和效应,各纵模之间可能存在竞争关系。由于均匀加宽和非均匀加宽的增益饱和规律不同,因此下面分均匀加宽和非均匀加宽两种情况讨论模式之间的竞争现象。

2.8.1 均匀加宽激光器中的模竞争

1. 均匀加宽增益饱和引起的自选模作用

根据2.6节的内容,均匀加宽激光器的增益饱和规律是随着腔内光强的增加,增益曲线整体下降,增益曲线宽度变宽,如图2.6.4所示。下面根据该增益饱和规律,以三个纵模振荡为例,分析均匀加宽激光器中的模竞争过程。

设小信号时 $\nu_q, \nu_{q+1}, \nu_{q-1}$ 三个纵模的增益都大于损耗,均匀加宽激光器中的模竞争过程如图2.8.1所示。由于三个模都满足阈值条件,因此三个模在腔中都会形成振荡,且三个模的光强 I_q, I_{q+1} 和 I_{q-1} 都会增加。三个模光强的增加导致腔内光强增加,产生增益饱和效应,增益曲线整体下降。随着腔内光强增加,增益曲线由图2.8.1中的小信号增益曲线 G^0 下降到曲线1。此时,对于离中心频率最远的 ν_{q+1} 纵模,其增益等于损耗,光强 I_{q+1} 不再增加;而另外两个纵模的增益大于损耗,光强 I_q 和 I_{q-1} 会继续增加,增益曲线继续下降,导致 ν_{q+1} 纵模增益小于损耗,光强 I_{q+1} 减小直至该纵模最终熄灭。同理,当增益曲线下降到曲线2时,对于 ν_{q-1} 纵模,其增益等于损耗,光强 I_{q-1} 不再增加;而 ν_q 纵模的增益大于损耗,光强 I_q 会继续增加,增益曲线继续下降,导致 ν_{q-1} 纵模增益小于损耗,光强 I_{q-1} 减小直至该纵模最终熄灭。当增益曲线下降到曲线 3 时，ν_q 纵模的增益等于损耗，光强 I_q 不再增加，增益曲线不再下降，维持 ν_q 纵模的稳定输出。通过上述模竞争过程，对应小信号增益系数最大的纵模保留了下来，其他纵模在竞争中消失了。在均匀加宽激光器中，通过增益饱和效应，靠近中心频率的模总是把别的模抑制下去，最后只剩它自己的现象叫模竞争。由于满足振荡条件的各纵模使用了相同的反转粒子数，所以各纵模间产生了模竞争。

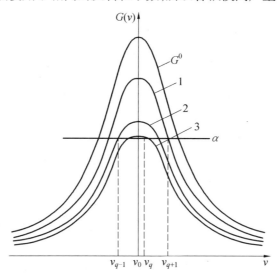

图 2.8.1　均匀加宽激光器中的模竞争过程

2. 空间烧孔引起的多模振荡

根据上面的讨论可知，均匀加宽激光器中，模竞争后最终只剩一个频率的纵模在谐振腔中振荡。但实际上，对于均匀加宽的驻波激光器，也可能产生多纵模激光输出。对于驻波激光器，在两腔镜之间振荡的激光纵模形成驻波结构。ν_q 纵模的驻波结构导致其在腔内沿光轴方向的光强分布存在空间不均匀性，如图 2.8.2(a) 所示。光强大的位置增益饱和效应明显，导致反转粒子数被大量消耗；而光强小的位置反转粒子数密度几乎不受影响。因此，因驻波结构产生的光强不均匀性会导致反转粒子数沿光轴方向的分布也不均

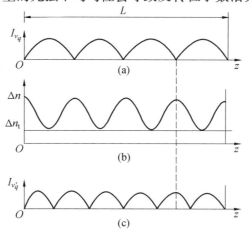

图 2.8.2　空间烧孔效应示意图

匀,如图2.8.2(b)所示。这种反转粒子数在空间上分布不均匀的现象称为空间烧孔效应。空间烧孔效应导致工作物质中的反转粒子不能被充分利用,激光总输出能量会因此减少。另外,其他频率的纵模可以利用剩余的反转粒子形成弱振荡,如图2.8.2(c)所示。上述分析表明,在均匀加宽驻波激光器中,由于存在空间烧孔效应,因此可以产生多纵模激光输出。

2.8.2 非均匀加宽激光器中的模竞争

根据2.6节的内容,非均匀加宽激光器的增益饱和规律是随着某一频率纵模光强的增加,增益曲线局部下降产生烧孔效应,如图2.6.6所示。当谐振腔有多个纵模振荡时,如果纵模间隔大于烧孔的孔宽,可认为各纵模烧的孔不重叠,因此各纵模互不影响,不存在模竞争;而如果纵模间隔小于等于孔宽,孔间会出现重叠现象,此时两个纵模共用同一部分反转粒子数,因此彼此之间存在模竞争现象。只有当两个相邻纵模烧孔的重叠非常严重时,才可能出现一个纵模使另一个纵模熄灭的现象,但这在非均匀加宽激光器中并不常见。从上述分析可以看出,非均匀加宽激光器中一般会产生多纵模激光振荡输出。

2.9 激光器的输出能量和功率

在2.7节讨论了阈值泵浦能量和阈值泵浦功率;在此基础上,本节讨论泵浦能量(功率)与激光器输出能量(功率)之间的关系。与2.7节相似,首先分三能级系统和四能级系统两种情况讨论短脉冲激光器的输出能量,然后分三能级系统和四能级系统两种情况讨论长脉冲激光器的输出功率。

2.9.1 短脉冲激光器的输出能量

短脉冲的定义与2.7节相同,要求泵浦脉冲宽度远小于激光上能级的寿命。

1. 四能级系统

根据四能级系统的能级图2.3.3可知,当泵浦光能量为E_p时,泵浦光包含的光子数为$\frac{E_p}{h\nu_{14}}$。在这些光子的作用下,从E_1能级激发到E_4能级的粒子数为$\frac{E_p}{h\nu_{14}}$。从E_4能级无辐射跃迁到激光上能级E_3的粒子数为$\frac{E_p\eta_1}{h\nu_{14}}$。根据式(2.7.16),激光上能级$E_3$的阈值粒子数为$n_{3t}V = \frac{\alpha}{\sigma_{32}}V$。当激发到$E_3$能级的粒子数$\frac{E_p\eta_1}{h\nu_{14}} > n_{3t}V$时,增益大于损耗,在谐振腔中能够形成激光振荡,光强逐渐增加。随着腔内光强的增加,强烈的受激发射过程使激光上能级的粒子数减少。当E_3能级粒子数减少到$n_{3t}V$时,激光光强会迅速衰减直至熄灭,所以$n_{3t}V$这部分粒子没有参与激光产生过程,对激光能量无贡献。因此对激光能量有贡献的激光上能级的粒子数应为$\frac{E_p\eta_1}{h\nu_{14}} - n_{3t}V$,这些粒子产生的腔内激光能量为

$$E_{内} = h\nu_{32}\left(\frac{E_p\eta_1}{h\nu_{14}} - n_{3t}V\right) = \frac{\nu_{32}}{\nu_{14}}\eta_1\left(E_p - \frac{h\nu_{14}}{\eta_1}n_{3t}V\right) \tag{2.9.1}$$

根据式(2.7.25),上式可写成

$$E_{内} = \frac{\nu_{32}}{\nu_{14}} \eta_1 (E_p - E_{pt}) \tag{2.9.2}$$

根据两个腔镜的透过率和总损耗,可得激光器输出能量为

$$E = \eta_0 E_{内} = \frac{\nu_{32}}{\nu_{14}} \eta_0 \eta_1 (E_p - E_{pt}) \tag{2.9.3}$$

式中,η_0 称为谐振腔效率,代表透射输出占总损耗的比例,由式(2.7.9)得 η_0 的表达式为

$$\eta_0 = \frac{T}{2\alpha L} = \frac{T}{a + T} \tag{2.9.4}$$

2. 三能级系统

将式(2.9.3)中四能级系统的激光频率 ν_{32} 和泵浦光频率 ν_{14} 分别用三能级系统的激光频率 ν_{21} 和泵浦光频率 ν_{13} 代替,可得三能级系统激光器输出能量为

$$E = \frac{\nu_{21}}{\nu_{13}} \eta_0 \eta_1 (E_p - E_{pt}) \tag{2.9.5}$$

式中,E_{pt} 的表达式见式(2.7.23)。将上式括号前面各项定义成系数 η_s,则上式变为

$$E = \eta_s (E_p - E_{pt}) \tag{2.9.6}$$

同样,式(2.9.3)也可以表示成式(2.9.6)的形式。

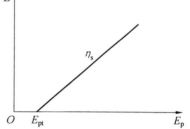

图 2.9.1 激光器输出能量与泵浦能量的关系

显然,根据式(2.9.6)绘制的激光器输出能量与泵浦能量的关系如图 2.9.1 所示,图中可以看出激光器输出能量与泵浦能量之间呈线性关系,直线在横轴的截距为阈值泵浦能量 E_{pt}。由于直线的斜率为 η_s,所以称 η_s 为斜效率或斜率效率,它是评估激光器性能的重要参量,反映了泵浦光能量转换成激光能量的效率。从图中可以看出,当泵浦能量大于阈值泵浦能量时才能获得激光输出,所以可以说激光输出能量是由超过阈值的那部分泵浦能量转化而来的。

2.9.2 长脉冲(连续运转)激光器的输出功率

这里考虑泵浦时间足够长(远大于激光上能级寿命),使得激光能到达到稳定输出的情况。当频率为 ν 的纵模在腔内振荡时,其光强 I_ν 会逐渐增加,随着 I_ν 的增加,频率 ν 处对应的增益系数由于增益饱和效应而下降。当激光稳定运行时,腔内的光强不再增加也不再减少,此时频率 ν 对应的增益与损耗相等,即

$$G(\nu, I_\nu) = \alpha \tag{2.9.7}$$

求解激光输出功率的思路是:先根据式(2.9.7)计算出腔内光强 I_ν,然后再根据腔内光强 I_ν 求解激光器的输出功率 P。如图 2.9.2 所示,在谐振腔中激光是来回振荡的,腔内光强包含向右传播光的光强 I_+ 和向左传播光的光强 I_- 两部分。如果输出激光束的截面面积为 A,且假设光强在截面内均匀分布,则输出激光功率可表示为

$$P = A I_+ T_1 + A I_- T_2 \tag{2.9.8}$$

式中，T_1 和 T_2 为两个腔镜的透过率。一般情况下左、右两个方向传播光的光强相近，即 $I_+ \approx I_-$，所以式(2.9.8)可写成

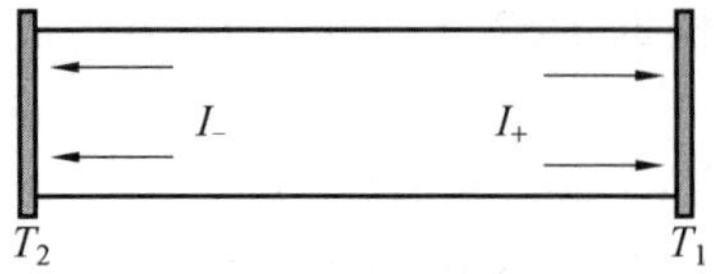

$$P = AI_+ T_1 + AI_- T_2 = AI_+ (T_1 + T_2) = AI_+ T \tag{2.9.9}$$

图 2.9.2 谐振腔内的光强

式中，T 为总透过率，$T = T_1 + T_2$。

由于 2.6 节推导的均匀加宽和非均匀加宽时大信号增益系数 $G(\nu, I_\nu)$ 的表达式是不同的，所以下面分均匀加宽和非均匀加宽两种情况利用式(2.9.7)计算腔内光强 I_ν，然后再根据腔内光强 I_ν 计算 I_+，最后利用式(2.9.9)计算激光器的输出功率 P。

1. 均匀加宽激光器的输出功率

（1）激光器输出功率的一般表达式。

首先根据式(2.9.7)求解腔内光强。根据 2.8 节的内容，均匀加宽激光器中由于存在模竞争，靠近中心频率的纵模最终形成激光振荡，因此这里只考虑中心频率的情况。由式(2.6.29)，中心频率处大信号增益系数可表示为

$$G_H(\nu_0, I_{\nu_0}) = \frac{G_H^0(\nu_0)}{1 + \dfrac{I_{\nu_0}}{I_s}} = \frac{G_m}{1 + \dfrac{I_{\nu_0}}{I_s}} \tag{2.9.10}$$

式中，G_m 为小信号增益系数的最大值，$G_m = G_H^0(\nu_0)$。

由式(2.9.7)式(2.7.9)可得

$$G_H(\nu_0, I_{\nu_0}) = \alpha = \frac{a + T}{2L} \tag{2.9.11}$$

将式(2.9.10)代入上式得

$$\frac{G_m}{1 + \dfrac{I_{\nu_0}}{I_s}} = \frac{a + T}{2L} \tag{2.9.12}$$

求解上式得

$$I_{\nu_0} = I_s \left(\frac{2G_m L}{a + T} - 1 \right) \tag{2.9.13}$$

根据均匀加宽激光器的增益饱和规律，左、右两个方向传播的光同时参与增益饱和作用，都使增益系数曲线整体下降，所以腔内光强应为二者之和，再设 $I_+ \approx I_-$，可得

$$I_{\nu_0} = I_+ + I_- = 2I_+ \tag{2.9.14}$$

根据式(2.9.14)和式(2.9.13)计算出 I_+ 的表达式，然后代入式(2.9.9)可得

$$P = AI_+ T = \frac{1}{2} ATI_s \left(\frac{2G_m L}{a + T} - 1 \right) \tag{2.9.15}$$

上式即为均匀加宽激光器输出功率的一般表达式。从上式可以看出，随着中心频率处小信号增益系数 G_m 的增加，激光输出功率 P 增加。这是因为，在总损耗不变的情况下，G_m 越大，则稳定时腔内光强 I_ν 越大，所以 P 越大。式(2.9.15)还表明随着增益介质 L 的增加，激光输出功率 P 也增加。这是因为，在相同增益条件下，L 越大，增益介质体积就越大，参与激光输出的反转粒子数就越多，P 就越大。式(2.9.15)还表明，随着往返净损耗

率 a 的减小,激光输出功率 P 增加。这是因为,当 a 越小时,总损耗越小,则稳定时 I_ν 越大,所以 P 越大。在式(2.9.15)括号内的分母和括号外都包含透过率 T,因此 T 与 P 的关系相对来说要复杂一些。括号内的 T 代表透射损耗,T 越大,总损耗就越大;则稳定时 I_ν 越小,P 就越小。括号外的 T 代表腔镜对激光的输出,显然 T 增大会使更多的激光从腔内输出,所以 T 越大,P 越大。综合考虑括号内外 T 的影响,应该存在最佳透过率 T_m。根据 $\left.\dfrac{\mathrm{d}P}{\mathrm{d}T}\right|_{T=T_\mathrm{m}} = 0$ 可得

$$T_\mathrm{m} = \sqrt{2G_\mathrm{m}La} - a \tag{2.9.16}$$

将上式代入式(2.9.15),得最佳输出功率为

$$P_\mathrm{m} = \frac{1}{2}AI_\mathrm{s}\left(\sqrt{2G_\mathrm{m}L} - \sqrt{a}\right)^2 \tag{2.9.17}$$

在研制激光器时,一项非常重要的研究内容是确定腔镜的最佳透过率,以达到激光输出功率的最大化。如果已知小信号增益系数 G_m 和往返净损耗率 a,可以利用式(2.9.16)计算得到最佳透过率。当然,如果已知最佳透过率,反过来也可以估算往返净损耗率 a。

(2) 输出功率与泵浦功率的关系。

根据式(2.6.10)和式(2.6.17),不论是小信号还是大信号情况,反转粒子数密度都与受激吸收概率 W_{14} 成正比。反转粒子数密度与增益系数成正比,W_{14} 与泵浦功率也成正比,所以增益系数与泵浦功率成正比。根据该关系可得

$$\frac{P_\mathrm{p}}{P_\mathrm{pt}} = \frac{G_\mathrm{m}}{G_\mathrm{t}} \tag{2.9.18}$$

将式(2.7.8)和式(2.7.9)代入上式可得

$$\frac{P_\mathrm{p}}{P_\mathrm{pt}} = \frac{G_\mathrm{m}}{\alpha} = \frac{G_\mathrm{m}}{\dfrac{a+T}{2L}} = \frac{2G_\mathrm{m}L}{a+T} \tag{2.9.19}$$

将上式代入式(2.9.15)得

$$P = \frac{1}{2}ATI_\mathrm{s}\left(\frac{P_\mathrm{p}}{P_\mathrm{pt}} - 1\right) \tag{2.9.20}$$

式中,I_s 与阈值泵浦功率 P_pt 有关。下面以 σ_{32} 为中间变量推导四能级系统 I_s 与 P_pt 之间的关系,进而代入上式得到输出功率与泵浦功率和阈值泵浦功率之间的关系。

根据式(2.7.31),σ_{32} 可表示为

$$\sigma_{32} = \frac{Vh\nu_{14}}{\eta_\mathrm{F}\tau}\frac{\alpha}{P_\mathrm{pt}} \tag{2.9.21}$$

根据 $\tau = \dfrac{1}{A_{32}}$,忽略式(2.6.21)的 S_{32} 并将上式代入得

$$I_\mathrm{s} = \frac{h\nu_{32}}{\sigma_{32}\tau} = \frac{h\nu_{32}}{\tau}\frac{P_\mathrm{pt}\eta_\mathrm{F}\tau}{\alpha Vh\nu_{14}} = \frac{\nu_{32}}{\nu_{14}}\frac{P_\mathrm{pt}\eta_\mathrm{F}}{\alpha V} \tag{2.9.22}$$

将上式代入式(2.9.20)得

$$P = \frac{1}{2}AT\frac{\nu_{32}}{\nu_{14}}\frac{P_\mathrm{pt}\eta_\mathrm{F}}{\alpha V}\left(\frac{P_\mathrm{p}}{P_\mathrm{pt}} - 1\right) \tag{2.9.23}$$

设增益介质截面积为 S,长度为 L,则上式中增益介质体积可表示为 $V = SL$。再根据 $\alpha = $

$\dfrac{a+T}{2L}$,式(2.9.23)可改写为

$$P = \frac{1}{2}AT\frac{\nu_{32}}{\nu_{14}}\frac{P_{\text{pt}}\eta_{\text{F}}}{\dfrac{a+T}{2L}SL}\left(\frac{P_{\text{p}}}{P_{\text{pt}}}-1\right) = \frac{\nu_{32}}{\nu_{14}}\frac{A}{S}\frac{T}{a+T}P_{\text{pt}}\eta_{\text{F}}\left(\frac{P_{\text{p}}}{P_{\text{pt}}}-1\right)$$

$$= \frac{\nu_{32}}{\nu_{14}}\frac{A}{S}\eta_0\eta_{\text{F}}P_{\text{pt}}\left(\frac{P_{\text{p}}}{P_{\text{pt}}}-1\right) = \eta_{\text{s}}(P_{\text{p}}-P_{\text{pt}}) \tag{2.9.24}$$

式中,η_0 为式(2.9.4)所示的谐振腔效率;A 和 S 虽然都代表面积,但二者明显不同,A 为激光束的截面面积,而 S 为增益介质的截面面积;η_s 为斜效率,或称斜率效率。比较式(2.9.24)和式(2.9.6)可以看出,二者非常相似。与短脉冲激光器输出能量类似,激光输出功率随泵浦功率线性增加,激光输出功率由超过阈值的泵浦功率转化而来。

2. 非均匀加宽激光器的输出功率

将非均匀加宽大信号增益系数表达式(2.6.40)代入式(2.9.7),并根据式(2.7.9)可得腔内光强为

$$I_\nu = I_{\text{sH}}\left\{\left[\frac{2G_{\text{m}}L}{a+T}\text{e}^{-4\ln 2\left(\frac{\nu-\nu_0}{\Delta\nu_{\text{D}}}\right)^2}\right]^2 - 1\right\} \tag{2.9.25}$$

式中,G_{m} 为中心频率处小信号增益系数的极大值,$G_{\text{m}} = G_{\text{D}}^0(\nu_0)$。由图 2.6.7 可知,对于驻波激光器,当某一频率为 ν 的纵模振荡时,在增益曲线上烧两个孔,其中向右传播的光消耗速度为 v_z 的粒子烧出的孔为原孔,向左传播的光消耗速度为 $-v_z$ 的粒子烧出的孔为像孔。当 $\nu \neq \nu_0$ 时,I_+ 和 I_- 在增益曲线上分别烧两个孔。当两个孔不重叠时,对应原孔的腔内光强 $I_\nu = I_+$,对应像孔的腔内光强 $I_\nu = I_-$,因此将式(2.9.25)代入式(2.9.9)得

$$P = AI_+T = AI_{\text{sH}}T\left\{\left[\frac{2G_{\text{m}}L}{a+T}\text{e}^{-4\ln 2\left(\frac{\nu-\nu_0}{\Delta\nu_{\text{D}}}\right)^2}\right]^2 - 1\right\} \tag{2.9.26}$$

在中心频率 $\nu = \nu_0$ 处产生增益饱和效应时,向右传播的光和向左传播的光消耗的都是 $v_z = 0$ 的粒子,因此此时的腔内光强 $I_\nu = I_+ + I_-$。设 $I_+ \approx I_-$,则 $I_\nu = 2I_+$,根据式(2.9.25)和式(2.6.28)得

$$I_+ = \frac{I_\nu}{2} = \frac{1}{2}I_{\text{s}}\left[\left(\frac{2G_{\text{m}}L}{a+T}\right)^2 - 1\right] \tag{2.9.27}$$

将上式代入式(2.9.9)得

$$P = AI_+T = \frac{1}{2}AI_{\text{s}}T\left[\left(\frac{2G_{\text{m}}L}{a+T}\right)^2 - 1\right] \tag{2.9.28}$$

3. 兰姆凹陷

根据上述分析可知,图 2.9.3 中当频率为 ν_1 的光振荡时,分别消耗速度为 v_{z1} 和 $-v_{z1}$ 的粒子,在增益曲线的 ν_1 和 ν_1' 处烧两个孔。当频率为 ν_2 的光振荡时,分别消耗速度为 v_{z2} 和 $-v_{z2}$ 的粒子,在增益曲线的 ν_2 和 ν_2' 处烧两个孔。由于 ν_1 比 ν_2 更靠近中心频率,ν_1 和 ν_1' 处两个孔的面积明显大于 ν_2 和 ν_2' 处两个孔的面积,产生激光时消耗的 v_{z1} 和 $-v_{z1}$ 的反转粒子数比 v_{z2} 和 $-v_{z2}$ 的反转粒子数更多,因此频率为 ν_1 的激光器输出功率比频率为 ν_2 的更大,如图 2.9.4 所示。然而图 2.9.4 所示的激光器输出功率并不是越靠近中心频率功率越大,而是在中心频率处有凹陷。以多普勒加宽为主(即 $\Delta\nu_{\text{D}} \gg \Delta\nu_{\text{H}}$)的非均匀加宽激

光器,将激光工作频率调到谱线中心频率时,其输出功率反而下降的现象,称为兰姆凹陷。

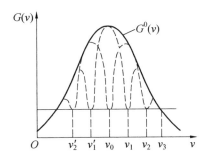

图 2.9.3　增益曲线上的烧孔情况　　图 2.9.4　激光器输出功率曲线

当激光输出频率逐渐向中心频率 ν_0 靠拢时,原孔和像孔的重叠会越来越严重,导致两个孔的总面积减少,所以激光输出功率逐渐下降。当激光的频率调到谱线的中心频率 ν_0 时,此时只消耗 $v_z = 0$ 这一种粒子,原孔和像孔完全重合,孔面积减小到最小值,因此 ν_0 处的激光器输出功率出现极小值。根据式(2.6.30),考虑原孔和像孔在中心频率 ν_0 两侧对称分布,两个孔在 $|\nu - \nu_0| < \dfrac{\Delta\nu_H}{2}\sqrt{1 + \dfrac{I_\nu}{I_{sH}}}$ 时开始重叠,所以兰姆凹陷的宽度约为

$$\Delta\nu' = \Delta\nu_H \sqrt{1 + \dfrac{I_\nu}{I_{sH}}} \qquad (2.9.29)$$

当改变放电管内气体的气压时,激光器输出功率曲线如图 2.9.5 所示,其中气压 $p_3 > p_2 > p_1$。从图中可以看出,随着气压的增加,兰姆凹陷变宽、变浅直至消失。这是因为兰姆凹陷产生的条件为非均匀加宽谱线宽度远大于均匀加宽谱线宽度,但随着气压的增加,碰撞加宽增加,导致均匀加宽增加,当非均匀加宽谱线宽度不再远大于均匀加宽谱线宽度时,兰姆凹陷逐渐变宽、变浅直至消失。

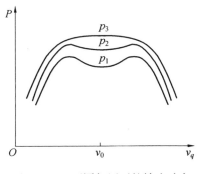

图 2.9.5　不同气压下的输出功率

例题　已知单纵模 CO_2 激光器输出波长为 10.6 μm,压力加宽系数 $\alpha = 5.7 \times 10^4$ Hz/Pa,激光介质长度 $L = 850$ mm,光束直径 $d = 10$ mm,腔镜总透过率 $T = 0.22$,管内气压 $p = 5\,000$ Pa,往返净损耗率 $a = 0.04$,温度 $T_1 = 300$ K。以 mm 为单位时,中心频率处小信号增益系数可表示为 $G_m = 1.4 \times 10^{-2}\dfrac{1}{d}$,饱和光强 $I_s = \dfrac{72}{d^2}$,光束有效面积 $A = 0.8\dfrac{\pi}{4}d^2$。求激光器的输出功率、腔镜的最佳透过率和激光器的最佳输出功率。

解　(1) 判断加宽类型。

根据式(1.5.21)有

$$\Delta\nu_L = \alpha p = 5.7 \times 10^4 \times 5\,000 = 285(\text{MHz})$$

根据式(1.5.33),温度为 T_1 的情况下

$$\Delta\nu_D = 7.16 \times 10^{-7}\sqrt{\dfrac{T_1}{M}}\nu_0 = 7.16 \times 10^{-7}\sqrt{\dfrac{T_1}{M}}\dfrac{c}{\lambda_0} \approx 53 \text{ MHz}$$

由于 $\Delta\nu_L \gg \Delta\nu_D$,所以该激光器以均匀加宽为主。

(2) 用均匀加宽激光器输出功率公式(2.9.15)计算激光器输出功率。

根据题中给出的公式及 d 值可得

$$G_m = 1.4 \times 10^{-2} \times \frac{1}{d} = 1.4 \times 10^{-2} \times \frac{1}{10} = 1.4 \times 10^{-3}(\text{mm}^{-1})$$

$$I_s = \frac{72}{d^2} = \frac{72}{10^2} = 0.72(\text{W/mm}^2) = 7.2 \times 10^5(\text{W/m}^2)$$

$$A = 0.8 \frac{\pi}{4} d^2 = 0.8 \times \frac{\pi}{4} \times 10^2 = 62.8(\text{mm}^2)$$

将 $L = 850$ mm,$T = 0.22$,$a = 0.04$ 代入式(2.9.15) 得

$$P = \frac{1}{2} ATI_s \left(\frac{2G_m L}{a+T} - 1 \right) = 40 \text{ W}$$

(3) 计算激光器最佳透过率和最佳输出功率。

根据式(2.9.16) 得激光器最佳透过率

$$T_m = \sqrt{2G_m La} - a = 0.27$$

根据式(2.9.17) 得激光器最大输出功率

$$P_m = \frac{1}{2} AI_s \left(\sqrt{2G_m L} - \sqrt{a} \right)^2 \approx 41 \text{ W}$$

该功率值略高于 $T = 0.22$ 时的激光器输出功率。

2.10 单模激光器的线宽极限

1. 理想情况

在理想情况下,稳定运转单模激光器的腔内光强 I_ν 不再发生变化,此时增益等于损耗,即 $G(\nu, I_\nu) = \alpha$。下面根据腔内光强不再发生变化的条件,从波动性和粒子性两方面分别描述激光的线宽极限。

以激光是电磁波为前提分析可知,腔内光强不变是因为腔内受激发射产生的光波能量补充了损耗的光波能量。由于受激发射产生的光波与原光波具有相同的相位,二者相干叠加使腔内光波振幅始终保持不变,因而在理想状态下激光是一无限长的波列,对无限长的波列做傅里叶变换,所得的线宽为 0。

以激光是一群量子态完全相同的光子为前提分析可知,由于腔内全部为受激发射光子,损耗的光子和补充的光子的量子态完全相同,所以腔内的所有光子都具有完全相同的特性,且腔内光强不变意味着光子总数始终保持不变,相当于腔内光子寿命无限长,其对应的线宽为 0。

2. 实际情况

以上分析的是理想情况,实际上激光谱线有一定宽度,尽管线宽很窄,远小于荧光线宽,但并不为 0。究其原因是上述分析忽略了自发发射对线宽的影响,在实际情况下,由于自发发射的存在,激光有一定的线宽。

首先根据速率方程理论分析受激发射产生光的增益与损耗情况。由式(2.6.5),速

率方程组(2.5.13)的最后一个方程可改写为

$$\frac{dn_l}{dt} = Gvn_l + A_{32}n_3 - \alpha v n_l \tag{2.10.1}$$

当激光器稳定运行时,腔内光子数不再发生变化,即 $\frac{dn_l}{dt} = 0$,于是上式变为

$$Gvn_l + A_{32}n_3 = \alpha v n_l \tag{2.10.2}$$

上式表明,腔内光子由受激发射产生的光子和自发发射产生的光子两部分组成,在二者共同作用下,抵消了光子的损耗使激光器稳定运行。因此可以得到两点结论:第一,激光的输出功率由受激发射和自发发射两部分组成;第二,对于受激发射产生的光来说,其增益小于损耗(即 $G < \alpha$),受激发射的光在衰减。以上述分析为基础,分波动性和粒子性两种情况阐述激光谱线不是无限窄而是有一定的宽度的原因。

从波动的角度看,受激发射过程产生的光波的增益小于损耗,光波有一定的衰减率,这导致激光光波不是等振幅无限长的波列,所以激光具有一定的线宽。稳定运行时光波振幅不变,是因为自发发射产生一列列与原光波相位无关的波列,它与原波列的光强相加使腔内光强恒定。

从光子的角度来看,激光中既包含受激发射产生的光子,也包含自发发射产生的光子。受激发射产生的光子的增益小于损耗,因此腔内受激发射的光子数不是恒定不变的,而是在减少,这导致腔内受激发射光子的寿命不是无穷大,对应的线宽不是无限窄。激光稳定输出时,腔内光子数保持不变是因为自发发射产生的光子数抵消了受激发射损耗的光子数,然而自发发射产生的光子不具有与原光子相同的特性,导致激光有一定的线宽。

一般情况下,荧光线宽为吉赫兹(GHz)量级,而激光线宽可达毫赫兹(mHz)甚至微赫兹(μHz)量级,所以与荧光相比,激光谱线宽度是非常窄的。

2.11 激光器的频率牵引效应

根据 2.2 节内容可知,谐振腔也可以分为有源腔和无源腔。将含有增益介质且对光有增益放大作用($G > 0$)的谐振腔称为有源腔;将不含增益介质或者含有增益介质但增益介质对光既无放大作用也无衰减作用($G = 0$)的谐振腔称为无源腔。增益介质在其中心频率 ν_0 附近呈现强烈的色散,即折射率随频率变化的而急剧变化,增益介质的色散曲线如图 2.11.1 所示。对于无源腔,即不含增益介质或增益介质的增益系数 $G = 0$ 时,折射率为常数,不随频率变化,无源腔的色散曲线如图 2.11.2 所示。如果用 η^0 表示无源腔的折射率,则有

$$\eta(\nu) = \eta^0 \tag{2.11.1}$$

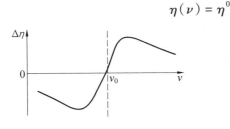

图 2.11.1 增益介质的色散曲线

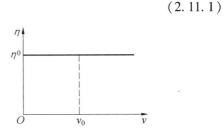

图 2.11.2 无源腔的色散曲线

根据图 2.11.1 和图 2.11.2 可知,有源腔和无源腔的折射率随频率变化的曲线是不同的,因而根据式(2.2.7)可知,其相应的在腔内纵模的振荡频率也会不同。图 2.11.3 为有源腔和无源腔内纵模的振荡频率的比较。设无源腔内相邻两个纵模的振荡频率分别为 ν_q^0 和 ν_{q-1}^0,将其变为有源腔后相邻两个纵模的振荡频率分别为 ν_q 和 ν_{q-1},若 $\nu_q^0 > \nu_0$,$\nu_{q-1}^0 < \nu_0$,则有 $\nu_q < \nu_q^0$,$\nu_{q-1} > \nu_{q-1}^0$。该现象表明,有源腔纵模的振荡频率比无源腔纵模的振荡频率更向中心频率靠拢,称其为频率牵引效应。下面结合图 2.11.1 和图 2.11.2 所示的有源腔和无源腔的色散曲线,对频率牵引效应做深入分析。

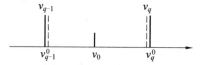

图 2.11.3　有源腔和无源腔内纵模的振荡频率的比较

设有源腔内增益介质的折射率随频率的变化表示为

$$\eta(\nu) = \eta^0 + \Delta\eta(\nu) \tag{2.11.2}$$

则 $\Delta\eta(\nu)$ 的变化曲线如图 2.11.1 所示。

根据式(2.2.7)和式(2.11.1)可得,无源腔内纵模的振荡频率为

$$\nu_q^0 = q\frac{c}{2\eta^0 L} \tag{2.11.3}$$

根据式(2.2.7)和式(2.11.2)可得,有源腔内纵模的振荡频率为

$$\nu_q = q\frac{c}{2\eta(\nu)L} = q\frac{c}{2(\eta^0 + \Delta\eta)L} \tag{2.11.4}$$

根据式(2.11.3)和式(2.11.4)可得,有源腔和无源腔内纵模的振荡频率之差为

$$\nu_q - \nu_q^0 = q\frac{c}{2(\eta^0 + \Delta\eta)L} - q\frac{c}{2\eta^0 L} = q\frac{c}{2\eta^0\left(1 + \frac{\Delta\eta}{\eta^0}\right)L} - q\frac{c}{2\eta^0 L} \tag{2.11.5}$$

利用当 $X \ll 1$ 时,$\frac{1}{1+X} \approx 1 - X$ 的近似公式,可得

$$\nu_q - \nu_q^0 = q\frac{c}{2\eta^0 L}\left(\frac{1}{1 + \frac{\Delta\eta}{\eta^0}} - 1\right) \approx -\frac{\Delta\eta}{\eta^0}\nu_q \tag{2.11.6}$$

由图 2.11.1 和式(2.11.6)可知,当 $\nu_q^0 > \nu_0$ 时 $\Delta\eta > 0$,因此 $\nu_q - \nu_q^0 < 0$,即 $\nu_q < \nu_q^0$;当 $\nu_{q-1}^0 < \nu_0$ 时 $\Delta\eta < 0$,因此 $\nu_{q-1} - \nu_{q-1}^0 > 0$,即 $\nu_{q-1} > \nu_{q-1}^0$。以上分析很好地解释了图 2.11.3 所示的频率牵引效应。以上分析表明,频率牵引效应是由增益介质的色散现象引起的。

习题与思考题

1. 现有圆柱形端面抛光红宝石样品一块,样品长度为 L,另有光源、单色仪、光电倍增管和微安表,如何测定红宝石样品对波长为 694.3 nm 的光的吸收系数?

2. 对图 2.3.2 所示的三能级激光器,设 $A_{31} = 3 \times 10^5 \text{ s}^{-1}$,$A_{21} = 3 \times 10^2 \text{ s}^{-1}$,$S_{32} = 5 \times$

$10^6\ \text{s}^{-1}$,激光上下能级统计权重相等,忽略损耗和 S_{21},估算为了实现粒子数反转,受激吸收概率 W_{13} 至少应为多少?

3. 光泵浦的四能级系统的跃迁如图 2.3.3 所示。已知受激吸收概率 $W_{14} = 1 \times 10^8\ \text{s}^{-1}$,自发发射系数 $A_{32} = 10^5\ \text{s}^{-1}$,忽略无辐射跃迁概率 S_{32},无辐射跃迁概率 S_{21} 为受激吸收概率 W_{14} 的 5 倍,激光上下能级的统计权重相等;激光上能级的粒子数密度是激光下能级的 2 倍,腔内只存在一个 l 振荡模,考虑光的损耗。

(1) 根据能级图列出完整的速率方程组;
(2) 计算受激发射概率 W_{32} 和受激吸收概率 W_{23} 的大小;
(3) 各能级总粒子数密度为 $8 \times 10^{15}\ \text{cm}^{-3}$,根据 $S_{43} \gg W_{14}$,假设 E_4 能级上粒子数密度为 0,计算激光上下能级的反转粒子数密度。

4. 证明 E_2 和 E_1 两个能级间的受激发射大于自发发射时,每个模内的平均光子数(光子简并度)大于 1。

5. 一束光通过长度为 1 m 的均匀激活工作介质,如果出射光强是入射光强的两倍,忽略介质内的损耗,求该介质的增益系数 G。

6. 激光器初始小信号下的反转粒子数密度为 $2 \times 10^{14}\ \text{cm}^{-3}$,受激发射截面为 $10^{-16}\ \text{cm}^2$,腔长为 50 cm,两个腔镜的反射率分别 $r_1 = 1, r_2 = 0.92$,往返净损耗率为 0.02,忽略腔镜上的损耗,介质的折射率为 1。

(1) 计算反转粒子数和阈值反转粒子数的比值 $\Delta n/\Delta n_t$;
(2) 如果增益系数大于阈值增益系数对应的频率范围为 1 GHz,计算有多少个纵模可能产生振荡。

7. 已知均匀加宽大信号增益系数的表达式为式(2.6.27)。

(1) 试证明大信号增益系数 G_H 随 ν 变化的曲线的宽度(极大值一半对应的频率范围)$\Delta \nu' = \sqrt{1 + \dfrac{I_\nu}{I_s}} \cdot \Delta \nu_H$。

(2) 已知 $I_s = 1\ \text{W/mm}^2$,中心频率处小信号增益系数 $G_H^0(\nu_0) = 0.01\ \text{mm}^{-1}$,若总损耗系数 $\alpha = 0.0025\ \text{mm}^{-1}$,激光器中只有频率 $\nu = \nu_0$ 一个模振荡,计算稳定输出时腔内的光强 I_ν。

(3) 若光束有效面积 $A = 10\ \text{mm}^2$,后反射镜的透过率为 0,前镜透过率为 20%,设腔中正向光强和反向光强相等,根据已求得的 I_ν 值,计算激光器的输出功率。

8. 某单模激光器的输出波长为 2 μm,激光的相干时间 $\tau_c = 0.1$ ms,当泵浦功率 $P_p = 10$ W 时,激光的输出功率 $P = 1$ W;$P_p = 20$ W 时,激光的输出功率 $P = 6$ W,激光介质的折射率为 1。

(1) 计算该激光器的阈值泵浦功率;
(2) 当泵浦功率为 28 W 时,计算激光的光子简并度;
(3) 计算激光的线宽 $\Delta\lambda$。

9. 某单模 632.8 nm 的 He-Ne 激光器,腔长 $L = 0.2$ cm,两个反射镜的反射率分别为 $r_1 = 1, r_2 = 0.98$,腔内损耗忽略不计,稳态输出功率 $P = 1$ mW。

(1) 求腔内光子数 N;

(2) 设小信号增益系数 $G_m = 0.06 \text{ m}^{-1}$,且光子数在腔内增长过程中增益系数保持该值不变,试粗略估算腔内光子数自一个光子增加到 N 个光子所需的时间。

10. 以均匀加宽为主的掺钕钇铝石榴石激光器的两个反射镜透射率 $T_1 = 0, T_2 = 0.5$。工作物质直径 $d = 0.8 \text{ cm}$,折射率 $\eta = 1.836$,总量子效率为 1,均匀加宽谱线宽度 $\Delta\nu_H = 1.95 \times 10^{11} \text{ Hz}$,自发辐射寿命 $\tau_2 \approx 2.3 \times 10^{-4} \text{ s}$。假设光泵吸收带的平均波长 $\lambda_p = 0.8 \text{ μm}$。试估算此激光器在中心频率处所需吸收的阈值泵浦能量 E_{pt}。

11. 短波长(真空紫外、软 X 射线)谱线的主要加宽机制为自然加宽,试证明峰值受激发射截面 $\sigma = \dfrac{\lambda_0^2}{2\pi}$。

第3章 光学谐振腔

光学谐振腔(简称谐振腔)是大多数激光器的重要组成部分,在2.2节已经对光学谐振腔的概念及其作用做了详细的介绍。通过2.2节的介绍可以看出,光学谐振腔有提供光学反馈、限制光束方向、选择振荡光频率等作用,因此使用光学谐振腔有利于提高激光的能量、方向性、单色性和相干性。在2.2节的基础上,本章将介绍光学谐振腔的损耗、光学谐振腔的稳定性问题及在光学谐振腔中传播的光波模式和光束特征等内容,本章的内容为激光器的谐振腔设计、以激光为光源时的光学系统设计及激光束的传输与变换等奠定了重要的知识基础。

按结构划分,光学谐振腔主要包括开放式谐振腔(开腔)、封闭腔(闭腔)和波导腔。开腔是指侧面敞开没有光学边界的谐振腔,一般情况下气体激光器的谐振腔为开腔。由于由后反射镜和输出镜组成的开腔最为简单也最为常用,因此本章主要讨论该类开腔。闭腔是指光线传播时除了受到谐振腔的限制以外,在侧面也会受到限制的谐振腔。如固体激光器往往等效成闭腔,这是由于固体激光介质通常具有较高的折射率,在侧壁抛光的情况下,那些与轴线夹角较小的光线在侧壁上发生全反射,侧壁对光线传播有限制作用。如果将反射镜紧贴在激光棒两端,则会形成类似于微波技术中的闭腔。如果谐振腔镜与激光棒是分离的,且激光棒的长度远小于腔长,则这种腔可按照开腔处理。还有一类谐振腔为波导腔,半导体激光器、光纤激光器和气体波导激光器都属于波导腔。气体波导激光器采用空心介质波导管约束气体放电区域,在波导管两端加谐振腔镜构成波导腔。在空心介质波导内,场服从波导管内的传播规律,波导管与腔镜之间场的传播符合开腔的传播规律。

上面讨论的是由两个反射镜构成的谐振腔。在实际应用中也可以由两个以上的反射镜构成复合腔、折叠腔或环形腔,大多数情况下这些腔也可以用本章的知识来处理。

3.1 光学谐振腔的损耗

损耗大小是评价谐振腔性能的一个重要指标,也是腔模理论的重要研究课题。本节讨论无源(增益 $G=0$)开腔的各种损耗及其计算。

1. 光学谐振腔中的损耗类型

(1) 几何偏折损耗。

光线在腔内往返传播时,可能从腔的侧面偏折出去,这种损耗称为几何偏折损耗。几何偏折损耗与腔型、腔内激光模式的高低有关。稳定腔内傍轴光线的几何损耗几乎为零;临界腔内傍轴光线有一定的几何损耗;非稳腔内傍轴光线的几何损耗较大。此外,一般高阶模几何损耗较大,低阶模几何损耗较小。

(2) 衍射损耗。

由于腔的反射镜的通光孔径有限,因此光在腔镜边缘会发生衍射,该衍射会造成光的损耗。衍射损耗与模式有关,不同横模的衍射损耗各不相同;衍射损耗还与腔参数g(g的表达式详见式(2.2.4)和式(2.2.5))及腔的菲涅耳数N有关,菲涅耳数的表达式为

$$N = \frac{a^2}{L\lambda} \tag{3.1.1}$$

式中,a为腔镜的半径;L为腔镜之间的距离;N为衍射现象中的一个特征参数,表征衍射损耗的大小,N越大,对应的衍射损耗越小。

(3) 腔镜反射不完全引起的损耗。该部分内容在 2.2 节有详细介绍。

(4) 其他损耗。包括材料中的非激活吸收、散射,腔内插入物(如布儒斯特窗、调Q元件、调制器、法珀标准具等)所引起的损耗。

对于前两种损耗,不同模式的损耗不同,因此称为选择性损耗,由积分方程本征值所决定。不同模式对应的后两种损耗大体相同,因此后两种损耗称为非选择性损耗。

2. 损耗的描述

为了对损耗进行定量分析,通常定义以下四个物理量用以描述损耗。

(1) 平均单程损耗因子δ。

设I_0为初始光强,在无源腔内往返一周后的光强为I_1,如果满足下式:

$$I_1 = I_0 e^{-2\delta} \tag{3.1.2}$$

即

$$\delta = \frac{1}{2} \ln \frac{I_0}{I_1} \tag{3.1.3}$$

则称δ为光学谐振腔的平均单程损耗因子。

小增益器件损耗较小,因此δ很小,根据式(3.1.2),在此情况下$\frac{I_0}{I_1} \approx 1$,则有

$$\ln \frac{I_0}{I_1} = \ln \left[1 - \left(1 - \frac{I_0}{I_1}\right) \right] \approx -\left(1 - \frac{I_0}{I_1}\right) = \frac{I_0 - I_1}{I_1} \approx \frac{I_0 - I_1}{I_0}$$

将上式代入式(3.1.3)得

$$\delta = \frac{1}{2} \frac{I_0 - I_1}{I_0} \tag{3.1.4}$$

可见,对于小增益器件,平均单程损耗因子可以近似看作单程渡越时光强的平均衰减比例。

通常情况下,光学谐振腔内的损耗是由许多因素引起的,每种因素都可以由各自的平均单程损耗因子来描述,按照定义则有

$$I_1 = I_0 e^{-2\delta_1} e^{-2\delta_2} \cdots = I_0 e^{-2\delta} \tag{3.1.5}$$

式中,δ为光学谐振腔总的平均单程损耗因子,等于腔内所有因素的平均单程损耗因子的和,有

$$\delta = \delta_1 + \delta_2 + \cdots \tag{3.1.6}$$

(2) 无源腔中光子的平均寿命τ_R。

根据定义,δ代表光在光学谐振腔内完成一次渡越的损耗,因而对于腔长为L的光学谐振腔,$\frac{\delta}{L}$表示单位长度上的损耗。在折射率为η的介质中,$\frac{c}{\eta}$表示光在介质中单位时

间通过的距离,所以 $\dfrac{c}{\eta}\dfrac{\delta}{L}$ 表示光通过介质单位时间内的损耗。根据式(2.6.2),光强与光子数成正比,由于损耗的存在,无源腔腔内光子数是随着时间变化的函数。基于上述分析,假设在初始时刻($t=0$)腔内光子数为 q_0,那么在 t 时刻的腔内光子数可以描述为

$$q(t) = q_0 \mathrm{e}^{-\frac{c\delta}{\eta L}t} = q_0 \mathrm{e}^{-\frac{t}{\tau_\mathrm{R}}} \tag{3.1.7}$$

与式(1.4.7)相类比,定义 τ_R 为无源腔中光子的平均寿命,数值上等于腔内光子数下降到初始值的 $1/\mathrm{e}$ 所需要的时间。由上式可得

$$\tau_\mathrm{R} = \frac{\eta L}{c\delta} \tag{3.1.8}$$

由式(3.1.8)可知,无源腔中光子的平均寿命是一个与损耗相关并且可以表征损耗的物理量。如果无源腔中光子平均寿命是由多种因素决定的,根据式(3.1.8)和式(3.1.6),它们之间的关系可以由下式描述:

$$\frac{1}{\tau_\mathrm{R}} = \frac{c\delta}{\eta L} = \frac{c}{\eta L}(\delta_1 + \delta_2 + \cdots) = \frac{c\delta_1}{\eta L} + \frac{c\delta_2}{\eta L} + \cdots = \frac{1}{\tau_{\mathrm{R}1}} + \frac{1}{\tau_{\mathrm{R}2}} + \cdots \tag{3.1.9}$$

即无源腔总的光子平均寿命与各个因素单独引起的光子平均寿命之间是倒数累加和的关系。

例题 1 设一个光学谐振腔腔长 $L=90\ \mathrm{cm}$,两面腔镜的反射率分别为 $r_1 = r_2 = 0.98$,忽略其他损耗,腔内介质折射率 $\eta = 1$,求:此谐振腔内的光子平均寿命。

解法 1 根据式(3.1.7)有

$$q(t) = q_0 \mathrm{e}^{-\frac{t}{\tau_\mathrm{R}}} \quad ①$$

设初始光强为 I_0,经过 m 次腔内往返后光强为

$$I_m = I_0 (r_1 r_2)^m$$

由于 $q(t) \propto I(t)$,因此有

$$q_m = q_0 (r_1 r_2)^m \quad ②$$

m 次往返所需的时间为 $t_m = \dfrac{2mL}{c}$,代入式①得

$$q_m = q_0 \mathrm{e}^{-\frac{2mL}{\tau_\mathrm{R} c}} \quad ③$$

由②③两式得

$$q_0 \mathrm{e}^{-\frac{2mL}{\tau_\mathrm{R} c}} = q_0 (r_1 r_2)^m$$

$$-\frac{2mL}{\tau_\mathrm{R} c} = \ln(r_1 r_2)^m$$

$$\tau_\mathrm{R} = -\frac{2L}{c \ln r_1 r_2} = \frac{-2 \times 0.9}{3 \times 10^8 \times \ln(0.98 \times 0.98)} = 1.5 \times 10^{-7} (\mathrm{s}) = 150 (\mathrm{ns})$$

解法 2

$$I = r_1 r_2 I_0 = 0.98 \times 0.98 I_0 = I_0 \mathrm{e}^{-2\delta}$$

$$\delta = -\ln 0.98 = 0.02$$

由式(3.1.8)得

$$\tau_\mathrm{R} = \frac{\eta L}{c\delta} = \frac{0.9}{3 \times 10^8 \times 0.02} = 150 (\mathrm{ns})$$

(3) 无源腔的品质因数 Q。

参照 LC 振荡回路和微波谐振腔,可以用品质因数 Q 标志光学谐振腔的特性。品质因数 Q 的定义为

$$Q = 2\pi\nu \frac{\text{腔内存储的激光能量}}{\text{每秒损耗的激光能量}} \tag{3.1.10}$$

由于如前所述 $\frac{c}{\eta}\frac{\delta}{L}$ 表示光通过介质单位时间内的损耗,因此上式可写成

$$Q = 2\pi\nu \frac{E}{E\frac{c}{\eta}\frac{\delta}{L}} = 2\pi\nu \frac{\eta L}{c\delta} \tag{3.1.11}$$

由上式可知,腔的损耗越小,Q 值越大。根据式(3.1.8),上式可表示为

$$Q = 2\pi\nu\tau_R \tag{3.1.12}$$

考虑多种因素对 Q 值的影响,根据式(3.1.9),总 Q 值可表示为

$$\frac{1}{Q} = \frac{1}{Q_1} + \frac{1}{Q_2} + \cdots \tag{3.1.13}$$

即总 Q 值为各个因素对应 Q 值倒数的累加和。

(4) 无源腔的线宽 $\Delta\nu_c$。

经典电磁场理论表明,任何一个具有特定寿命的以一定角频率振荡的光场分布,都具有一个频带宽度,对它进行傅里叶变换,就会发现是一个洛伦兹线型的频带分布,谱带的半峰全宽(full width at half maxima, FWHM)即是无源腔的线宽。类比式(1.5.18),无源腔的线宽可表示为

$$\Delta\nu_c = \frac{1}{2\pi\tau_R} \tag{3.1.14}$$

考虑多种因素对线宽的影响,根据式(3.1.9),总线宽可表示为

$$\Delta\nu_c = \Delta\nu_{c1} + \Delta\nu_{c2} + \cdots \tag{3.1.15}$$

即总线宽为各个因素对应线宽的累加和。

以上四个参量($\delta, \tau_R, Q, \Delta\nu_c$)是等价的,知道其中一个参量即可求出其余参量。平均单程损耗因子 δ 描述的是损耗与传播距离的关系;无源腔光子平均寿命 τ_R 表征的是损耗的时间特性;品质因数 Q 说明了损耗与光学谐振腔储能能力的关系;无源腔线宽 $\Delta\nu_c$ 揭示了损耗与相干性之间的联系。

例题 2 假设一个光学谐振腔腔长 $L = 90$ cm,激光波长 $\lambda = 600$ nm,两面腔镜的反射率分别为 $r_1 = r_2 = 0.98$,忽略其他损耗,求:此谐振腔内的 Q 值和无源腔线宽。

解 ① 品质因数 Q 值。

根据例题 1 可知

$$\tau_R = -\frac{2L}{c\ln r_1 r_2} = \frac{-2 \times 0.9}{3 \times 10^8 \times \ln(0.98 \times 0.98)} = 1.5 \times 10^{-7}(\text{s}) = 150(\text{ns})$$

$$\nu = \frac{c}{\lambda} = \frac{3 \times 10^8}{600 \times 10^{-9}} = 5 \times 10^{14}(\text{Hz})$$

$$Q = 2\pi\nu\tau_R = 2 \times 3.14 \times 5 \times 10^{14} \times 150 \times 10^{-9} = 4.71 \times 10^8$$

② 无源腔线宽 $\Delta\nu_c$。

$$\Delta\nu_c = \frac{1}{2\pi\tau_R} = \frac{1}{2\times 3.14\times 150\times 10^{-9}} \approx 1.06\times 10^6(\mathrm{Hz}) = 1.06(\mathrm{MHz})$$

如果将损耗增大，$r_1 = r_2 = r = 0.5$，则有

$$\tau_R = -\frac{2L}{c\ln r_1 r_2} = \frac{-2\times 0.9}{3\times 10^8\times \ln(0.5\times 0.5)} \approx 4.33(\mathrm{ns})$$

光子的平均寿命变短。

$$Q = 2\pi\nu\tau_R = 2\times 3.14\times 5\times 10^{14}\times 4.33\times 10^{-9} \approx 1.36\times 10^7$$

Q 值低了一个量级。

$$\Delta\nu_c = \frac{1}{2\pi\tau_R} = \frac{1}{2\times 3.14\times 4.33\times 10^{-9}} \approx 36.8(\mathrm{MHz})$$

损耗越大，线宽越宽。线宽范围为几兆赫兹到几十兆赫兹。

3. 典型损耗的计算

(1) 由腔镜反射不完全引起的损耗。

以 r_1、r_2 分别表示两腔镜的反射率，初始光强为 I_0 的光，在腔内经两个腔镜反射往返一周后的光强 I_1 可表示为

$$I_1 = r_1 r_2 I_0 \tag{3.1.16}$$

根据式(3.1.3)，反射不完全引起的损耗因子 δ_r 为

$$\delta_r = \frac{1}{2}\ln\frac{I_0}{I_1} = -\frac{1}{2}\ln r_1 r_2 \tag{3.1.17}$$

当 $r_1 \approx 1, r_2 \approx 1$ 时有

$$\ln r_1 r_2 = \ln[1-(1-r_1)] + \ln[1-(1-r_2)] \approx -[(1-r_1)+(1-r_2)]$$

将上式代入式(3.1.17)得

$$\delta_r = \frac{1}{2}[(1-r_1)+(1-r_2)] \tag{3.1.18}$$

在进行更粗略计算时也可采用

$$\delta_r = \frac{1}{2}(1-r_1 r_2)$$

(2) 平行平面腔中斜向传播波型的几何损耗。

如图 3.1.1 所示，在平行平面腔中，有一光线与光轴夹角为 θ，该光线经 m 次往返传播逸出腔外。当 θ 很小时，图 3.1.1 中平面腔的横向尺寸(直径) D 可以近似地表示为

$$D = m\cdot L\cdot 2\theta \tag{3.1.19}$$

因此在腔中往返传播的次数 m 可以写成

$$m = \frac{D}{2\theta L} \tag{3.1.20}$$

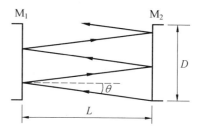

图 3.1.1　与光轴有夹角的光线在谐振腔内的传播

考虑腔内介质折射率 η，光线在腔中传播一个往返所需的时间为

$$t_0 = \frac{2\eta L}{c} \tag{3.1.21}$$

所以根据上式和式(3.1.20),腔内光子的平均寿命可表示为

$$\tau_\theta = mt_0 = m\frac{2\eta L}{c} = \frac{D}{2\theta L}\frac{2L\eta}{c} = \frac{\eta D}{\theta c} \quad (3.1.22)$$

根据上式和式(3.1.8),可以计算出光学谐振腔平均单程损耗因子为

$$\delta_\theta = \frac{L\theta}{D} \quad (3.1.23)$$

此外,根据式(3.1.22)和式(3.1.12),可以计算出无源腔的品质因数 Q;根据式(3.1.22)和式(3.1.14),可以计算出无源谐振腔的线宽 $\Delta\nu_c$。

(3) 腔镜倾斜时的几何损耗。

如图3.1.2所示,腔镜 M_1 与腔镜 M_2 的镜面不是完全平行的,而是构成了一个小角度 β。此时光线在两镜面间经过有限次往返传播后必将逸出腔外,设初始光线与镜 M_1 垂直,则经镜 M_2 一次反射后,入射光与反射光的夹角为 2β,该光线到达镜 M_1 时,与初始光线相比光线在镜面上移动的距离为 $L \cdot 2\beta$。经镜 M_1 一次反射后入射光与反射光的夹角为 4β。经镜 M_2 二次反射后,入射光与反射光的夹角为 6β,该光线到达镜 M_1 时,与镜 M_1 一次反射光线相比在镜面上移动的距离为 $L \cdot 6\beta$。经镜 M_1 二次反射后,入射光与反射光的夹角为 8β。经镜 M_2 三次反射后,入射光与反射光的夹角为 10β,该光线到达镜 M_1 时,与镜 M_1 二次反射光线相比在镜面上移动的距离为 $L \cdot 10\beta$。以此类推,若光线经 m 次往返传播逸出腔外,则有

$$L \cdot 2\beta + L \cdot 6\beta + L \cdot 10\beta + \cdots + L(2m-1)2\beta \approx D$$

整理后得

$$2\beta L[1 + 3 + 5 + \cdots + (2m-1)] \approx D$$

式中,D 为平面腔的横向尺寸(直径)。利用等差级数求和公式对上式计算可得

$$2\beta L m^2 = D$$

由上式可得

$$m = \sqrt{\frac{D}{2\beta L}} \quad (3.1.24)$$

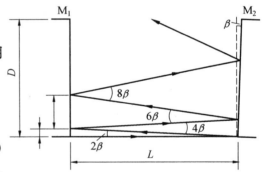

图3.1.2 腔镜倾斜时光线在谐振腔内的传播

根据式(3.1.21),腔内光子的平均寿命可表示为

$$\tau_\beta = mt_0 = m\frac{2\eta L}{c} \quad (3.1.25)$$

将式(3.1.24)代入上式得

$$\tau_\beta = \frac{\eta}{c}\sqrt{\frac{2DL}{\beta}} \quad (3.1.26)$$

根据上式和式(3.1.8),可以计算出光学谐振腔平均单程损耗因子为

$$\delta_\beta = \sqrt{\frac{\beta L}{2D}} \quad (3.1.27)$$

例题3 一个平行平面腔,腔长为 $L = 1$ m,腔镜直径 $D = 1$ cm,如果需要 $\delta_\beta < 0.1$ 时激光才能起振,求:两腔镜的不平行度容限。

解 根据式(3.1.27)可知,$\delta_\beta \propto \sqrt{\beta}$,且 δ_β 随着 L 的增大、D 的减小而增大,如果要 $\delta_\beta < 0.1$,则

$$\beta < \frac{2D\delta_{\beta\text{临界}}^2}{L} = \frac{2 \times 10^{-2} \times 0.1^2}{1} = 2 \times 10^{-4}(\text{rad}) = 0.2(\text{mrad}) = 41''$$

对于低增益器件,如果要 $\delta_\beta < 0.01$,则

$$\beta < 2 \times 10^{-6} \text{ rad} \approx 0.4''$$

因此如果要求腔镜倾斜时的几何损耗很小,则对平行平面腔的调整精度要求极高。

(4) 衍射损耗。

由于衍射损耗与腔型、腔的几何尺寸、振荡模式等相关,因此很难对衍射损耗做精确的描述。这里只针对平面波的夫琅禾费衍射,对腔的衍射损耗做粗略的估计。腔镜直径为 $2a$ 的平行平面腔可等效为图 3.1.3 所示的直径为 $2a$ 的孔阑传输线。均匀平面波入射到直径为 $2a$ 的圆孔上发生衍射,其衍射的第一极小值出现在

$$\theta \approx 1.22\frac{\lambda}{2a} = 0.61\frac{\lambda}{a} \tag{3.1.28}$$

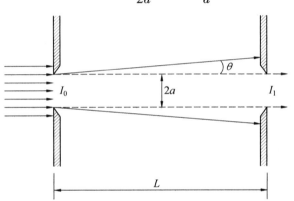

图 3.1.3 平面波的夫琅禾费衍射损耗

的方向,忽略第一暗环以外的光,并假设中心亮斑内光强均匀分布。射入第二孔径内的光能 E 与总光能 E_0 之比为孔径面积与总面积之比

$$\frac{E}{E_0} = \frac{\pi a^2}{\pi(a+L\theta)^2} = \frac{a^2}{a^2 + 2aL\theta + L^2\theta^2} \approx \frac{a^2}{a^2 + 2aL\theta} = \frac{1}{1+\frac{2L\theta}{a}}$$

将式(3.1.28)代入上式得

$$\frac{E}{E_0} = \frac{1}{1+\frac{2L}{a}\left(0.61\frac{\lambda}{a}\right)} \approx \frac{1}{1+\frac{L\lambda}{a^2}}$$

根据式(3.1.1)得

$$\frac{E}{E_0} = \frac{1}{1+\frac{1}{N}}$$

式中,N 为腔的菲涅耳数。由上式和式(3.1.2)可得

$$\frac{E}{E_0} = e^{-\delta_d} = \frac{1}{1+\frac{1}{N}}$$

式中,δ_d 为平均单程衍射损耗因子。由上式可得

$$\delta_d = \ln\left(1 + \frac{1}{N}\right) \tag{3.1.29}$$

若 $N \gg 1$,则

$$\delta_d \approx \frac{1}{N} \tag{3.1.30}$$

N 越大,衍射损耗越小。

在上述推导中,假设了均匀平面波入射到直径为 $2a$ 的圆孔上,在计算能量损耗时又认为中央亮斑范围内光能是均匀分布的,且忽略了各旁瓣的贡献,这些假设导致整个计算过程不够精确。这样计算得出的衍射损耗比实际腔模的衍射损耗高得多。尽管如此,通过推导得到的"衍射损耗随腔的菲涅耳数的减小而增大"这一规律,对各类开腔都具有普遍意义。

例题 4 工作波长为 $\lambda = 600$ nm 的激光器采用平行平面腔,腔长 $L = 1$ m,腔镜直径 $D = 1$ cm,试估算平面波的衍射损耗。

解 由式(3.1.1)得

$$N = \frac{a^2}{L\lambda} = \frac{\left(\frac{D}{2}\right)^2}{L\lambda} = \frac{(5 \times 10^{-3})^2}{1 \times 600 \times 10^{-9}} \approx 41.67$$

由于 $N \gg 1$,根据式(3.1.30)得

$$\delta_d = \frac{1}{N} = 0.024$$

如果按照式(3.1.29)计算有

$$\delta_d = \ln\left(1 + \frac{1}{N}\right) = 0.0237$$

二者相差不大。

例题 5 工作波长为 $\lambda = 600$ nm 的激光器采用平行平面腔,两面反射镜的反射率分别为 $r_1 = 0.98$,$r_2 = 0.85$,腔长 $L = 1$ m,腔镜直径 $D = 1$ cm,两腔镜有一定的不平行度,夹角 $\beta = 0.2$ mrad,衍射损耗的平均单程损耗因子按照 2% 计算,按照无源腔考虑并假设腔内仅有这三种损耗,试计算该谐振腔的品质因数 Q 和无源腔线宽。

解 ① 反射不完全引起的损耗。

根据式(3.1.17),反射不完全引起的损耗因子 δ_r 为

$$\delta_r = -\frac{1}{2}\ln r_1 r_2 = -0.5 \times \ln(0.98 \times 0.85) = 0.091$$

② 腔镜倾斜引起的损耗。

根据式(3.1.27),腔镜倾斜时平均单程损耗因子为

$$\delta_\beta = \sqrt{\frac{\beta L}{2D}} = \sqrt{\frac{0.2 \times 10^{-3} \times 1}{2 \times 1 \times 10^{-2}}} = 0.1$$

③ 衍射引起的损耗。

根据题中已知条件,平均单程衍射损耗因子 $\delta_d = 0.02$。

考虑以上三种损耗,可得总的平均单程损耗因子为
$$\delta = \delta_r + \delta_\beta + \delta_d = 0.091 + 0.1 + 0.02 = 0.211$$
根据式(3.1.8)得无源腔中光子的平均寿命为
$$\tau_R = \frac{\eta L}{c\delta} = \frac{1}{3 \times 10^8 \times 0.211} = 1.58 \times 10^{-8}(\text{s})$$
根据(3.1.12)得谐振腔的品质因数 Q 为
$$Q = 2\pi\nu\tau_R = 2 \times 3.14 \times \frac{3 \times 10^8}{600 \times 10^{-9}} \times 1.58 \times 10^{-8} = 4.96 \times 10^7$$
根据式(3.1.14)得无源腔线宽为
$$\Delta\nu_c = \frac{1}{2\pi\tau_R} = \frac{1}{2 \times 3.14 \times 1.58 \times 10^{-8}} = 10^7(\text{Hz}) = 10(\text{MHz})$$

3.2 光学谐振腔的稳定性问题

在 2.2 节已经对光学谐振腔的稳定性做了简单的讨论。设光学谐振腔的两个腔镜的曲率半径分别为 R_1 和 R_2,腔镜之间的距离为 L,则光学谐振腔的稳定性可以用腔参数的乘积 g_1g_2 来衡量。$0 < g_1g_2 < 1$ 时为稳定腔,$g_1g_2 = 0$ 或 $g_1g_2 = 1$ 时为临界腔(或称介稳腔),$g_1g_2 < 0$ 或 $g_1g_2 > 1$ 时为非稳腔。g_1 和 g_2 的表达式见式(2.2.4)和式(2.2.5)。本节采用光线传播矩阵,详细推导光学谐振腔的稳定性判据。为此,首先介绍光线坐标向量,然后给出几种典型的光线传播矩阵,最后用光线传播矩阵推导光学谐振腔的稳定性判据。

1. 光线坐标向量

首先介绍光线坐标向量,如图 3.2.1 所示,光线在某一横截面内用两个坐标参数来表征,分别是光线与轴线的距离 r 和光线与轴线的夹角 θ 的正弦值。考虑傍轴近似下 θ 很小,该正弦值与弧度值近似相等,所以可以用光线离轴线的距离 r 和光线与轴线的夹角 θ 表征光线的坐标参数。规定光线在图 3.2.1 所示轴线(点划线)的上方时 r 为正,在下方时 r 为负;光线出射方向在图 3.2.1 所示的虚线上方(即指向光轴上方)时 θ 为正,在下方时 θ 为负。

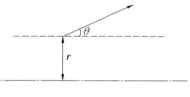

图 3.2.1 光线坐标向量

根据上述规定,图 3.2.2(a)中光线的坐标向量符号 r 和 θ 均为正,图 3.2.2(b)中 r 为正、θ 为负,图 3.2.2(c) 中 r 为负、θ 为正,图 3.2.2(d) 中 r 和 θ 均为负。

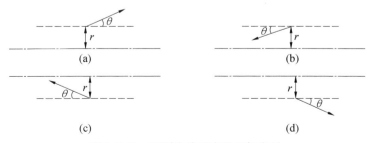

图 3.2.2 不同光线对应的坐标向量

2. 光线传播矩阵

设入射光线的初始坐标为 r_1 和 θ_1，光线通过光学系统后，出射光线的坐标变为 r_2 和 θ_2，表征光学系统变换作用可用一个 2×2 的矩阵 $\boldsymbol{T}$ 表示，则光线的入射坐标与光线的出射坐标之间有如下关系：

$$\begin{pmatrix} r_2 \\ \theta_2 \end{pmatrix} = \boldsymbol{T} \begin{pmatrix} r_1 \\ \theta_1 \end{pmatrix} = \begin{pmatrix} A & B \\ C & D \end{pmatrix} \begin{pmatrix} r_1 \\ \theta_1 \end{pmatrix} \tag{3.2.1}$$

矩阵 $\boldsymbol{T}$ 被称为光线传播矩阵或 $ABCD$ 矩阵。

下面介绍在实际工作中常用的几个典型的光线传播矩阵。

（1）傍轴光线在自由空间传播 L 距离，或者在均匀介质中传播 L 距离。

如图 3.2.3 所示，由于光在均匀介质中是沿着直线传播的，所以对于傍轴光线，显然有

$$\begin{cases} r_2 = r_1 + L\theta_1 \\ \theta_2 = \theta_1 \end{cases} \tag{3.2.2}$$

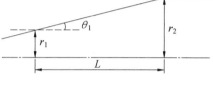

图 3.2.3　傍轴光线在长度为 L 的均匀介质传播

将该方程写成矩阵形式为

$$\begin{pmatrix} r_2 \\ \theta_2 \end{pmatrix} = \begin{pmatrix} 1 & L \\ 0 & 1 \end{pmatrix} \begin{pmatrix} r_1 \\ \theta_1 \end{pmatrix} = \boldsymbol{T}_\mathrm{L} \begin{pmatrix} r_1 \\ \theta_1 \end{pmatrix} \tag{3.2.3}$$

由上式可得

$$\boldsymbol{T}_\mathrm{L} = \begin{pmatrix} 1 & L \\ 0 & 1 \end{pmatrix} \tag{3.2.4}$$

因此，光线在自由空间中传播 L 距离引起的坐标变换，可用上述矩阵 $\boldsymbol{T}_\mathrm{L}$ 描述。以上推导过程表明，如果用一个列矩阵 $\begin{pmatrix} r \\ \theta \end{pmatrix}$ 描述任一光线的坐标，则可以用 $\begin{pmatrix} A & B \\ C & D \end{pmatrix}$ 二阶矩阵描述光线经光学系统引起的坐标变换。

（2）傍轴光线经球面镜和平面镜反射。

傍轴光线经球面镜的反射如图 3.2.4 所示，入射光线坐标为 r_1、θ_1，出射光线坐标为 r_2、θ_2。根据光线坐标向量符号的规定，入射光线与光轴夹角 θ_1 取正，反射光线与光轴夹角 θ_2 取负，由于下面角度推导中取值均为正，因此图中标出反射光线与光轴夹角为 $-\theta_2$。入射光线和反射光线到轴线的距离 $r_1 = r_2$。反射镜的曲率半径为 R。

根据三角形的外角等于不相邻的两个内角和，得

$$-\theta_2 = 2\alpha + \theta_1$$
$$\beta = \alpha + \theta_1$$

由以上两式可以推导出

$$-\theta_2 = 2\beta - \theta_1 \tag{3.2.5}$$

根据傍轴近似得

$$\beta = \frac{r_1}{R}$$

将上式代入式(3.2.5) 得

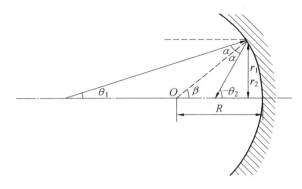

图 3.2.4　傍轴光线经凹面镜反射

$$\theta_2 = -2\frac{r_1}{R} + \theta_1 \quad (3.2.6)$$

根据上述推导,光线经球面镜反射,入射光线坐标 r_1、θ_1 与出射光线坐标 r_2、θ_2 的关系为

$$\begin{cases} r_1 = r_2 \\ \theta_2 = -2\dfrac{r_1}{R} + \theta_1 \end{cases} \quad (3.2.7)$$

该方程可以写成矩阵形式

$$\begin{pmatrix} r_2 \\ \theta_2 \end{pmatrix} = \begin{pmatrix} 1 & 0 \\ -\dfrac{2}{R} & 1 \end{pmatrix} \begin{pmatrix} r_1 \\ \theta_1 \end{pmatrix} = \boldsymbol{T}_R \begin{pmatrix} r_1 \\ \theta_1 \end{pmatrix} \quad (3.2.8)$$

由上式可得

$$\boldsymbol{T}_R = \begin{pmatrix} 1 & 0 \\ -\dfrac{2}{R} & 1 \end{pmatrix} = \begin{pmatrix} 1 & 0 \\ -\dfrac{1}{F} & 1 \end{pmatrix} \quad (3.2.9)$$

因此,光线经曲率半径为 R 的球面镜反射引起的坐标变换,可用上述矩阵 $\boldsymbol{T}_R$ 描述。F 为球面镜对傍轴光线的焦距,$F = R/2$,反射面为凹面时焦距 F 取正,反射面为凸面时焦距 F 取负,反射面为平面时焦距 F 取 ∞。作为球面反射镜的特例,平面反射镜有 $R = \infty$ 或 $F = \infty$,代入式(3.2.9)得

$$\boldsymbol{T} = \begin{pmatrix} 1 & 0 \\ 0 & 1 \end{pmatrix} \quad (3.2.10)$$

将上式代入式(3.2.1)得

$$\begin{pmatrix} r_2 \\ \theta_2 \end{pmatrix} = \begin{pmatrix} 1 & 0 \\ 0 & 1 \end{pmatrix} \begin{pmatrix} r_1 \\ \theta_1 \end{pmatrix} = \begin{pmatrix} r_1 \\ \theta_1 \end{pmatrix} \quad (3.2.11)$$

显然上式符合图 3.2.5 所示的平面镜反射定律 $\theta_2 = \theta_1$。

(3) 傍轴光线通过两介质平面界面。

图 3.2.6 为光线由折射率为 η_1 的介质进入折射率为 η_2 的介质的传播过程。根据折射定律,有 $\eta_1 \sin\theta_1 = \eta_2 \sin\theta_2$;对于傍轴光线,有 $\eta_1\theta_1 \approx \eta_2\theta_2$,$\dfrac{\theta_1}{\theta_2} = \dfrac{\eta_2}{\eta_1}$。由于在介质界面

处无位置变化，因此有 $r_2 = r_1$。根据上述分析，入射光线坐标 r_1、θ_1 与出射光线坐标 r_2、θ_2 的关系为

$$\begin{cases} r_2 = r_1 \\ \theta_2 = \dfrac{\eta_1}{\eta_2}\theta_1 \end{cases} \quad (3.2.12)$$

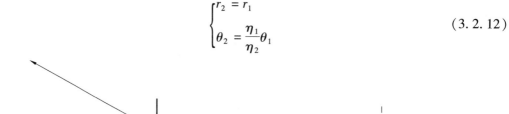

图 3.2.5　傍轴光线经平面镜反射　　图 3.2.6　傍轴光线经两介质界面传播

该方程可以写成矩阵形式

$$\begin{pmatrix} r_2 \\ \theta_2 \end{pmatrix} = \boldsymbol{T} \begin{pmatrix} r_1 \\ \theta_1 \end{pmatrix} = \begin{pmatrix} 1 & 0 \\ 0 & \dfrac{\eta_1}{\eta_2} \end{pmatrix} \begin{pmatrix} r_1 \\ \theta_1 \end{pmatrix} \quad (3.2.13)$$

由上式可得

$$\boldsymbol{T} = \begin{pmatrix} 1 & 0 \\ 0 & \dfrac{\eta_1}{\eta_2} \end{pmatrix} \quad (3.2.14)$$

因此，光线由折射率为 η_1 的介质进入折射率为 η_2 的介质引起的坐标变换，可用上述矩阵 $\boldsymbol{T}$ 描述。这个矩阵表征的就是折射定律：当光线由光疏介质射入光密介质时，$\eta_1 < \eta_2$，$\theta_1 > \theta_2$，传播方向偏向法线；而当光线由光密介质射入光疏介质时，$\eta_1 > \eta_2$，$\theta_1 < \theta_2$，传播方向偏离法线。

（4）傍轴光线通过薄透镜。

透镜的焦距为 F，对于凹透镜焦距取负，对于凸透镜焦距取正。薄透镜的含义是假设透镜的厚度为 0，这样光线与透镜的交会处没有位置的变化。图 3.2.7 为傍轴光线经薄透镜传播过程，由于光线与透镜的交会处没有位置的变化，所以 $r_1 = r_2$。考虑傍轴光线的情况下，有

$$\theta_1 - \theta_2 = \frac{r_1}{F}$$

式中，F 为透镜焦距。上式可改写为

$$\theta_2 = -\frac{r_1}{F} + \theta_1$$

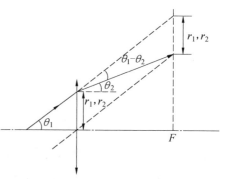

图 3.2.7　傍轴光线经薄透镜传播

根据以上分析,入射光线坐标 r_1、θ_1 与出射光线坐标 r_2、θ_2 的关系为

$$\begin{cases} r_2 = r_1 \\ \theta_2 = -\dfrac{r_1}{F} + \theta_1 \end{cases} \tag{3.2.15}$$

该方程可以写成矩阵形式

$$\begin{pmatrix} r_2 \\ \theta_2 \end{pmatrix} = \boldsymbol{T} \begin{pmatrix} r_1 \\ \theta_1 \end{pmatrix} = \begin{pmatrix} 1 & 0 \\ -\dfrac{1}{F} & 1 \end{pmatrix} \begin{pmatrix} r_1 \\ \theta_1 \end{pmatrix} \tag{3.2.16}$$

由上式可得

$$\boldsymbol{T} = \begin{pmatrix} 1 & 0 \\ -\dfrac{1}{F} & 1 \end{pmatrix} \tag{3.2.17}$$

因此,光线通过薄透镜引起的坐标变换,可用上述矩阵 $\boldsymbol{T}$ 描述。这里发现了一个有趣的现象:如果以焦距为变量描述光线传播矩阵,薄透镜和球面反射镜在数学形式上是完全一致的,差别在于凸透镜、凹透镜对应的符号的规定不同。

下面讨论薄透镜对光线变换的几个特例。

① 入射光线通过透镜的光心。

从图 3.2.8 可以看出 $r_1 = 0$,代入式(3.2.16)得

$$\begin{pmatrix} r_2 \\ \theta_2 \end{pmatrix} = \begin{pmatrix} 1 & 0 \\ -\dfrac{1}{F} & 1 \end{pmatrix} \begin{pmatrix} 0 \\ \theta_1 \end{pmatrix} = \begin{pmatrix} 0 \\ \theta_1 \end{pmatrix} \tag{3.2.18}$$

上式表明,通过薄透镜光心的光线不改变方向,即 $\theta_1 = \theta_2$。

② 入射光线为平行于光轴的傍轴光线。

图 3.2.9 为平行于光轴的傍轴光线通过薄透镜传播过程。显然此时 $\theta_1 = 0$,代入式(3.2.16)得

$$\begin{pmatrix} r_2 \\ \theta_2 \end{pmatrix} = \begin{pmatrix} 1 & 0 \\ -\dfrac{1}{F} & 1 \end{pmatrix} \begin{pmatrix} r_1 \\ 0 \end{pmatrix} = \begin{pmatrix} r_1 \\ -\dfrac{r_1}{F} \end{pmatrix} \tag{3.2.19}$$

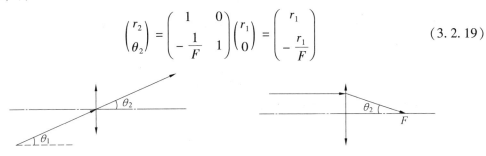

图 3.2.8 通过透镜光心的光线传播　　图 3.2.9 平行于光轴的傍轴光线通过薄透镜传播

根据上式有 $\theta_2 = -\dfrac{r_1}{F}$,表明平行于光轴的傍轴光线经透镜后会聚于焦点,同时根据光线坐标向量符号的规定,θ_2 应该取负。

③ 入射光线通过透镜的前焦点。

通过薄透镜前焦点的光线传播过程如图 3.2.10 所示。考虑傍轴近似有

$$r_1 = F\theta_1$$

将上式代入式(3.2.16)得

$$\begin{pmatrix} r_2 \\ \theta_2 \end{pmatrix} = \begin{pmatrix} 1 & 0 \\ -\dfrac{1}{F} & 1 \end{pmatrix} \begin{pmatrix} F\theta_1 \\ \theta_1 \end{pmatrix} = \begin{pmatrix} F\theta_1 \\ 0 \end{pmatrix}$$

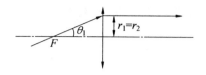

图 3.2.10　通过薄透镜前焦点的光线传播

(3.2.20)

根据上式有 $\theta_2 = 0$，即通过前焦点的光线平行于光轴出射。

通常情况下，一个光学系统往往由多个光学元件组合而成，假设这 n 个光学元件各自的光线传播矩阵分别为

$$T_1, T_2, T_3, \cdots, T_n$$

光线按照排列顺序依次通过这些光学元件，则变换矩阵等于这些元件各自传播矩阵的反序乘积，即

$$T = T_n \cdots T_2 T_1 \qquad (3.2.21)$$

称 T 为这 n 个光学元件组成的光学系统总的光线传播矩阵。将上式代入式(3.2.1)得

$$\begin{pmatrix} r_n \\ \theta_n \end{pmatrix} = T \begin{pmatrix} r_1 \\ \theta_1 \end{pmatrix} = T_n \cdots T_2 T_1 \begin{pmatrix} r_1 \\ \theta_1 \end{pmatrix} \qquad (3.2.22)$$

例题　求光线通过一块长度为 L、折射率为 η 的晶体的光线传播矩阵(不考虑晶体孔径)。

解　如图 3.2.11 所示，光线从入射到晶体端面直至从另一端面出射，一共经过了三个光学"元件"，分别是：

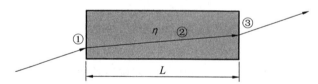

图 3.2.11　通过折射率为 η 的晶体的光线传播

光学"元件"①，通过 $\eta_1 = 1, \eta_2 = \eta$ 的介质界面，其光线传播矩阵为

$$T_1 = \begin{pmatrix} 1 & 0 \\ 0 & \dfrac{1}{\eta} \end{pmatrix}$$

光学"元件"②，在均匀介质中传播 L 距离，其光线传播矩阵为

$$T_2 = \begin{pmatrix} 1 & L \\ 0 & 1 \end{pmatrix}$$

光学"元件"③，通过 $\eta_1 = \eta, \eta_2 = 1$ 的介质界面，其光线传播矩阵为

$$T_3 = \begin{pmatrix} 1 & 0 \\ 0 & \eta \end{pmatrix}$$

因此总的光线传播矩阵为以上三个矩阵的反序乘积，即

$$T = T_3 T_2 T_1 = \begin{pmatrix} 1 & 0 \\ 0 & \eta \end{pmatrix} \begin{pmatrix} 1 & L \\ 0 & 1 \end{pmatrix} \begin{pmatrix} 1 & 0 \\ 0 & \dfrac{1}{\eta} \end{pmatrix} = \begin{pmatrix} 1 & L \\ 0 & \eta \end{pmatrix} \begin{pmatrix} 1 & 0 \\ 0 & \dfrac{1}{\eta} \end{pmatrix} = \begin{pmatrix} 1 & \dfrac{L}{\eta} \\ 0 & 1 \end{pmatrix} \quad (3.2.23)$$

3. 光学谐振腔的稳定性判据

下面用上述光线传播矩阵对 2.2 节有关光学谐振腔稳定性问题的判据进行推导。所谓光学谐振腔的稳定性问题,实际上就是研究谐振腔对光线的变换作用。首先求光线在图3.2.12 的光学谐振腔内往返传播一次的光线传播矩阵。光线在光学谐振腔内往返传播一次,需要经过图 3.2.12 所示的四个光学"元件",即从镜 M_1 出发在腔内自由空间传播("元件"①),经镜 M_2 反射("元件"②),在腔内自由空间传播("元件"③),最后经镜 M_1 反射("元件"④),完成一次往返传播过程。

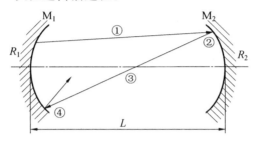

图 3.2.12　光线在光学谐振腔内往返一周传播

设 L 为谐振腔腔长,R_1、R_2 分别为两个球面反射镜的曲率半径,根据 2.2 节腔镜曲率半径正负号的规定,由于是凹面镜反射因此曲率半径取正,同时假设光线从镜 M_1 出发,分别列出四个光学"元件"的光线传播矩阵:

光学"元件"①,从镜 M_1 出发在均匀介质中传播 L 距离,其光线传播矩阵为

$$T_1 = \begin{pmatrix} 1 & L \\ 0 & 1 \end{pmatrix}$$

光学"元件"②,曲率半径为 R_2 的球面镜的反射,其光线传播矩阵为

$$T_2 = \begin{pmatrix} 1 & 0 \\ -\dfrac{2}{R_2} & 1 \end{pmatrix}$$

光学"元件"③,从镜 M_2 出发在均匀介质中传播 L 距离,其光线传播矩阵为

$$T_3 = \begin{pmatrix} 1 & L \\ 0 & 1 \end{pmatrix}$$

光学"元件"④,曲率半径为 R_1 的球面镜的反射,其光线传播矩阵为

$$T_4 = \begin{pmatrix} 1 & 0 \\ -\dfrac{2}{R_1} & 1 \end{pmatrix}$$

根据式(3.2.21),总的光线传播矩阵为

$$T = T_4 T_3 T_2 T_1 = \begin{pmatrix} A & B \\ C & D \end{pmatrix} \tag{3.2.24}$$

将上述四个光学"元件"的光线传播矩阵代入上式得

$$T = \begin{pmatrix} 1 & 0 \\ -\dfrac{2}{R_1} & 1 \end{pmatrix} \begin{pmatrix} 1 & L \\ 0 & 1 \end{pmatrix} \begin{pmatrix} 1 & 0 \\ -\dfrac{2}{R_2} & 1 \end{pmatrix} \begin{pmatrix} 1 & L \\ 0 & 1 \end{pmatrix}$$

$$= \begin{pmatrix} 1 - \dfrac{2L}{R_2} & 2L - \dfrac{2L^2}{R_2} \\ \dfrac{4L}{R_1 R_2} - \dfrac{2}{R_1} - \dfrac{2}{R_2} & \dfrac{4L^2}{R_1 R_2} - \dfrac{4L}{R_1} - \dfrac{2L}{R_2} + 1 \end{pmatrix}$$

因此可得总的光线传播矩阵为

$$\boldsymbol{T} = \begin{pmatrix} 1 - \dfrac{2L}{R_2} & 2L\left(1 - \dfrac{L}{R_2}\right) \\ \dfrac{4L}{R_1 R_2} - \dfrac{2}{R_1} - \dfrac{2}{R_2} & -\dfrac{2L}{R_1} + \left(1 - \dfrac{2L}{R_1}\right)\left(1 - \dfrac{2L}{R_2}\right) \end{pmatrix} \tag{3.2.25}$$

根据 2.2 节的式(2.2.4) 和式(2.2.5),光学谐振腔的 g 参数为 $g_1 = 1 - \dfrac{L}{R_1}, g_2 = 1 - \dfrac{L}{R_2}$。

利用 g 参数改写上面的光线传播矩阵,对照式(3.2.24) 得

$$\begin{cases} A = 1 - \dfrac{2L}{R_2} = 2g_2 - 1 \\ B = 2L\left(1 - \dfrac{L}{R_2}\right) = 2Lg_2 \\ C = \dfrac{4L}{R_1 R_2} - \dfrac{2}{R_1} - \dfrac{2}{R_2} = -\dfrac{2}{L}(g_1 + g_2 - 2g_1 g_2) \\ D = -\dfrac{2L}{R_1} + \left(1 - \dfrac{2L}{R_1}\right)\left(1 - \dfrac{2L}{R_2}\right) = 4g_1 g_2 - 2g_2 - 1 \end{cases} \tag{3.2.26}$$

如果光线在光学谐振腔内往返传播 n 次,则其光线传播矩阵为

$$\boldsymbol{T}_n = \boldsymbol{T}^n = \begin{pmatrix} A_n & B_n \\ C_n & D_n \end{pmatrix} \tag{3.2.27}$$

此时

$$\begin{cases} A_n = \dfrac{A\sin n\phi - \sin(n-1)\phi}{\sin\phi} \\ B_n = \dfrac{B\sin n\phi}{\sin\phi} \\ C_n = \dfrac{C\sin n\phi}{\sin\phi} \\ D_n = \dfrac{D\sin n\phi - \sin(n-1)\phi}{\sin\phi} \end{cases} \tag{3.2.28}$$

式中,$\phi = \arccos\dfrac{1}{2}(A+D)$。所谓稳定谐振腔,是指从腔镜上任意一点出发的傍轴光线,在光学谐振腔内往返传播无限次而不侧向溢出。其数学上可描述为,光线传播矩阵 $\boldsymbol{T}_n$ 中各个元素,在 $n \to \infty$ 时保持有界,即 ϕ 必须是实数。由于式(3.2.28) 分母中包含 $\sin\phi$,因此 $\sin\phi \neq 0$,即 $\phi \neq k\pi(k=0,1,2,\cdots)$。根据上述 ϕ 的表达式有

$$\left|\dfrac{1}{2}(A+D)\right| < 1 \tag{3.2.29}$$

根据式(3.2.26)有

$$A + D = (2g_2 - 1) + (4g_1g_2 - 2g_2 - 1) = 4g_1g_2 - 2$$

欲满足式(3.2.29),必有

$$-1 < 2g_1g_2 - 1 < 1$$

由上式可以得到稳定谐振腔需满足以下条件

$$0 < g_1g_2 < 1 \tag{3.2.30}$$

上式称为共轴球面腔的稳定性条件。因此稳定腔需满足 $0 < g_1g_2 < 1$;非稳腔需满足 $g_1g_2 < 0$ 或 $g_1g_2 > 1$;临界腔需满足 $g_1g_2 = 0$ 或 $g_1g_2 = 1$。上述结论与2.2节描述的内容一致。

4. 光学谐振腔稳定性的几何判别法

对于光学谐振腔的稳定性问题,还有一种更为直观的判别方法,称为几何判别法。对于图3.2.13所示的共轴球面腔,称光轴与腔镜交点为顶点,顶点与腔镜曲率中心都称为特征点。显然,光学谐振腔的每一个腔镜都包含两个特征点,一个是顶点,另一个是腔镜曲率中心。

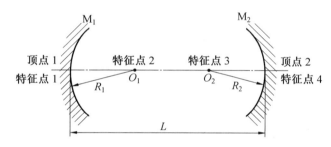

图3.2.13 共轴球面腔的顶点和特征点

光学谐振腔稳定性可用以下定理判别:对于共轴球面腔,如果任一腔镜的两个特征点之间只包含另一腔镜的一个特征点,则该光学谐振腔为稳定腔;如果任一腔镜的两个特征点之间包含另一腔镜的两个特征点或者不包含特征点,则该光学谐振腔为非稳腔;如果两个腔镜的特征点有重合的情况,则该光学谐振腔为临界腔。

根据几何判别法,可以梳理出典型的稳定腔条件:

(1) 对于双凹腔,有两种情况为稳定腔。一种情况如图3.2.14所示,当 $R_1 > L$ 且 $R_2 > L$ 时,每个腔镜的两个特征点之间都只包含另一腔镜的一个特征点(顶点),因此为稳定腔。另一种情况如图3.2.15所示,当 $R_1 < L, R_2 < L$ 且 $R_1 + R_2 > L$ 时,每个腔镜的两个特征点之间都只包含另一腔镜的一个特征点(曲率中心),因此为稳定腔。

(2) 对于图3.2.16所示的平-凹腔有 $R_1 = \infty$,若 $R_2 > L$,则每个腔镜的两个特征点之间都只包含另一腔镜的一个特征点(顶点),因此为稳定腔。

(3) 对于图3.2.17所示的凹-凸腔有 $R_1 < 0$(由于 M_1 为凸面镜,因此根据2.2节正负号规定 R_1 取负值),若 $R_2 > L$ 且 $R_1 + R_2 < L$,则每个腔镜的两个特征点之间都只包含另一腔镜的一个特征点(顶点或者曲率中心),因此为稳定腔。

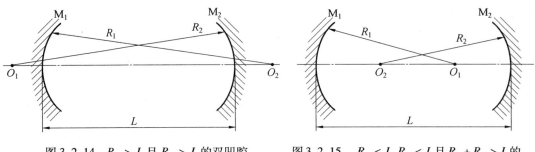

图 3.2.14　$R_1 > L$ 且 $R_2 > L$ 的双凹腔

图 3.2.15　$R_1 < L, R_2 < L$ 且 $R_1 + R_2 > L$ 的双凹腔

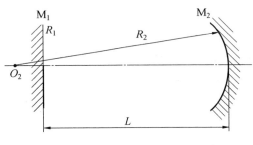

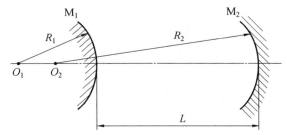

图 3.2.16　$R_2 > L$ 的平 – 凹腔

图 3.2.17　$R_2 > L$ 且 $R_1 + R_2 < L$ 的凹 – 凸腔

5. 光学谐振腔稳定性的稳区图

所谓稳区图,就是在由 g_1 和 g_2 组成的直角坐标系中,用来形象地描述光学谐振腔稳定性的图示方法,如图 3.2.18 所示。图中由横轴 $g_2 = 0$、纵轴 $g_1 = 0$、双曲线 $g_1 g_2 = 1$ 组成边界,边界内阴影部分对应的光学谐振腔为稳定腔;边界上各点对应的光学谐振腔为临界腔(图中省略);边界外白色区域对应的光学谐振腔为非稳腔。除了稳定性边界以外,图中还有一条直线 $g_1 = g_2$,称为对称线,所有对称线上的光学谐振腔都是对称腔。

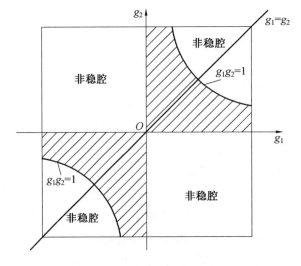

图 3.2.18　稳区图

由于临界腔比较特殊,这里讨论几种有代表性的临界腔。

（1）平行平面腔(简称平 – 平腔)。由于两个腔镜都是平面反射镜,因此 $R_1 = R_2 = \infty$。

根据式(2.2.4)和式(2.2.5),平 – 平腔的 g 参数为 $g_1 = g_2 = 1$, $g_1 g_2 = 1$,因而它是一种临界腔。腔中与光轴平行的光线能在两腔镜间往返传播无限多次而不逸出腔外,这与稳定腔的情况类似。但仅有与光轴平行的光线有这种特点,所有与光轴有夹角的光线在经有限次往返传播后,必然从侧面逸出腔外,这又与非稳腔相像。因此,平 – 平腔的性质介于稳定腔与非稳腔之间,属于临界腔。

(2)共心腔。共心腔的两个腔镜的曲率中心互相重合,满足 $R_1 + R_2 = L$。根据式(2.2.4)和式(2.2.5),共心腔的 g 参数为 $g_1 g_2 = 1$,因而是一种临界腔。在共心腔中,通过公共中心的光线能在腔内往返传播无限多次而不逸出腔外,这与稳定腔的情况类似。但所有不通过公共中心的光线在腔内往返传播有限多次后必然侧向逸出腔外,这又与非稳腔相像。因此,共心腔的性质介于稳定腔与非稳腔之间,属于临界腔。

(3)对称共焦腔。对称共焦腔的两个腔镜的焦点重合,且该公共焦点与腔的中心重合,因此满足 $R_1 = R_2 = L$ 的谐振腔称为对称共焦腔。根据式(2.2.4)和式(2.2.5),对称共焦腔的 g 参数为 $g_1 = 0$, $g_2 = 0$, $g_1 g_2 = 0$,因而是一种临界腔。但是在对称共焦腔中,任意傍轴光线均可在腔内往返传播无限多次而不逸出腔外,因此对称共焦腔应属于稳定腔。在本章的后续内容中将会看到,整个稳定球面腔的模式理论都可以建立在对称共焦腔振荡模理论的基础上,因而对称共焦腔是最重要、最有代表性的一种稳定腔。

3.3 光学谐振腔中模式的分析方法

在1.2节已经对光波模式的基本概念进行了详细的介绍,在2.2节对光学谐振腔中的纵模和横模进行了介绍。在此基础上,本节介绍光学谐振腔中的光波模式分析方法,在后续的章节中将利用该方法对谐振腔中的光波模式进行详细的分析。光学谐振腔中模式的分析方法主要有以下几种:(1)基于光学谐振腔的边界条件,直接求解麦克斯韦方程组,主要应用于固体激光器、波导气体谐振腔中波导管内的场分布研究;(2)几何光学方法,忽略衍射效应,简化计算,应用于光学谐振腔的稳定性问题、非稳腔波型特征等;(3)标量衍射理论,基于物理光学理论,求解谐振腔的衍射积分方程。本节以(3)为研究重点。

1. 菲涅耳 – 基尔霍夫衍射积分公式

首先考虑激光这种特殊的电磁场分布是如何在光学谐振腔内形成的,即研究哪些物理过程导致了激光这种电磁场分布的形成。

前面讨论过,在光学谐振腔中存在着几何偏折损耗、衍射损耗、腔镜反射不完全引起的损耗和其他插入损耗,这些损耗当中,只有衍射损耗对波动特性有影响。光在光学谐振腔内往返传播过程中,其他损耗只会导致光能量的几何衰减,只有衍射损耗改变光场的分布形式。从这个角度看,光在光学谐振腔内往返传播的过程,实际上是通过衍射损耗对光场分布"塑形"的过程。

根据物理光学知识,可以用惠更斯 – 菲涅耳原理研究衍射现象。惠更斯原理是指波前(波阵面)上的每一点都可以看作一个球面子波源,这些子波源发出的球面子波包络面就是新的波前。因此,根据惠更斯原理可以确定光波从一个时刻到另一个时刻的传播。菲涅耳考虑子波来自同一光源应该是相干的,因此用"子波相干叠加"的思想补充了惠更斯原理,称为惠更斯 – 菲涅耳原理。

下面用惠更斯-菲涅耳原理描述图 3.3.1 所示的点光源 P_0 对空间某一点 P 的作用。设点光源 P_0 发出的光波传播 r_0 距离后的波阵面为 S,根据惠更斯-菲涅耳原理,可以用波阵面 S 上各点发出的子波在 P 点的相干叠加结果代替点光源 P_0 对 P 的作用。点光源 P_0 在波阵面 S 上任意一点 Q 的复振幅为

$$u_Q = \frac{A\mathrm{e}^{-\mathrm{i}kr_0}}{r_0} \quad (3.3.1)$$

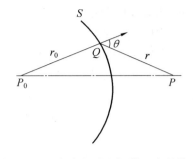

图 3.3.1 点光源对空间某一点的作用

式中,A 为离光源 P_0 单位距离处的振幅;$\frac{\mathrm{e}^{-\mathrm{i}kr_0}}{r_0}$ 代表球面波的传播。空间 P 点处的光场分布,是 S 面上各面元发出的子波的相干叠加,可以表示为

$$u_P = \frac{A\mathrm{e}^{-\mathrm{i}kr_0}}{r_0} \iint_S \frac{\mathrm{e}^{-\mathrm{i}kr}}{r} K(\theta)\mathrm{d}s \quad (3.3.2)$$

式中,r 为子波从 Q 点传播到 P 点的距离;$\mathrm{d}s$ 为 Q 点处发光面元的大小;θ 为 S 面上 Q 点处的法线与 QP 连线的夹角;$K(\theta)$ 为倾斜因子,代表子波振幅随 θ 的变化,可以表示为

$$K(\theta) = \frac{1 + \cos\theta}{2} \quad (3.3.3)$$

它反映出子波这种球面波是"非均匀的"。式(3.3.2)的积分沿着整个曲面 S 进行。

根据以上描述,若已知光波场在其所达到的任意空间曲面 S 上某点 Q 的振幅和相位分布,则可求出该光波场在空间其他任意点 P 处的振幅和相位分布,Q 点对空间 P 点的作用如图 3.3.2 所示。由式(3.3.2)和式(3.3.3)可知,P 处的光场分布 $u(x,y)$ 与 Q 处的光场分布 $u(x',y')$ 满足菲涅耳-基尔霍夫衍射积分公式

$$u(x,y) = \frac{\mathrm{i}k}{4\pi} \iint_S u(x',y') \frac{\mathrm{e}^{-\mathrm{i}k\rho(x,y,x',y')}}{\rho(x,y,x',y')} (1 + \cos\theta)\mathrm{d}s' \quad (3.3.4)$$

式中,k 为光波矢量的大小,其与波长的关系见式(1.2.4);ρ 为 P 点与 Q 点之间的距离;θ 为 Q 点处面元 $\mathrm{d}s'$ 的法线方向 $\boldsymbol{n}$ 与 QP 的夹角。

用上述的菲涅耳-基尔霍夫衍射积分公式,可以计算光学谐振腔镜面上的光场分布。图 3.3.3 为由镜 Ⅰ 和镜 Ⅱ 组成的谐振腔,若已知镜 Ⅰ 上的场分布 $u_1(x',y')$,则根据式(3.3.4)可以求出镜 Ⅱ 上的场分布 $u_2(x,y)$

$$u_2(x,y) = \frac{\mathrm{i}k}{4\pi} \iint_{S_1} u_1(x',y') \frac{\mathrm{e}^{-\mathrm{i}k\rho(x,y,x',y')}}{\rho(x,y,x',y')} (1 + \cos\theta)\mathrm{d}s' \quad (3.3.5)$$

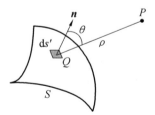

图 3.3.2 Q 点对空间 P 点的作用

显然,镜 Ⅰ 上的场分布 $u_1(x',y')$ 经腔内一次渡越后在镜 Ⅱ 上生成的场分布为 $u_2(x,y)$。积分沿着整个镜 Ⅰ 的表面 S_1 进行。式(3.3.5)为一次渡越时两个镜面上光场分布之间的关系,如果经过 q 次渡越,则生成的场 u_{q+1} 与产生它

的场 u_q 之间应满足与式(3.3.5)相似的迭代关系

$$u_{q+1}(x,y) = \frac{\mathrm{i}k}{4\pi} \iint_S u_q(x',y') \frac{\mathrm{e}^{-\mathrm{i}k\rho(x,y,x',y')}}{\rho(x,y,x',y')} (1 + \cos\theta) \mathrm{d}s' \qquad (3.3.6)$$

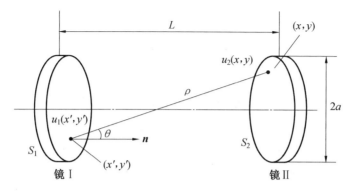

图 3.3.3　镜面上场分布的计算

2. 自再现模的积分方程

(1) 开腔的自再现模。

下面以图 3.3.3 所示的平行平面腔为例,分析光波在谐振腔中往返传播时光场的变化。根据图 3.3.3,两个腔镜的直径均为 $2a$,腔长为 L。由于腔镜的直径有限,光波传播到腔镜处时会产生衍射,这与光通过孔阑时产生衍射相似。因此如 3.1 节所述,平行平面腔可等效为图 3.1.3 所示的直径为 $2a$ 的孔阑传输线。考虑到光波在谐振腔内来回振荡,与光场在谐振腔镜上多次往返传播等效的孔阑传输线如图 3.3.4 所示,孔阑的直径为 $2a$,相邻孔阑之间的距离为 L。光波在谐振腔中往返传播,可等效为图 3.3.4 所示的孔阑传输线中单向传播。开腔中稳定光场分布的形成,可用光波在孔阑传输线上的传播来说明。

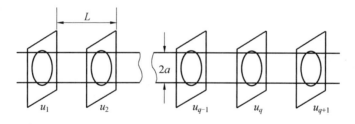

图 3.3.4　等效孔阑传输线

图 3.3.5 所示为光波场在孔阑传输线中传播时,光场分布受衍射影响产生变化的情况。设初始时刻为一均匀平面波垂直入射到第一个圆孔中,穿过第一个小孔后由于衍射作用,部分光偏离原来的传播方向,此时光场分布将产生衍射旁瓣而不再是均匀平面波,光波的振幅和相位分布均发生变化。光到达第二个圆孔时,圆孔以外的光将被遮挡不能继续向前传播,因此光波边缘部分的能量将减弱。当光穿过第二个孔时,再次发生衍射作用。光到达第三个圆孔时,又将有圆孔以外的光被遮挡不能继续向前传播,因此光波边缘部分的能量将再次减弱。由于多次的衍射作用,图中穿过第三个圆孔的光场已经明显出现中心光强较强、边缘光强较弱的情况。如图 3.3.5 所示,每通过一次圆孔光场的振幅和

相位就发生一次改变,在通过足够多的圆孔后,光场的振幅和相位分布受衍射的影响越来越小,以至于形成一种稳定的分布,不再变化。

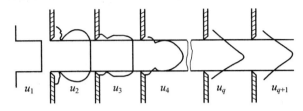

图 3.3.5　光场分布受衍射影响产生变化的情况

光波在腔内的往返传播过程与此类似。设初始时刻在镜面 Ⅰ 上有某一个光场分布 u_1,到达镜 Ⅱ 上时,由于衍射损失一部分能量而变成新的光场分布 u_2,经镜 Ⅱ 反射再传播回镜 Ⅰ 时又将形成新的场分布 u_3,以此类推。每经过一次传播,光波就因衍射损失一部分能量,并且衍射还改变了光场分布。经过足够多次的往返传播后,将形成稳定分布的光场。在衍射作用的影响下,该光场在镜面边缘处的振幅比镜面中心部分的振幅要小得多,这几乎是一切开腔模的场分布的共同特点。

理论分析表明,经过足够多次的往返传播之后,腔内能形成一种稳定场,其光场的相对分布将不再受衍射作用的影响。经一次往返后,唯一可能产生的变化,只是镜面上各点的场振幅按同样的比例衰减,各点的相位发生同样大小的滞后。光在腔内往返传播后仍能再现的稳定横向光场分布称为自再现模。由于该自再现模为谐振腔内横向(垂直于光轴方向)的电磁场分布,因此为横模。

开腔中的任何振荡都是从某种偶然的自发发射开始的,故可以提供各种不同的初始场分布,不同的初始场分布 u_1 可得到不同的稳态场分布。衍射作用在此起到"筛子"的作用,它将所有可能存在的各种自再现模筛选出来。光场在谐振腔内形成稳定分布主要是光的衍射作用所致,谐振腔的其他损耗(如光的吸收、散射等)只是使横截面上各点的场按同样比例衰减,对场的空间分布不产生影响。

(2) 自再现模的数学描述。

自再现模是光场在谐振腔两个镜面之间多次渡越形成的稳定光场分布,每次渡越会导致镜面上各点的场振幅按同样的比例衰减,各点的相位发生同样大小的滞后,因此当式(3.3.6)中的 q 足够大时,除了一个表示振幅衰减和相位移动的常数因子以外,u_{q+1} 应该能将 u_q 再现出来,即

$$u_{q+1} = \frac{1}{\gamma} u_q \tag{3.3.7}$$

上式即为自再现模的数学描述。根据上述分析,γ 应为表示振幅衰减和相位滞后且与坐标无关的复常数。

将式(3.3.7)代入式(3.3.6)得

$$u_q(x,y) = \gamma \frac{\mathrm{i}k}{4\pi} \iint_S u_q(x',y') \frac{\mathrm{e}^{-\mathrm{i}k\rho(x,y,x',y')}}{\rho(x,y,x',y')}(1+\cos\theta)\mathrm{d}s' \tag{3.3.8}$$

在腔长远大于腔镜的半径($L \gg a$)及反射镜曲率半径远大于腔镜的半径($R \gg a$)的条件

下,对于傍轴光线有

$$\frac{1 + \cos\theta}{\rho} \approx \frac{2}{L}$$

将上式和式(1.2.4)代入式(3.3.8)可得

$$u_q(x,y) = \gamma \frac{i}{L\lambda} \iint_S u_q(x',y') e^{-ik\rho(x,y,x',y')} ds' \tag{3.3.9}$$

上式和式(3.3.8)均可写成

$$u_q(x,y) = \gamma \iint_S K(x,y,x',y') u_q(x',y') ds' \tag{3.3.10}$$

上式称为自再现模积分方程、衍射场的自洽积分方程或者光腔的本征方程,其中$K(x,y,x',y')$为积分方程的核,γ为积分方程的本征值。满足式(3.3.10)的任意稳态场分布函数$u(x,y)$称为光腔的本征函数,即腔的一个自再现模或横模。$u(x,y)$一般为复数,模$|u(x,y)|$为镜面上光场的振幅分布,辐角$\arg u(x,y)$为镜面上光场的相位分布。

3. 复数γ的意义

将式(3.3.7)中的复常数γ表示为

$$\gamma = e^{\alpha + i\beta} \tag{3.3.11}$$

式中,α和β是与坐标无关的两个实常数。将上式代入式(3.3.7)得

$$u_{q+1} = \frac{1}{\gamma} u_q = (e^{-\alpha} u_q) e^{-i\beta} \tag{3.3.12}$$

式中,$e^{-\alpha}$为每经单程渡越后自再现模的振幅衰减,α越大,衰减越严重,当$\alpha \to 0$时自再现模在腔内无衰减地传播;β表示每经过单程渡越后模的相位滞后,β越大,相位滞后越多。

在单程渡越场振幅损耗很小的情况下,按照式(3.1.4),以自再现模在腔内经单程渡越光强衰减的比例表示模的单程损耗因子。由于$|u(x,y)|^2$与光强成正比,仿照式(3.1.4),模的单程损耗因子δ_d可表示为

$$\delta_d = \frac{I_q - I_{q+1}}{I_q} = \frac{|u_q|^2 - |u_{q+1}|^2}{|u_q|^2} = \frac{|u_q|^2 - \left|\frac{1}{\gamma} u_q\right|^2}{|u_q|^2} = 1 - \left|\frac{1}{\gamma}\right|^2 \tag{3.3.13}$$

显然,$|\gamma|$越大,模的单程损耗越大。δ_d应为自再现模在腔内完成一次渡越的总损耗因子,是3.1节所述的几何损耗与衍射损耗之和。在理想的稳定腔中几何损耗几乎为0,此时δ_d即为衍射损耗因子,当衍射损耗很小时,δ_d等同于3.1节所述的平均单程衍射损耗因子。

由于辐角$\arg u(x,y)$为镜面上光场的相位分布,因此自再现模在腔内经单程渡越后的总相移$\delta\phi$定义为

$$\delta\phi = \arg u_{q+1} - \arg u_q \tag{3.3.14}$$

根据式(3.3.12)得

$$\delta\phi = \arg u_{q+1} - \arg u_q = -\beta - 0 = -\beta = \arg \frac{1}{\gamma} \tag{3.3.15}$$

因此一旦由式(3.3.10)解得复常数γ,即可按照上式计算出自再现模的单程总相移。

在腔内存在激活介质的情况下,为了使自再现模在往返传播过程中形成稳定的振荡,需满足多光束相长干涉条件(驻波条件),即在腔内往返传播一次的总相移$2\delta\phi$等于2π

的整数倍,考虑自再现模的相位是滞后的,则有

$$2\delta\phi = -q2\pi$$

由上式和式(3.3.15)得

$$\delta\phi = \arg\frac{1}{\gamma} = -\beta = -q\pi \tag{3.3.16}$$

这就是开腔自再现模的谐振条件。

总之,复常数 γ 的模与自再现模的单程损耗有关,它的辐角与自再现模的单程相移有关,单程相移决定了模的谐振频率。

以上都是讨论对称开腔的情况。在非对称开腔中,应按场在腔内往返传播一次写出模式自再现条件及相应的积分方程,其中复常数 γ 的模与自再现模在腔内往返传播一次的损耗有关,γ 的辐角与模的往返相移有关,相移决定了模的谐振频率。

3.4 平行平面腔的模

平行平面腔是激光器中较为常用的谐振腔,梅曼发明的第一台红宝石激光器就采用了平行平面腔。平行平面腔具有产生的激光束方向性很好(光束发散角小)、模体积较大、容易获得单模振荡等诸多优点。但平行平面腔在应用中对两腔镜平行度调整精度要求很高;此外,由于其为临界腔,损耗比稳定腔要大,因此不适合用于小增益的器件。目前尚未得到平行平面腔自再现模积分方程的解析解,只能用迭代的方法求其数值解。本节主要描述自再现模积分方程的分离变量过程,以及积分方程的迭代解法。

1. 平行平面腔的自再现模积分方程

下面以图 3.4.1 中对称矩形平行平面腔为例,写出积分方程式(3.3.9)的具体形式,并对其进行分离变量。图中平面镜为边长分别为 $2a$ 和 $2b$ 的矩形镜,腔长为 L,且满足:

$$L \gg a, b \gg \lambda \tag{3.4.1}$$

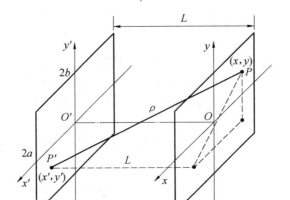

图 3.4.1 对称矩形平行平面腔

式中,λ 为腔中振荡光波的波长。在图示坐标系中,P' 点与 P 点之间的距离 ρ 可表示为

$$\rho(x,y,x',y') = \sqrt{(x-x')^2 + (y-y')^2 + L^2} = L\sqrt{1 + \left(\frac{x-x'}{L}\right)^2 + \left(\frac{y-y'}{L}\right)^2}$$
(3.4.2)

将上式按 $\frac{x-x'}{L}$ 和 $\frac{y-y'}{L}$ 的幂级数展开

$$\rho(x,y,x',y') = L\sqrt{1 + \left(\frac{x-x'}{L}\right)^2 + \left(\frac{y-y'}{L}\right)^2} = L\left[1 + \frac{1}{2}\left(\frac{x-x'}{L}\right)^2 + \frac{1}{2}\left(\frac{y-y'}{L}\right)^2\right] -$$
$$L\left[\frac{1}{8}\left(\frac{x-x'}{L}\right)^4 + \frac{1}{8}\left(\frac{y-y'}{L}\right)^4 + \frac{1}{4}\left(\frac{x-x'}{L}\right)^2\left(\frac{y-y'}{L}\right)^2\right] - \cdots$$

在满足式(3.4.1)的条件下忽略高阶小量，上式可近似为

$$\rho(x,y,x',y') \approx L\left[1 + \frac{1}{2}\left(\frac{x-x'}{L}\right)^2 + \frac{1}{2}\left(\frac{y-y'}{L}\right)^2\right] \quad (3.4.3)$$

将上式代入式(3.3.9)，并考虑矩形镜的边长 $2a$ 和 $2b$ 得

$$u(x,y) = \gamma \frac{\mathrm{i}}{L\lambda} \mathrm{e}^{-\mathrm{i}kL} \int_{-a}^{a}\int_{-b}^{b} u(x',y') \mathrm{e}^{-\mathrm{i}k\frac{(x-x')^2}{2L}} \mathrm{e}^{-\mathrm{i}k\frac{(y-y')^2}{2L}} \mathrm{d}x'\mathrm{d}y' \quad (3.4.4)$$

上式对 x 和 y 两个坐标是对称的，可以对其分离变量，假设

$$\begin{cases} u(x,y) = u(x)u(y) \\ u(x',y') = u(x')u(y') \\ \gamma = \gamma_x \gamma_y \end{cases} \quad (3.4.5)$$

将上式代入式(3.4.4)可得

$$\begin{cases} u(x) = \gamma_x \sqrt{\dfrac{\mathrm{i}}{L\lambda}} \mathrm{e}^{-\mathrm{i}kL} \int_{-a}^{a} u(x') \mathrm{e}^{-\mathrm{i}k\frac{(x-x')^2}{2L}} \mathrm{d}x' \\ u(y) = \gamma_y \sqrt{\dfrac{\mathrm{i}}{L\lambda}} \mathrm{e}^{-\mathrm{i}kL} \int_{-b}^{b} u(y') \mathrm{e}^{-\mathrm{i}k\frac{(y-y')^2}{2L}} \mathrm{d}y' \end{cases} \quad (3.4.6)$$

至此，将关于二元函数 $u(x,y)$ 的积分方程(3.4.4)化成了式(3.4.6)所示的 $u(x)$ 和 $u(y)$ 两个积分方程。由于这两个方程的形式完全相同，因此只需求解其中一个方程即可。

式(3.4.6)中的第一式代表一个在 x 方向宽度为 $2a$ 而沿 y 方向无限延伸的条状腔的自再现模；第二式代表一个在 y 方向宽度为 $2b$ 而沿 x 方向无限延伸的条状腔的自再现模。在开腔模式理论中，常常研究这种二维腔的本征模问题。

满足式(3.4.6)的函数 $u(x)$ 和 $u(y)$ 可能不止一个。分别以 $u_m(x)$ 和 $u_n(y)$ 表示式(3.4.6)的第 m 个和第 n 个解，γ_m 和 γ_n 表示相应的复常数，则式(3.4.6)可写为

$$\begin{cases} u_m(x) = \gamma_m \sqrt{\dfrac{\mathrm{i}}{L\lambda}} \mathrm{e}^{-\mathrm{i}kL} \int_{-a}^{a} u_m(x') \mathrm{e}^{-\mathrm{i}k\frac{(x-x')^2}{2L}} \mathrm{d}x' \\ u_n(y) = \gamma_n \sqrt{\dfrac{\mathrm{i}}{L\lambda}} \mathrm{e}^{-\mathrm{i}kL} \int_{-b}^{b} u_n(y') \mathrm{e}^{-\mathrm{i}k\frac{(y-y')^2}{2L}} \mathrm{d}y' \end{cases} \quad (3.4.7)$$

整个镜面上的自再现模场分布函数为

$$u_{mn}(x,y) = u_m(x)u_n(y) \quad (3.4.8)$$

相应的复常数为

$$\gamma_{mn} = \gamma_m \gamma_n \quad (3.4.9)$$

在数学上,将求解类似于式(3.4.7)的积分方程的问题称为积分本征值问题。通常,只有当方程中的复常数 γ_m 和 γ_n 取一系列不连续的特定值时,方程才能成立,这些 γ_m 和 γ_n 称为方程的本征值。对于每一个特定的 γ_m 和 γ_n,能使式(3.4.7)成立的分布函数 $u_m(x)$ 和 $u_n(y)$ 称为与本征值 γ_m 和 γ_n 相对应的本征函数。解积分方程问题就是要求出这些本征值与本征函数,它们决定着开腔自再现模的全部特征,包括场分布(镜面上场的振幅和相位分布)及传输特性(如模的衰减、相移、谐振频率等)。

2. 平行平面腔自再现模的迭代求解

由于目前尚未得到平行平面腔自再现模积分方程的解析解,因此这里介绍迭代求解方法。所谓迭代求解方法就是利用式(3.3.6)直接进行数值计算。首先,假设在某一镜面上存在一个初始场分布 u_1,将它代入式(3.3.6),计算在腔内经第一次渡越后在第二个镜面上生成的场 u_2,然后再用得到的 u_2 代入式(3.3.6),计算在腔内经第二次渡越后在第一个镜面上生成的场 u_3。如此反复运算,直到 q 足够大时,u_q,u_{q+1} 和 u_{q+2} 能够满足自再现条件

$$\begin{cases} u_{q+1} = \dfrac{1}{\gamma} u_q \\ u_{q+2} = \dfrac{1}{\gamma} u_{q+1} \\ \vdots \end{cases} \tag{3.4.10}$$

式中,γ 为同一复数,说明场分布不再发生变化,形成了稳定的场分布。如果直接数值计算得出了这种稳定的场分布,则可认为找到了腔的一个自再现模或横模。

对不同几何形状的平行平面腔(如条状腔、矩形平面镜腔、圆形平面镜腔等),由于迭代方程式(3.3.6)的具体形状各不相同,因此必须用相应的迭代方程进行计算。迭代法的重要意义在于:首先,尽管在数学上能够证明式(3.3.8)解的存在性,即能够证明开腔自再现模的存在性,但迭代法却更为直观地求出了一系列自再现模;其次,迭代法能加深对模的形成过程的理解,因为它的数学运算过程与波在腔中往返传播而最终形成自再现模这一物理过程相对应,而且用迭代法求出的结果便于具体地、形象地认识模的各种特征;第三,迭代法虽然比较繁杂,但却具有普遍的适用性,它原则上可以用来计算任何几何形状的开腔中的自再现模,而且还可以计算诸如平行平面腔中腔镜的倾斜、镜面的不平整性等对模的扰动。迭代法的局限性在于其计算相当繁杂,对腔的每一个给定的几何尺寸和每一个可能的模式都必须进行具体的数值计算,特别是当菲涅耳数很大时,收敛很慢,计算量很大。另外,此方法只对低阶模有效,对高阶模一般是无效的。

下面以条状腔为例,用迭代法求解其自再现模积分方程,分析自再现模是如何形成的。设腔镜边长为 $2a$ 和 ∞ 的对称条状腔,腔长为 L。按照式(3.4.6),该条状腔的模式迭代方程应为

$$\begin{cases} u_2(x) = \sqrt{\dfrac{i}{L\lambda}} e^{-ikL} \displaystyle\int_{-a}^{a} u_1(x') e^{-ik\frac{(x-x')^2}{2L}} dx' \\ u_3(x') = \sqrt{\dfrac{i}{L\lambda}} e^{-ikL} \displaystyle\int_{-a}^{a} u_2(x) e^{-ik\frac{(x-x')^2}{2L}} dx \\ \vdots \end{cases} \tag{3.4.11}$$

设光波波长为 λ，条状腔镜的边长 $2a = 50\lambda$，腔长 $L = 100\lambda$，腔的菲涅耳数 $N = \dfrac{a^2}{L\lambda} = 6.25$，以一列均匀平面波作为第一个镜面上的初始激发波。由于重要的是振幅和相位的相对分布，因此可以取 $u_1 = 1$，即认为整个镜面为等相面（$\arg u_1 = 0$），且整个镜面上各点的光场振幅均为 1。将 $u_1 = 1$ 代入式(3.4.11)进行数值计算求出 u_2，然后将 u_2 归一化并代入式(3.4.11)计算出 u_3，以此类推。

图 3.4.2 给出了第 1 次渡越 u_2 和第 300 次渡越 u_{301} 对应的相对振幅分布和相对相位分布。从图中可以看出，均匀平面波 u_1 经过第一次渡越后有了很大的变化，场 u_2 的相对振幅与相对相位随镜面坐标的变化而急剧变化。之后的每一次渡越都对场的分布产生明显的影响。但随着渡越次数的增加，每经一次渡越后场分布的变化越来越不明显，相对振幅与相对相位分布曲线上的起伏越来越小，场的相对分布逐渐趋向某一稳定状态。在经过 300 次渡越以后，归一化的相对振幅曲线和相对相位曲线实际上已不再发生变化，此时就得到了一个稳定场分布，对应一个自再现模。从图 3.4.2(a) 可以看出，这种稳态场在镜面中心处相对振幅最大，从中心到边缘相对振幅逐渐减小，整个镜面上的场分布具有偶对称性。将具有这种特征的横模称为腔的最低阶偶对称模或基模。矩形镜腔和圆形镜腔的基模通常以符号 TEM_{00} 表示。

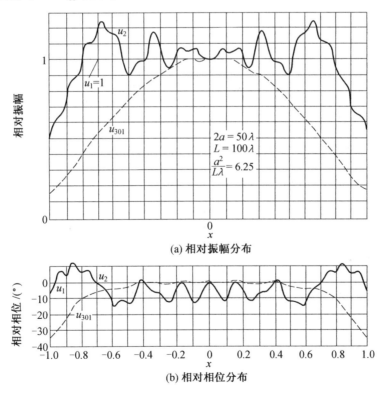

图 3.4.2 条状腔中模的形成

从图 3.4.2(b) 可以看出，对整个镜面为等相面（$\arg u_1 = 0$）的初始激发波，在经过足够多次渡越以后，相对相位分布发生了明显变化，镜面已不再是等相位面了。因此，严格地说，TEM_{00} 模已经不再是平面波了。

不同的初始激发波可能会得到不同的自再现模。如假设初始激发波为

$$u_1(x') = \begin{cases} 1, & 0 < x' < a \\ -1, & -a < x' < 0 \end{cases}$$

上式表明条形镜的上半部分与下半部分振幅相等，但相位差为 π，在这种初始激发波的情况下进行迭代计算，得到的稳定场分布为一阶横模 TEM_{01}。

3.5 方形镜对称共焦腔的自再现模

所谓方形镜对称共焦腔，是指谐振腔镜的剖面轮廓为正方形，同时其还满足对称共焦腔的几何条件，即

$$R_1 = R_2 = L \tag{3.5.1}$$

式中，R_1 和 R_2 为两个凹面镜的曲率半径；L 为谐振腔的腔长。图 3.5.1 为由边长为 $2a$ 的正方形凹面镜组成的方形镜对称共焦腔，腔镜的曲率半径和腔长满足式(3.5.1)。根据式(3.5.1)可知，两个凹面腔镜的焦点都位于图 3.5.1 所示腔的中心（O 点），二者是重合的，因此称为共焦腔。此外，两个腔镜曲率半径相等且以 O 点为中心对称排列，因此称为对称共焦腔。

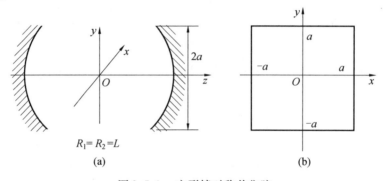

图 3.5.1 方形镜对称共焦腔

由于加工工艺方面的原因，在实际应用中，剖面为方形的腔镜极为少见，因此方形镜对称共焦腔的实用价值并不大，但对于求解自再现模积分方程，研究方形镜对称共焦腔具有重要的意义。首先，在方形镜对称共焦腔边界条件下，自再现模积分方程具有解析解；其次，一般稳定球面腔的光场分布问题可以通过求其等价共焦腔的方式解决；最后，方形镜共焦腔可以在直角坐标系中表述，运算简单，且其结果具有普遍的指导意义。

1. 求解自再现模的积分方程

由式(3.3.9)，根据图 3.5.1 所示方形镜的边长为 $2a$，自再现模的积分方程表示为

$$u(x,y) = \gamma \frac{i}{L\lambda} \int_{-a}^{a} \int_{-a}^{a} u(x',y') e^{-ik\rho(x,y,x',y')} dx' dy' \tag{3.5.2}$$

对于图 3.5.1 所示的方形镜对称共焦腔，腔镜上的两点 (x,y) 与 (x',y') 的距离 ρ 如图 3.5.2 所示，其中 R 为腔镜的曲率半径。根据式(3.4.3)和图 3.4.1，设 $L \gg a \gg \lambda$ 并考虑傍轴近似，图 3.5.2(a) 中的距离 ρ 可以表示为

$$\rho(x,y,x',y') \approx L + \frac{(x-x')^2}{2L} + \frac{(y-y')^2}{2L} - \Delta - \Delta' \tag{3.5.3}$$

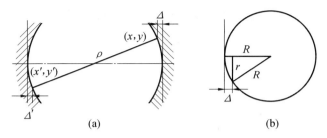

图 3.5.2 两个腔镜之间的两点距离 ρ

根据图 3.5.2(b)，Δ 可以表示为

$$\Delta = R - \sqrt{R^2 - r^2} = R - R\sqrt{1 - \frac{r^2}{R^2}} \approx R - R\left(1 - \frac{r^2}{2R^2}\right) = \frac{r^2}{2R} = \frac{x^2 + y^2}{2L} \quad (3.5.4)$$

同理可得

$$\Delta' = \frac{x'^2 + y'^2}{2L} \quad (3.5.5)$$

将式(3.5.4)和式(3.5.5)代入式(3.5.3)得

$$\rho(x,y,x',y') = L + \frac{(x-x')^2}{2L} + \frac{(y-y')^2}{2L} - \frac{x'^2 + y'^2}{2L} - \frac{x^2 + y^2}{2L} = L - \frac{xx' + yy'}{L} \quad (3.5.6)$$

将上式代入式(3.5.2)得

$$u(x,y) = \gamma \frac{\mathrm{i}}{L\lambda} \int_{-a}^{a} \int_{-a}^{a} u(x',y') \mathrm{e}^{-\mathrm{i}k\left(L - \frac{xx' + yy'}{L}\right)} \mathrm{d}x' \mathrm{d}y'$$

$$= \gamma \frac{\mathrm{i}}{L\lambda} \mathrm{e}^{-\mathrm{i}kL} \int_{-a}^{a} \int_{-a}^{a} u(x',y') \mathrm{e}^{\mathrm{i}k\frac{xx' + yy'}{L}} \mathrm{d}x' \mathrm{d}y' \quad (3.5.7)$$

因此方形镜对称共焦腔自再现模的本征函数 $u_{mn}(x,y)$ 所满足的积分方程为

$$u_{mn}(x,y) = \gamma_{mn} \frac{\mathrm{i}}{L\lambda} \mathrm{e}^{-\mathrm{i}kL} \int_{-a}^{a} \int_{-a}^{a} u_{mn}(x',y') \mathrm{e}^{\mathrm{i}k\frac{xx' + yy'}{L}} \mathrm{d}x' \mathrm{d}y' \quad (3.5.8)$$

式中，m 和 n 为分别对应于 x 轴和 y 轴的角标。仿照 3.4 节对上式分离变量，令 $u_{mn}(x,y) = u_m(x)u_n(y)$，$\gamma_{mn} = \gamma_m \gamma_n$，式(3.5.8)可写成两个一重积分的方程组

$$\begin{cases} u_m(x) = \gamma_m \sqrt{\frac{\mathrm{i}}{L\lambda}} \mathrm{e}^{-\mathrm{i}kL} \int_{-a}^{a} u_m(x') \mathrm{e}^{\mathrm{i}k\frac{xx'}{L}} \mathrm{d}x' \\ u_m(y) = \gamma_n \sqrt{\frac{\mathrm{i}}{L\lambda}} \mathrm{e}^{-\mathrm{i}kL} \int_{-a}^{a} u_n(y') \mathrm{e}^{\mathrm{i}k\frac{yy'}{L}} \mathrm{d}y' \end{cases} \quad (3.5.9)$$

理论上可以证明，该积分方程在相应的边界条件下有精确的解析解。首先，进行坐标变换，令

$$\begin{cases} X = \frac{\sqrt{c}}{a} x \\ Y = \frac{\sqrt{c}}{a} y \\ c = \frac{a^2 k}{L} = 2\pi \frac{a^2}{L\lambda} = 2\pi N \end{cases} \quad (3.5.10)$$

可以得到积分方程(3.5.8)的本征函数精确解是两个长椭球函数积的形式

$$u_{mn}(x,y) = S_{0m}\left(c, \frac{X}{\sqrt{c}}\right) S_{0n}\left(c, \frac{Y}{\sqrt{c}}\right) = S_{0m}\left(c, \frac{x}{a}\right) S_{0n}\left(c, \frac{y}{a}\right) \tag{3.5.11}$$

与本征函数对应的本征值为

$$\frac{1}{\gamma_{mn}} = 4N e^{-i\left[kL - \frac{(m+n+1)\pi}{2}\right]} R_{0m}^{(1)}(c,1) R_{0n}^{(1)}(c,1) \tag{3.5.12}$$

式中，$R_{0m}^{(1)}(c,1)$ 和 $R_{0n}^{(1)}(c,1)$ 为径向长椭球函数；N 为菲涅耳数。

2. 方形镜对称共焦腔反射镜上的场分布

(1) 厄米 – 高斯近似。

长椭球函数的数学形式十分复杂，为此对精确解做进一步近似，在菲涅耳数 N 很大的情况下可近似将式(3.5.8)的积分限扩展为无穷，称为厄米 – 高斯近似。在厄米 – 高斯近似条件下，式(3.5.11)所示的精确解可以进一步简化为

$$u_{mn}(x,y) = C_{mn} H_m\left(\sqrt{\frac{2\pi}{\lambda L}} x\right) H_n\left(\sqrt{\frac{2\pi}{\lambda L}} y\right) e^{-(x^2+y^2)\frac{\pi}{\lambda L}} \tag{3.5.13}$$

式中，C_{mn} 为常系数；$H_m(X)$ 为 m 阶厄米多项式

$$H_m(X) = (-1)^m e^{X^2} \frac{d^m}{dX^m} e^{-X^2} = \sum_{k=0}^{\left[\frac{m}{2}\right]} \frac{(-1)^k m!}{k!(m-2k)!} (2X)^{m-2k}, \quad m = 0,1,2,\cdots \tag{3.5.14}$$

式中，$\left[\frac{m}{2}\right]$ 表示取 $\frac{m}{2}$ 的整数部分。最初的几阶厄米多项式为

$$\begin{cases} H_0(X) = 1 \\ H_1(X) = 2X \\ H_2(X) = 4X^2 - 2 \\ H_3(X) = 8X^3 - 12X \\ H_4(X) = 16X^4 - 48X^2 + 12 \\ \vdots \end{cases} \tag{3.5.15}$$

与式(3.5.13)本征函数对应的本征值近似解为

$$\gamma_{mn} = e^{ikL} e^{-i\frac{\pi}{2}(m+n+1)} \tag{3.5.16}$$

式(3.5.13)所示的积分方程的解 $u_{mn}(x,y)$ 表示谐振腔反射镜上场的振幅分布形式，每一个解对应一个横模，用 TEM_{mn} 表示。

(2) 基模。

当 $m = n = 0$ 时，TEM_{00} 称为基横模或基模。此时，式(3.5.13)中两个厄米多项式取式(3.5.15)的第一式 $H_0(X) = 1$，可得共焦腔基模的场分布函数为

$$u_{00}(x,y) = C_{00} e^{-(x^2+y^2)\frac{\pi}{\lambda L}} \tag{3.5.17}$$

上式对应的镜面上的场分布如图3.5.3所示。从图中可以看出，基模的振幅呈现出中心最大、向外指数衰减的分布形式，这种分布形式称为高斯分布。镜中心($x = y = 0$)处为振幅最大值

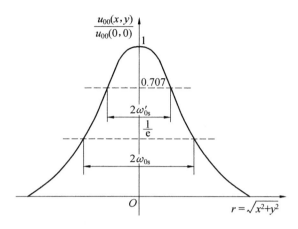

图 3.5.3 高斯分布与光斑尺寸

$$u_{00}(0,0) = C_{00} \tag{3.5.18}$$

设 $r = \sqrt{x^2 + y^2}$，很显然，其表示的是镜面上任意一点与镜面中心的距离。当 $r = \sqrt{x^2 + y^2} = \sqrt{\dfrac{\lambda L}{\pi}}$ 时有

$$u_{00}(r) = \frac{1}{e} C_{00} = \frac{1}{e} u_{00}(0,0) \tag{3.5.19}$$

上式表明，当 $r = \sqrt{\dfrac{\lambda L}{\pi}}$ 时，振幅下降为中心峰值处的 $\dfrac{1}{e}$（36.8%）。由于 $|u_{mn}(x,y)|^2$ 与光强成正比，振幅下降为中心峰值处的 $\dfrac{1}{e}$（36.8%）时，光强下降至中心峰值处的 $\dfrac{1}{e^2}$（13.5%）。

通常用半径 $r = \sqrt{\dfrac{\lambda L}{\pi}}$ 的圆来规定基模光斑的大小，并定义

$$\omega_{0s} = \sqrt{\frac{\lambda L}{\pi}} \tag{3.5.20}$$

式中，ω_{0s} 为光斑半径，它描述的是基模在镜面上的光斑大小。实际上，镜面上场的分布并不仅局限在 $r \leqslant \omega_{0s}$ 的范围内，理论上场的分布应延伸到无穷远处，但在 $r > \omega_{0s}$ 时光场实际上已经很弱了。

式(3.5.20)表明，共焦腔基模在镜面上的光斑大小与镜的几何尺寸无关，只取决于腔长 L 或共焦腔反射镜的焦距 $f = \dfrac{L}{2}$。这是共焦腔的一个重要特性，与平行平面腔的情况是不同的。当然，这一结论只有在模的振幅分布可以用厄米-高斯函数近似表述的情况下才成立。

根据式(3.5.20)，式(3.5.13)可以改写为

$$u_{mn}(x,y) = C_{mn} H_m\left(\frac{\sqrt{2}}{\omega_{0s}}x\right) H_n\left(\frac{\sqrt{2}}{\omega_{0s}}y\right) e^{-\frac{x^2+y^2}{\omega_{0s}^2}} \tag{3.5.21}$$

例题 1 对于方方镜对称共焦腔，早期的文献中也有用半功率点（即光强下降至中心

峰值的一半处)来描述基横模的光斑大小的,求:半功率点位置。

解 设半功率点位置为ω'_{0s},若以$I_{00}(0)$和$I_{00}(\omega'_{0s})$分别代表镜面中心$r=0$处和半功率点位置$r=\omega'_{0s}$处光强的大小,$u_{00}(0)$和$u_{00}(\omega'_{0s})$分别代表镜面中心$r=0$处和半功率点位置$r=\omega'_{0s}$处场振幅的大小,依题意有

$$I_{00}(\omega'_{0s}) = \frac{1}{2}I_{00}(0)$$

由于$|u_{mn}(x,y)|^2$与光强成正比,因此

$$u_{00}(\omega'_{0s}) = \frac{1}{\sqrt{2}}u_{00}(0) = 0.707 u_{00}(0)$$

根据上式,半功率点处振幅为最大振幅的0.707倍,如图3.5.3所示。将$x^2+y^2=\omega'^2_{0s}$代入式(3.5.17),并根据式(3.5.20)和式(3.5.18)得

$$C_{00}e^{-\frac{\omega'^2_{0s}}{\omega^2_{0s}}} = \frac{1}{\sqrt{2}}C_{00}$$

所以$e^{-\frac{\omega'^2_{0s}}{\omega^2_{0s}}} = \frac{1}{\sqrt{2}}$,可得

$$\omega'_{0s} = \sqrt{\ln\sqrt{2}}\,\omega_{0s} = 0.5887\omega_{0s}$$

(3) 高阶模。

除了基横模以外,积分方程(3.5.13)或式(3.5.21)的其他解都称为高阶横模。当m和n取不同时为0的一系列整数时,可由式(3.5.21)得出镜面上各高阶模的振幅分布。下面给出几个高阶横模的数学形式

$$\begin{cases} u_{10}(x,y) = C_{10}x\dfrac{2\sqrt{2}}{\omega_{0s}}e^{-\frac{x^2+y^2}{\omega^2_{0s}}} = C'_{10}xe^{-\frac{x^2+y^2}{\omega^2_{0s}}} \\ u_{01}(x,y) = C_{01}y\dfrac{2\sqrt{2}}{\omega_{0s}}e^{-\frac{x^2+y^2}{\omega^2_{0s}}} = C'_{01}ye^{-\frac{x^2+y^2}{\omega^2_{0s}}} \\ u_{20}(x,y) = C_{20}\left(\dfrac{8x^2}{\omega^2_{0s}}-2\right)e^{-\frac{x^2+y^2}{\omega^2_{0s}}} = C'_{20}(4x^2-\omega^2_{0s})e^{-\frac{x^2+y^2}{\omega^2_{0s}}} \\ u_{11}(x,y) = C_{11}xy\dfrac{8}{\omega^2_{0s}}e^{-\frac{x^2+y^2}{\omega^2_{0s}}} = C'_{11}xye^{-\frac{x^2+y^2}{\omega^2_{0s}}} \\ \vdots \end{cases} \quad (3.5.22)$$

从上式可以看出,TEM_{mn}模在镜面上的振幅分布取决于厄米多项式与高斯分布函数的乘积。厄米多项式的正负交替的变化及高斯函数随着x、y的增大而单调下降的特性,共同决定着场分布的外形轮廓。对于高阶横模,其光斑强度花样中的暗线(对应着振幅为0的位置)称为节线。厄米多项式的零点位置和数量决定场节线的位置和数量。由于m阶厄米多项式有m个零点(即方程$H_m(X)=0$有m个根),因此TEM_{mn}模沿x方向有m条节线,沿y方向有n条节线。共焦腔几个低阶横模的振幅分布和强度花样如图3.5.4所示。从图中可以看出,TEM_{00}模在整个镜面上没有节线,TEM_{10}模沿x方向有一条节线,TEM_{20}模沿x方向有两条节线。同理,TEM_{11}模沿x方向和y方向各有一条节线,以此类推。因此,对于方形镜对称共焦腔,TEM_{mn}模的序数m和n分别代表x方向和y方向上的节线数。

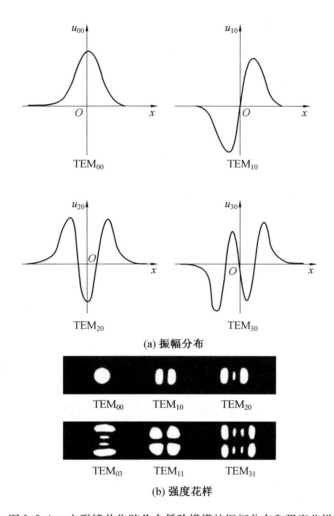

图 3.5.4　方形镜共焦腔几个低阶横模的振幅分布和强度花样

例题 2　求方形镜对称共焦腔镜面上 TEM_{20} 模的节线位置。

解　根据式(3.5.22)

$$u_{20}(x,y) = C_{20}\left(\frac{8x^2}{\omega_{0s}^2} - 2\right) e^{-\frac{x^2+y^2}{\omega_{0s}^2}}$$

令

$$\frac{8x^2}{\omega_{0s}^2} - 2 = 0$$

解得 $x = \pm\frac{1}{2}\omega_{0s}$。

由于高阶横模的强度花样存在非对称性，因此其光斑大小的描述并不像基横模光斑半径那样容易理解。对于基模，有

$$\omega_{0s}^2 = \frac{4\int_{-\infty}^{+\infty} H_0 e^{-\frac{x^2}{2}} x^2 H_0 e^{-\frac{x^2}{2}} dx}{\int_{-\infty}^{+\infty} (H_0 e^{-\frac{x^2}{2}})^2 dx} \quad (3.5.23)$$

类似的,将方形镜对称共焦腔的高阶横模光斑尺寸的平方定义为其坐标平方平均值的 4 倍,即

$$\omega_{ms}^2 = \frac{4\int_{-\infty}^{+\infty} H_m e^{-\frac{x^2}{2}} x^2 H_m e^{-\frac{x^2}{2}} dx}{\int_{-\infty}^{+\infty} (H_m e^{-\frac{x^2}{2}})^2 dx} \quad (3.5.24)$$

由于上式不易理解,因此在实际应用中,常常利用如下简化公式描述方形镜对称共焦腔高阶横模的光斑尺寸,即

$$\begin{cases} \omega_{ms} = \sqrt{2m+1}\,\omega_{0s} \\ \omega_{ns} = \sqrt{2n+1}\,\omega_{0s} \end{cases} \quad (3.5.25)$$

镜面上场的相位分布由 $u_{mn}(x,y)$ 的辐角决定,由于 $u_{mn}(x,y)$ 为实函数,表明镜面上各点场的相位相同,共焦腔反射镜本身构成一个等相位面。无论对基模还是高阶横模,情况都一样。

3. 本征值结果分析

(1) 平均单程损耗因子。

由式(3.5.16)可以看出,在方形镜对称共焦腔情况下,其自再现模积分方程解的本征值为一个纯虚数,且 $|\gamma_{mn}|=1$。根据本征值的物理意义和式(3.3.13)可以得出,TEM_{mn} 模的平均单程损耗因子为

$$\delta_{mn} = 1 - \left|\frac{1}{\gamma_{mn}}\right|^2 = 0 \quad (3.5.26)$$

这个结果意味着方形镜对称共焦腔的损耗为 0,这显然是不合理的。那么是什么原因导致了这个结果呢? 回顾一下自再现模积分方程的求解过程,可以发现我们做了厄米 - 高斯近似,而厄米 - 高斯近似的前提是菲涅耳数无限大($N \to \infty$),可以把 $N \to \infty$ 理解为腔镜的尺寸无限大,由一对无限大的腔镜组成的谐振腔自然没有衍射损耗。因此,厄米 - 高斯近似不能用来分析模的损耗,只有精确解才能说明共焦腔模的损耗与横模指数 m、n 的关系。

基于精确解的理论计算结果,可以绘制单程损耗因子 δ_{mn} 随菲涅耳数 $N(N = a^2/L\lambda)$ 的变化曲线,如图 3.5.5 所示。为了方便比较,图中还给出了平行平面腔单程损耗因子的数值计算结果。右上角的曲线表示均匀平面波在腔镜上的衍射损耗因子,它由式(3.1.30)计算得出。从图中的曲线可以看出,均匀平面波的衍射损耗比平面腔自再现模的损耗大得多,而平面腔模的损耗又比共焦腔模的损耗大得多。共焦腔模与平面腔模在损耗上的这一差别不难理解。在共焦腔中,除了衍射引起的光束发散作用以外,还有腔镜(凹面镜)对光束的会聚作用,这两种因素一起决定腔的损耗的大小。只要菲涅耳数 N 不太小,共焦腔模就将集中在镜面中心附近,在镜边缘处振幅很小,因而衍射损耗极小。平

行平面腔的情况与此不同,在菲涅耳数相同的情况下,同一模式在平面腔镜边缘处的振幅远比共焦腔模的振幅大,所以平面腔衍射损耗比共焦腔模的衍射损耗大。此外,共焦腔中各个模式的损耗与腔的具体几何尺寸无关,仅由菲涅耳数决定。从图3.5.5可以看出,所有模式的损耗都随着菲涅耳数的增加而迅速下降。

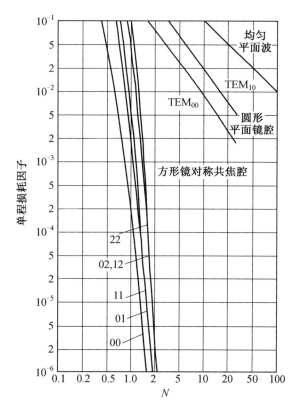

图 3.5.5 单程损耗因子 δ_{mn} 随菲涅耳数 N 的变化曲线

基于精确解的理论计算表明,方形镜对称共焦腔 TEM_{00} 模的平均单程损耗因子可以用如下近似计算公式来描述:

$$\delta_{00} = 10.9 \times 10^{-4.94N} \tag{3.5.27}$$

例题 3 He – Ne 激光器输出激光波长 $\lambda = 0.6328\ \mu m$,采用方形镜对称共焦腔,腔长 $L = 30\ cm$,放电管半径 $a = 0.1\ cm$。求:TEM_{00} 模的损耗。

解 根据式(3.1.1) 有

$$N = \frac{a^2}{L\lambda} = \frac{(0.1 \times 10^{-2})^2}{0.3 \times 0.6328 \times 10^{-6}} \approx 5.267$$

根据式(3.5.27) 有

$$\delta_{00} = 10.9 \times 10^{-4.94N} \approx 10^{-25}$$

从例题3的结果来看,方形镜对称共焦腔的损耗是非常小的,要远小于20%(该值为腔镜菲涅耳数 $N = 5$ 的情况下平面波的衍射损耗),这也从一个侧面说明了厄米 – 高斯近似的合理性。

(2) 单程相移。

接下来根据式(3.5.16)计算单程相移。由式(3.5.16)可知,共焦腔 TEM_{mn} 模在腔内一次渡越的总相移为

$$\delta\phi_{mn} = \arg\frac{1}{\gamma_{mn}} = -kL + (m+n+1)\frac{\pi}{2} = -kL + \Delta\phi_{mn} \quad (3.5.28)$$

式中,kL 为几何相移;$\Delta\phi_{mn}$ 为单程附加相移。根据上式,单程附加相移可表示为

$$\Delta\phi_{mn} = (m+n+1)\frac{\pi}{2} \quad (3.5.29)$$

可见,方形镜对称共焦腔横模的单程附加相移随横模的阶次变化而变化,不同横模之间相移差为 $\frac{\pi}{2}$ 的整数倍。此外,单程附加相移与菲涅耳数无关,这一点与平行平面腔有显著差异。

只有满足相干相长条件(驻波条件)的模式才能在光学谐振腔内起振,即谐振条件为

$$2\delta\phi_{mn} = -2\pi q \quad (3.5.30)$$

根据上式和式(3.5.28)可得

$$-kL + (m+n+1)\frac{\pi}{2} = -\pi q \quad (3.5.31)$$

将式(1.2.4)代入上式,同时考虑光在折射率为 η 的介质中传播时 $\lambda = \frac{c}{\eta\nu}$,可得方形镜对称共焦腔的谐振频率为

$$\nu_{mnq} = \frac{c}{2\eta L}\left[q + \frac{1}{2}(m+n+1)\right] \quad (3.5.32)$$

将式(3.5.32)与式(2.2.7)对比可知,方形镜对称共焦腔高阶模的谐振频率不仅与纵模序数 q 有关,还与横模序数 m、n 有关。属于同一横模的相邻两个纵模之间的频率间隔为

$$\Delta\nu_q = \nu_{mn(q+1)} - \nu_{mnq} = \frac{c}{2\eta L} \quad (3.5.33)$$

上式与式(2.2.8)相同。属于同一纵模的相邻两个横模之间的频率间隔为

$$\begin{cases} \Delta\nu_m = \nu_{(m+1)nq} - \nu_{mnq} = \frac{1}{2}\frac{c}{2\eta L} = \frac{1}{2}\Delta\nu_q \\ \Delta\nu_n = \nu_{m(n+1)q} - \nu_{mnq} = \frac{1}{2}\frac{c}{2\eta L} = \frac{1}{2}\Delta\nu_q \end{cases} \quad (3.5.34)$$

比较式(3.5.33)和式(3.5.34)可以看出,纵模频率间隔和横模频率间隔处于相同量级。

方形镜对称共焦腔的振荡频谱如图3.5.6所示。由式(3.5.32)可知,所有 $2q+m+n$ 相等的模式都将具有相同的谐振频率,如图3.5.6中 $\nu_{mn(q-2)} = \nu_{(m+1)(n-1)(q-2)}$,$\nu_{(m+1)nq} = \nu_{m(n+1)q}$ 等。将不同的 m、n、q 所决定的模式处于同一个谐振频率,称为谐振频率简并。显然,共焦腔对谐振频率出现了高度简并的现象,这种现象会对激光器的工作状态产生不良影响。所有频率相等的模式都处在激活介质的增益曲线的相同位置处,从而彼此间会产生强烈的竞争作用,形成多模振荡,导致输出激光束质量变差。由于不同的横模具有不同的损耗,因此,上述在频率上简并的模在损耗上并不是简并的。

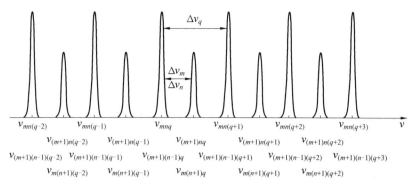

图 3.5.6　方形镜对称共焦腔的振荡频谱

3.6　方形镜对称共焦腔的行波场

谐振腔反射镜上场的相位分布由 $u_{mn}(x,y)$ 的辐角决定。根据 3.5 节的内容可知,方形镜对称共焦腔的 $u_{mn}(x,y)$ 为实函数,表明镜面上各点场的相位相同,即反射镜本身构成了一个等相位面,这一点无论是对基模还是高阶横模情况都一样。这也就意味着通过求解自再现模的积分方程,已经得到了自再现模在镜面处的光场分布形式。根据惠更斯 - 菲涅耳原理可知,只要已知空间任一等相位面的场分布,就可以求出空间任意点的光场分布,即可以获取沿光轴方向(z 方向)整个行波场的分布形式。

1. 方形镜对称共焦腔的行波场

理论推导表明,在方形镜对称共焦腔内外传播的是厄米 - 高斯光束。选择腔的中心为坐标原点,厄米 - 高斯光束在腔内任意一点(x,y,z)处的电场强度表达式为

$$E_{mn}(x,y,z) = A_{mn}E_0 \frac{\omega_0}{\omega(z)} H_m\left(\frac{\sqrt{2}}{\omega(z)}x\right) H_n\left(\frac{\sqrt{2}}{\omega(z)}y\right) e^{-\frac{x^2+y^2}{\omega^2(z)}} e^{-i\phi_{mn}(x,y,z)} \quad (3.6.1)$$

式中

$$\begin{cases} \omega(z) = \omega_0\sqrt{1+\left(\frac{z}{f}\right)^2} = \frac{\omega_{0s}}{\sqrt{2}}\sqrt{1+\left(\frac{z}{f}\right)^2} \\ \phi_{mn}(x,y,z) = k\left[f+z+\frac{z(x^2+y^2)}{2(f^2+z^2)}\right] - (m+n+1)\left(\frac{\pi}{2} - \arctan\frac{f-z}{f+z}\right) \end{cases} \quad (3.6.2)$$

A_{mn} 为与模的阶次有关的归一化常量;E_0 为与坐标无关的常量;$\omega(z)$ 为坐标 z 处横截面内基模的光斑半径;L 为谐振腔的腔长;f 为凹面腔镜的焦距,又称为共焦腔的焦参数,$f = \frac{L}{2} = \frac{R}{2}$;$\phi_{mn}(x,y,z)$ 为场的相位分布;ω_0 为共焦腔中心处($z=0$)横截面内的光斑半径,$\omega_0 = \frac{\omega_{0s}}{\sqrt{2}}$;$\omega_{0s}$ 为腔镜面上基模光斑半径,可以表示为式(3.5.20),因此 ω_0 可表示为

$$\omega_0 = \sqrt{\frac{\lambda L}{2\pi}} = \sqrt{\frac{\lambda f}{\pi}} \quad (3.6.3)$$

式(3.6.1)表示由腔的一个镜面上的场所产生的沿着腔的轴线方向(z轴方向)传播的行波场。对于腔外的场,只要乘输出镜的透过率,式(3.6.1)就仍然适用。式(3.6.1)是共

焦腔模式理论的最基本结果。

对于基模 $m = n = 0$，由式(3.5.15)可知此时厄米多项式的值为 1，所以式(3.6.1)可改写为

$$E_{00}(x,y,z) = A_{00} E_0 \frac{\omega_0}{\omega(z)} e^{-\frac{x^2+y^2}{\omega^2(z)}} e^{-i\phi_{00}(x,y,z)} \tag{3.6.4}$$

下面以基模为主分析共焦腔行波场（简称共焦场）的特征。

2. 高斯光束的特征

（1）振幅分布。

根据式(3.6.4)，基模共焦场的振幅分布可表示为

$$|E_{00}(x,y,z)| = A_{00} E_0 \frac{\omega_0}{\omega(z)} e^{-\frac{x^2+y^2}{\omega^2(z)}} \tag{3.6.5}$$

可见基模共焦场在任一 z 坐标处的横截面内，都是中心（$x=0, y=0$）处为振幅最大值，振幅沿中心向边缘指数衰减的高斯分布。仿照 3.5 节对基模在镜面上的光斑大小定义，定义在 z 坐标处横截面内，中心（$x=0, y=0$）处与振幅下降至最大值 $\frac{1}{e}$ 处的距离为 z 坐标处基模光斑半径。根据式(3.6.5)可知，当 $r = \sqrt{x^2+y^2} = \omega(z)$ 时振幅恰好下降至最大值的 $\frac{1}{e}$。因此 $\omega(z)$ 即为 z 坐标处基模光斑半径。根据式(3.6.2)，$\omega(z)$ 的表达式为

$$\omega(z) = \omega_0 \sqrt{1 + \left(\frac{z}{f}\right)^2} = \frac{\omega_{0s}}{\sqrt{2}} \sqrt{1 + \left(\frac{z}{f}\right)^2} \tag{3.6.6}$$

由上式可知，不同 z 处的基模光斑半径不同，谐振腔中心（$z=0$）处光斑半径为 ω_0，镜面（$z=\pm f$）处光斑半径为 ω_{0s}，ω_{0s} 的表达式见式(3.5.20)。此外，上式可化为如下形式：

$$\frac{\omega^2(z)}{\omega_0^2} - \left(\frac{z}{f}\right)^2 = 1 \tag{3.6.7}$$

由上式可知，基模光斑半径随坐标 z 按双曲线规律变化，如图 3.6.1 所示。图中可以看出，在谐振腔中心（$z=0$）处，光斑半径 ω_0 最小，通常称 ω_0 为共焦场基模高斯光束的腰斑半径，简称束腰半径，ω_0 的表达式见式(3.6.3)。

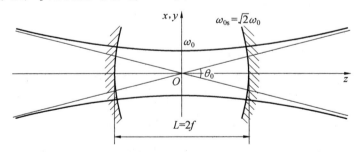

图 3.6.1　基模高斯光束光斑半径随 z 的变化

其他高阶厄米－高斯光束也可仿照上述方法进行分析。

（2）模体积。

模体积的概念在激光振荡及腔体设计中都有重要意义。光学谐振腔中被光束通过的那一部分体积称为模体积，它与光学谐振腔的结构有关。显然，当有某模式光束通过

时,增益介质中激光上能级粒子才能产生受激发射,进而对该模式光束进行放大。因此模体积越大,则对该模式的振荡有贡献的激光上能级粒子数越多,可能获得的激光输出功率越大;模体积越小,则对该模式的振荡有贡献的激光上能级粒子数越少,可能获得的激光输出功率也就越小。一种模式能否振荡、能获得多大的输出功率、与其他模式竞争的能力如何不仅取决于该模式损耗的大小,也与模体积的大小有着密切的关系。由共焦腔模的空间分布式(3.6.1)可知,基模往往集中在腔的轴线附近,模的阶次越高,分布的范围越宽,模体积越大。

对于方形镜对称共焦腔,基模的光斑半径随z变化,对腔内不同坐标z处的光斑面积进行积分,可得到TEM_{00}模的模体积为

$$V_{00} = \int_{-\frac{L}{2}}^{\frac{L}{2}} \pi\omega^2(z)\,\mathrm{d}z = \int_{-\frac{L}{2}}^{\frac{L}{2}} \pi\omega_0^2\left(1+\frac{z^2}{f^2}\right)\mathrm{d}z = \frac{2}{3}L\pi\omega_{0s}^2 = \frac{4}{3}L\pi\omega_0^2 = \frac{2}{3}\lambda L^2 \quad (3.6.8)$$

高阶模的模体积为

$$V_{mn} = \sqrt{(2m+1)(2n+1)}\,V_{00} \quad (3.6.9)$$

例题 1 CO_2激光器采用腔长$L = 100$ cm的方形镜对称共焦腔,激光波长$\lambda = 10.6$ μm,放电管直径$2a = 2$ cm,求基模增益介质利用率。

解 模体积

$$V_{00} = \frac{2}{3}\lambda L^2 = \frac{2}{3} \times 10.6 \times 10^{-6} \times 1^2 = 7.1\,(\text{cm}^3)$$

增益介质总体积

$$V = \pi a^2 L = 3.14 \times 10^{-4} \times 1 = 314\,(\text{cm}^3)$$

基模增益介质利用率

$$\frac{V_{00}}{V} = \frac{7.1}{314} \approx 0.02$$

可见共焦腔基模体积往往比整个激活介质的体积要小得多,这对获得高功率的基模输出是不利的。在激光器设计中,为了通过增加模体积的方式获得高功率激光输出,往往选择临界腔甚至非稳腔。

(3) 等相位面的分布。

共焦腔行波场的相位分布由式(3.6.1)中的相位函数$\phi_{mn}(x,y,z)$决定。根据式(3.6.2),基模($m = n = 0$)的相位分布函数可表示为

$$\phi_{00}(x,y,z) = k\left[f+z+\frac{z(x^2+y^2)}{2(f^2+z^2)}\right] - \left(\frac{\pi}{2} - \arctan\frac{f-z}{f+z}\right) \quad (3.6.10)$$

与腔轴线($x = 0, y = 0$)相交于z_0处的相位为

$$\phi_{00}(0,0,z_0) = k(f+z_0) - \left(\frac{\pi}{2} - \arctan\frac{f-z_0}{f+z_0}\right) \quad (3.6.11)$$

则与$\phi_{00}(0,0,z_0)$等相位面的方程为

$$\phi_{00}(x,y,z) = \phi_{00}(0,0,z_0) \quad (3.6.12)$$

将式(3.6.10)和式(3.6.11)代入上式得

$$k\left[z+\frac{z(x^2+y^2)}{2(f^2+z^2)}\right] + \arctan\frac{f-z}{f+z} = kz_0 + \arctan\frac{f-z_0}{f+z_0} \quad (3.6.13)$$

忽略z的微小变化导致的$\arctan\frac{f-z}{f+z}$的微小变化,即认为$\arctan\frac{f-z}{f+z} = \arctan\frac{f-z_0}{f+z_0}$,则上

式变为

$$z - z_0 = -\frac{z(x^2 + y^2)}{2(f^2 + z^2)} = -\frac{x^2 + y^2}{2\left(z + \frac{f^2}{z}\right)} \quad (3.6.14)$$

设

$$R(z) = z + \frac{f^2}{z} \quad (3.6.15)$$

将上式代入式(3.6.14)并考虑 z 变化很小,则有

$$z - z_0 = -\frac{x^2 + y^2}{2R(z)} \approx -\frac{x^2 + y^2}{2R(z_0)} \quad (3.6.16)$$

利用泰勒展开取一级近似有 $\sqrt{1 - X} \approx 1 - \frac{X}{2}$。根据该近似,上式可以写成

$$z - z_0 = -\frac{x^2 + y^2}{2R(z_0)} \approx R(z_0)\sqrt{1 - \frac{x^2 + y^2}{R^2(z_0)}} - R(z_0) = \sqrt{R^2(z_0) - (x^2 + y^2)} - R(z_0)$$

整理得

$$R^2(z_0) = x^2 + y^2 + [z - z_0 + R(z_0)]^2 \quad (3.6.17)$$

上式是一个中心位于 $\{0, 0, [z_0 - R(z_0)]\}$ 处、半径为 $R(z_0)$ 的球面波方程。根据式(3.6.15)可知,$R(z_0)$ 随 z_0 变化而变化,因此在近轴区域内,共焦腔行波场的等相位面为球面,球面的半径和球心位置随坐标 z 的变化而变化,如图3.6.2虚线所示。虽然等相位面近似为球面波,但是根据式(3.6.15),其波阵面曲率半径并非如普通球面波一样呈线性变化,因此,厄米-高斯光束可以看作一个变曲率半径和变曲率中心的球面波。因为方形镜对称共焦腔的中心为 z 轴的零点,根据式(3.6.15),在方形镜对称共焦腔中心左侧 z 坐标为负,因此等相位面曲率半径 $R(z)$ 为负;在方形镜对称共焦腔中心右侧 z 坐标为正,因此等相位面曲率半径 $R(z)$ 为正。也可以将等相位面曲率半径 $R(z)$ 的符号规定为:沿着光线传播方向,发散波为正,会聚波为负。

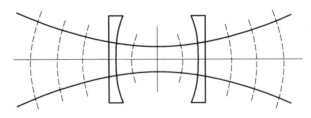

图3.6.2 方形镜对称共焦腔等相位面分布

当 $z_0 > 0$ 时,由式(3.6.15)可知 $R(z_0) > 0$,所以由式(3.6.16)可知 $z - z_0 < 0$;同理,当 $z_0 < 0$ 时,$z - z_0 > 0$。这表明,方形镜对称共焦场的等相位面都是凹面向着腔的中心($z = 0$)的球面,如图3.6.2所示。考虑腔镜处的等相位面,即 $z_0 = \pm f = \pm L/2$,由式(3.6.15)得,等相位面曲率半径为 $R(z_0) = 2f = R = L$(其中 R 为凹面腔镜的曲率半径)。因此这两个等相位面与方形镜对称共焦腔的两个反射镜面重合,这与3.5节"镜面上各点场的相位相同,共焦腔反射镜本身构成一个等相位面"的结论一致。由式(3.6.15),当 $z_0 = 0$ 时,$R(z_0) \to \infty$;当 $z_0 \to \infty$ 时,$R(z_0) \to \infty$。可见,通过方形镜对称共焦腔中心的等相位面是与腔轴垂直的平面,距腔中心无限远处的等相位面也是与腔轴垂直的平面。

与球面波类比,可以把高斯光束看成从方形镜对称共焦腔光轴上一系列的"发光点"上发出的球面波,其波阵面相对于方形镜对称共焦腔中心呈对称分布。在腔内的波阵面所对应的"发光点"都在腔外,且随着波阵面由镜面向腔中心接近,波阵面的曲率半径逐渐增大,"发光点"由镜面中心移向无穷远处。腔中心处的波阵面是一个平面。在腔外的波阵面所对应的"发光点"都在腔内,且随着波阵面由镜面远离腔体,波阵面的曲率半径逐渐增大,"发光点"由镜面中心向腔中心处靠近。无穷远处的波阵面对应的"发光点"是腔中心,因为此时波阵面的曲率半径增大成无穷大,波阵面也变成平面。镜面本身也是波阵面,它对应的曲率半径最小,每个镜面对应的"发光点"恰好落在另一个镜面的中心。

显然,如果在场的任意一个等相位面处放置一块具有相应曲率的反射镜片,则入射在该镜片上的场将准确地沿着原入射方向返回,因此方形镜对称共焦腔的场分布将不会受到扰动。这个性质十分重要,3.8节还要用到。

在能量分布上,高斯光束与普通球面波是不同的。普通球面波在波阵面上能量是均匀分布的;而高斯光束能量分布向轴线集中,在传播轴线(z轴)上分布最强,离开z轴后以高斯(e的负指数)形式衰减。

例题2 方形镜对称共焦腔焦参数$f=0.4$ m,光波长为$\lambda=0.314$ μm,求:束腰半径、镜面处光斑半径与等相位面曲率半径。

解 根据式(3.6.3)可得束腰半径为

$$\omega_0 = \sqrt{\frac{\lambda f}{\pi}} = \sqrt{\frac{0.314 \times 10^{-6} \times 0.4}{3.14}} = 2 \times 10^{-4}(\text{m}) = 0.2(\text{mm})$$

根据式(3.5.20)可得镜面处光斑半径为

$$\omega_{0s} = \sqrt{\frac{\lambda L}{\pi}} = \sqrt{2}\omega_0 = 2.828 \times 10^{-4}(\text{m}) = 0.283(\text{mm})$$

根据式(3.6.15),镜面上($z=\pm f$)等相位面的曲率半径为

$$R(\pm f) = \pm\left(f + \frac{f^2}{f}\right) = \pm 2f = \pm 2 \times 0.4 = \pm 0.8(\text{m})$$

(4) 远场发散角。

如图3.6.1所示,高斯光束光斑半径轮廓为双曲线,双曲线的两条渐近线之间的夹角(全角)θ_0称为高斯光束的远场发散角,或称束散角。由于是渐近线的夹角,因此远场发散角θ_0可表示为"在z趋于无穷远处截面内的光斑直径与该截面距光腔中心的距离之间的夹角",即

$$\theta_0 = \lim_{z \to \infty} \frac{2\omega(z)}{z} \tag{3.6.18}$$

将式(3.6.6)代入上式得

$$\theta_0 = \lim_{z \to \infty} \frac{2\omega_0\sqrt{1+\left(\frac{z}{f}\right)^2}}{z} = \lim_{z \to \infty} 2\omega_0\sqrt{\frac{1}{z^2}+\frac{1}{f^2}} = \frac{2\omega_0}{f} \tag{3.6.19}$$

根据式(3.6.3),上式也可写成

$$\theta_0 = 2\sqrt{\frac{\lambda}{\pi f}} = \frac{2\lambda}{\pi \omega_0} \tag{3.6.20}$$

由上式可知高斯光束的远场发散角与其束腰半径成反比。

远场发散角是描述高斯光束方向性的一个重要指标,远场发散角越小,光束方向性越好;远场发散角越大,光束方向性越差。

例题3 ① 方形镜对称共焦腔 He-Ne 激光器,腔长 $L = 30$ cm,光波长 $\lambda = 0.6328$ μm,求其远场发散角;② 方形镜对称共焦腔 CO_2 激光器,腔长 $L = 1$ m,光波长 $\lambda = 10.6$ μm,求其远场发散角。

解 根据式(3.6.20)

① $\theta_0 = 2\sqrt{\dfrac{\lambda}{\pi f}} = 2 \times \sqrt{\dfrac{0.6328 \times 10^{-6}}{3.14 \times 0.15}} \approx 2.3 \times 10^{-3}(\text{rad}) = 2.3(\text{mrad})$

② $\theta_0 = 2\sqrt{\dfrac{\lambda}{\pi f}} = 2 \times \sqrt{\dfrac{10.6 \times 10^{-6}}{3.14 \times 0.5}} \approx 5.2 \times 10^{-3}(\text{rad}) = 5.2(\text{mrad})$

可见,方形镜对称共焦腔基模光束的理论发散角为毫弧度量级。如果产生多模振荡,则光束质量变差,高阶模的发散角随阶次的增大而增大。由 3.5 节可知,方形镜对称共焦腔的高阶模光斑存在非对称性,因此,较难描述其方向性。实际应用中,采用类似式(3.5.25)高阶模光斑半径的计算方法,定义高阶模的远场发散角。设方形镜对称共焦腔 TEM_{00} 模的远场发散角为 θ_0,则定义 TEM_{mn} 模在 x 方向的远场发散角为

$$\theta_m = \sqrt{2m+1}\,\theta_0 \tag{3.6.21}$$

在 y 方向的远场发散角为

$$\theta_n = \sqrt{2n+1}\,\theta_0 \tag{3.6.22}$$

3.7 圆形镜对称共焦腔的自再现模和行波场

所谓圆形镜对称共焦腔,是指由两个相同的圆形凹面镜组成的谐振腔,同时其还满足对称共焦腔的几何条件,即

$$R_1 = R_2 = L \quad \text{或} \quad f_1 = f_2 = \dfrac{L}{2}$$

式中,R_1 和 R_2 为两个凹面镜的曲率半径;L 为谐振腔的腔长;f_1 和 f_2 为两个凹面镜的焦距。圆形镜对称共焦腔的自再现模和行波场求解,与方形镜对称共焦腔的求解过程基本相同,只是由于反射镜为圆形,因此通常采用极坐标系 $r-\phi$ 来讨论。同时仍选择谐振腔光轴为坐标 z 轴,这样所采用的坐标系为 $r-\phi-z$。在此坐标系下讨论光场的分布和传播,得到自再现模积分方程的解析解是超椭球函数。本节省略了具体的求解过程,直接给出解析解近似表达式,并根据表达式做深入的分析。

1. 圆形镜对称共焦腔的自再现模

超椭球函数的数学性质比长椭球函数还要复杂,为此对精确解做进一步近似,在菲涅耳数 N 很大的情况下可近似将积分限扩展为无穷,称为拉盖尔-高斯近似。理论推导表明,当 $N \to \infty$ 时,在拉盖尔-高斯近似的情况下,自再现模场分布函数的近似解析解为

$$\begin{cases} u_{mn}(r,\phi) = C_{mn}\left(\sqrt{2}\,\dfrac{r}{\omega_{0s}}\right)^m L_n^m\left(2\,\dfrac{r^2}{\omega_{0s}^2}\right) e^{-\frac{r^2}{\omega_{0s}^2}} \cos m\phi \\ u_{mn}(r,\phi) = C_{mn}\left(\sqrt{2}\,\dfrac{r}{\omega_{0s}}\right)^m L_n^m\left(2\,\dfrac{r^2}{\omega_{0s}^2}\right) e^{-\frac{r^2}{\omega_{0s}^2}} \sin m\phi \end{cases} \tag{3.7.1}$$

式中，C_{mn} 为与模式有关的归一化常数；ω_{0s} 为镜面上基模光斑半径，其表达式仍为式 (3.5.20)，即 $\omega_{0s} = \sqrt{\dfrac{\lambda L}{\pi}}$；$m$ 和 n 为对应横模 TEM_{mn} 的阶次，$m, n = 0, 1, 2, \cdots$；含 $\cos m\phi$ 和 $\sin m\phi$ 的表达式可任取其一，但当 $m = 0$ 时，只能取含 $\cos m\phi$ 的表达式，否则函数无意义；$L_n^m(X)$ 为缔合拉盖尔多项式

$$\begin{cases} L_0^m(X) = 1 \\ L_1^m(X) = 1 + m - X \\ L_2^m(X) = \dfrac{1}{2}[(1+m)(2+m) - 2(2+m)X + X^2] \\ \quad \vdots \\ L_n^m(X) = e^X \dfrac{X^{-m}}{n!} \dfrac{d^n}{dX^n}(e^{-X} X^{m+n}) = \sum_{k=0}^{n} \dfrac{(n+m)!\,(-X)^k}{(m+k)!\,k!\,(n-k)!}, \quad n = 0, 1, 2, \cdots \end{cases} \tag{3.7.2}$$

缔合拉盖尔多项式的一个性质是：角向的下标 n 等于多项式的次数。将上式代入式 (3.7.1)，即可得到自再现模的场分布函数，或称本征函数。

与本征函数 $u_{mn}(r, \phi)$ 相应的本征值为

$$\gamma_{mn} = e^{ikL} e^{-i\frac{\pi}{2}(m+2n+1)} \tag{3.7.3}$$

2. 圆形镜对称共焦腔反射镜上的场分布

（1）振幅和相位分布。

首先讨论基横模（TEM_{00} 模）的情况，此时 $m = 0, n = 0$，因此式 (3.7.1) 可写成

$$u_{00}(r, \phi) = C_{00} e^{-\frac{r^2 \pi}{\lambda L}} \tag{3.7.4}$$

由于极坐标系中的 r 对应直角坐标系中的 $\sqrt{x^2 + y^2}$，因此，对于基横模场分布的数学形式，圆形镜对称共焦腔的式 (3.7.4) 与方形镜对称共焦腔的式 (3.5.17) 完全相同。基横模的振幅也是呈现为中心最大，有

$$u_{00}(0, \phi) = C_{00}$$

向边缘指数衰减的高斯分布。仿照 3.5 节，定义振幅下降至中心峰值的 $\dfrac{1}{e}$ 处为腔镜上的光斑半径 ω_{0s}，则

$$u_{00}(\omega_{0s}, \phi) = \dfrac{1}{e} C_{00} = \dfrac{1}{e} u_{00}(0, \phi)$$

根据上式和式 (3.7.4) 得

$$\omega_{0s} = \sqrt{\dfrac{\lambda L}{\pi}} \tag{3.7.5}$$

该式与式 (3.5.20) 相同，其物理意义都为基横模在反射镜处的光斑半径。

下面给出几个高阶横模的数学形式

$$\begin{cases} u_{10}(r, \phi) = C_{10} \sqrt{2}\, \dfrac{r}{\omega_{0s}} e^{-\frac{r^2}{\omega_{0s}^2}} \cos \phi \\ u_{10}(r, \phi) = C_{10} \sqrt{2}\, \dfrac{r}{\omega_{0s}} e^{-\frac{r^2}{\omega_{0s}^2}} \sin \phi \end{cases} \tag{3.7.6}$$

$$u_{01}(r,\phi) = C_{01}\left(1 - 2\frac{r^2}{\omega_{0s}^2}\right) e^{-\frac{r^2}{\omega_{0s}^2}} \tag{3.7.7}$$

圆形镜对称共焦腔横模的强度花样如图 3.7.1 所示。图 3.7.1 与图 3.5.4(b) 对比可以看出,对于基横模,圆形镜对称共焦腔的振幅分布与方形镜对称共焦腔的振幅分布完全相同;而高阶模的振幅分布,二者存在显著不同。首先,圆形镜对称共焦腔的情况下,所有模式的光斑都是圆对称的;其次,圆形镜对称共焦腔横模的节线(光强为0)位置是沿着径向(r方向)和角向(ϕ方向)分布的。进一步分析表明,圆形镜对称共焦腔的 TEM_{mn} 模,其横模序数 m 表示沿辐角 ϕ 方向的节线数目;n 表示沿径向 r 方向的节线数目。

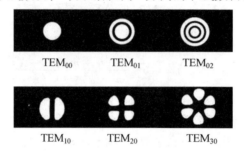

图 3.7.1　圆形镜对称共焦腔横模的强度花样

由于圆形镜对称共焦腔的光斑是圆对称的,因此,仿照 ω_{0s} 定义 TEM_{mn} 模在腔镜上的光斑半径为场振幅下降到最外面一个极大值的 $\frac{1}{e}$ 处与镜面中心的距离。则相应的典型高阶横模在腔镜上的光斑半径的计算结果见表 3.7.1。与方形镜对称共焦腔的情况相似,高阶模的光斑随着 m 和 n 的增大而增大,但圆形镜对称共焦腔的光斑半径随 n 的增大速率比随 m 的增大速率更快些。

表 3.7.1　不同阶次横模在腔镜上的光斑半径

横模阶次	TEM_{00}	TEM_{10}	TEM_{20}	TEM_{01}	TEM_{11}	TEM_{21}
光斑半径	ω_{0s}	$1.50\omega_{0s}$	$1.77\omega_{0s}$	$1.92\omega_{0s}$	$2.21\omega_{0s}$	$2.38\omega_{0s}$

由于 $u_{mn}(r,\phi)$ 为实函数,因此圆形镜对称共焦腔的镜面本身为场的等相位面,这与方形镜对称共焦腔完全相同。

(2) 单程相移和谐振频率。

根据式(3.3.15),自再现模在腔内一次渡越的总相移为

$$\delta\phi_{mn} = \arg\frac{1}{\gamma_{mn}} \tag{3.7.8}$$

由式(3.7.3)可得

$$\delta\phi_{mn} = -kL + (m + 2n + 1)\frac{\pi}{2} = -kL + \Delta\phi_{mn} \tag{3.7.9}$$

可见,相对于几何相移 kL,在圆形镜对称共焦腔中出现了一个附加的相位超前

$$\Delta\phi_{mn} = (m + 2n + 1)\frac{\pi}{2} \tag{3.7.10}$$

根据式(3.5.30)的谐振条件及式(3.7.9),可得圆形镜对称共焦腔的谐振频率为

$$\nu_{mnq} = \frac{c}{2\eta L}\Big[q + \frac{1}{2}(m + 2n + 1)\Big] \quad (3.7.11)$$

根据上式可得,纵模间隔 $\Delta\nu_q$ 的表达式与式(3.5.33)相同;属于同一纵模的相邻两个 m 横模之间的频率间隔,与式(3.5.34)的第一式相同;属于同一纵模的相邻两个 n 横模之间的频率间隔为

$$\Delta\nu_n = \nu_{m(n+1)q} - \nu_{mnq} = \frac{c}{2\eta L} = \Delta\nu_q \quad (3.7.12)$$

值得注意的是,上式与式(3.5.34)的第二式并不相同。

与方形镜对称共焦腔相似,圆形镜对称共焦腔的自再现模对于谐振频率也是高度简并的。

(3) 单程衍射损耗。

模的单程衍射损耗因子应根据式(3.3.13)计算。根据式(3.7.3),$|\gamma_{mn}| = 1$,所以单程衍射损耗因子

$$\delta_d = 1 - \Big|\frac{1}{\gamma_{mn}}\Big|^2 = 0$$

即所有圆形镜对称共焦腔的自再现模的损耗均为 0。与式(3.5.26)一样,这一结果也是不合理的,这也是因为本征值是在 $N \to \infty$ 的近似下得到的,并不是精确解。可见,当 N 为有限值(但不太小)时,拉盖尔-高斯近似虽然能很好地描述场分布及相移等特征,但却不能用来分析模的损耗。只有精确解才能给出共焦谐振腔自再现模的损耗与菲涅耳数 N 及横模阶次 m、n 的关系。数值计算表明,所有模式的单程衍射损耗均随菲涅耳数 N 的增大而急剧减小;菲涅耳数相同时,基模衍射损耗最小,模的阶次越高衍射损耗越大;菲涅耳数相同时,圆形镜对称共焦腔的损耗比平面腔的衍射损耗低得多,其原因在 3.5 节已经做了仔细分析;菲涅耳数相同时,方形镜对称共焦腔衍射损耗比圆形镜对称共焦腔的衍射损耗大几倍。

3. 圆形镜对称共焦腔的行波场

在拉盖尔-高斯近似下,利用菲涅耳-基尔霍夫衍射积分公式,可求出由一个镜面上的场所产生的圆形镜对称共焦腔的行波场。求解结果表明,在圆形镜对称共焦腔内外传播的是拉盖尔-高斯光束

$$E_{mn}(r,\phi,z) = A_{mn}E_0 \frac{\omega_0}{\omega(z)}\Big(\sqrt{2}\frac{r}{\omega(z)}\Big)^m L_n^m\Big(2\frac{r^2}{\omega^2(z)}\Big) e^{-\frac{r^2}{\omega^2(z)}} e^{-im\phi} e^{-i\varphi_{mn}} \quad (3.7.13)$$

式中

$$\varphi_{mn} = k\Big[f + z + \frac{zr^2}{2(f^2+z^2)}\Big] - (m + 2n + 1)\Big(\frac{\pi}{2} - \arctan\frac{f-z}{f+z}\Big) \quad (3.7.14)$$

与方形镜对称共焦腔相同,圆形镜对称共焦腔的基横模也为高斯光束。对于基横模,其束腰半径、空间任意位置光斑半径、镜面处光斑半径、空间任意位置等相位面曲率半径和远场发散角的计算公式与方形镜对称共焦腔的相应公式完全一致:

① 束腰半径:$\omega_0 = \sqrt{\dfrac{\lambda f}{\pi}}$;

② 空间任意位置光斑半径:$\omega(z) = \omega_0\sqrt{1 + \Big(\dfrac{z}{f}\Big)^2}$;

③ 镜面处光斑半径：$\omega_{0s} = \sqrt{2}\omega_0$；

④ 空间任意位置等相位面曲率半径：$R(z) = z + \dfrac{f^2}{z}$；

⑤ 远场发散角：$\theta = \dfrac{2\lambda}{\pi\omega_0}$。

4. 对称共焦腔总结

根据 3.5 节、3.6 节和本节的内容，总结对称共焦腔的特性如下：

（1）对称共焦腔中的模，在方形镜对称共焦腔情况下，为厄米 – 高斯函数（$N \gg 1$）；在圆形镜对称共焦腔情况下为拉盖尔 – 高斯函数（$N \gg 1$）。

（2）光束基本特征。

① 基模光斑尺寸：

a. 束腰半径：$\omega_0 = \sqrt{\dfrac{\lambda f}{\pi}}$；

b. 空间任意位置光斑半径：$\omega(z) = \omega_0 \sqrt{1 + \left(\dfrac{z}{f}\right)^2}$；

c. 镜面处光斑半径：$\omega_{0s} = \sqrt{2}\omega_0$。

② 等相位面曲率半径：$R(z) = z + \dfrac{f^2}{z}$。

（3）对称共焦腔光束的基本特征（$\omega(z), R(z), \theta$）唯一地由 f（或 ω_0）决定，与反射镜的横向尺寸无关。所以，参数 f（或 ω_0）为对称共焦腔高斯光束的特征参数。

（4）只有精确解才能正确地描述对称共焦腔的损耗特性，每一个横模损耗都唯一地由腔的菲涅耳数决定，不同阶次横模的损耗各不相同。

（5）对称共焦腔的优点是衍射损耗低，易于调整；缺点是基模体积小，因此转换效率低。另外，由于损耗小，容易产生多模振荡。

3.8　一般稳定球面腔的模式特征

对称共焦腔具有基模体积小、转换效率低、容易产生多模振荡等缺点，基本没有实用价值。但是 3.5 ~ 3.7 节有关共焦腔模式理论研究结果可以被推广到一般稳定球面腔系统。

一般稳定球面腔的自再现模可以通过直接求解其模式积分方程得到，但与共焦腔相比，其运算非常繁杂。在实际应用中，通常采用以共焦腔模式理论为基础的等价共焦腔方法，这种方法比较简明但不够严格。

根据本节后续的证明可知，任意一个共焦腔与无穷多个稳定球面腔等价，而任意一个稳定球面腔唯一地等价于一个共焦腔。这里所说的"等价"，就是指它们具有相同的行波场。这种等价性使得我们可以利用共焦腔模式理论的研究结果，解析、表述一般稳定球面腔模的特征。一般稳定球面腔可用其等价共焦腔来描述，这是谐振腔理论的重大进展，也深刻地揭示出了各种稳定腔之间的内在联系。

上述等价性是以共焦腔模式的空间分布，特别是其等相位面的分布规律为依据的。根据式（3.6.15），与腔的轴线相交于任意一点 z 的等相位面的曲率半径为

$$R(z) = z + \frac{f^2}{z} \tag{3.8.1}$$

1. 一般稳定球面腔与对称共焦腔的等价性

由式(3.8.1)可得,任意一个共焦球面腔与无穷多个稳定球面腔等价;任意一个满足稳定性条件的球面腔,唯一地等价于某一个共焦腔。下面分别对这两点进行证明。

(1) 任意一个共焦球面腔与无穷多个稳定球面腔等价。

3.6 节已经指出,如果在共焦场的任意两个等相位面上放置两块具有相应曲率半径的球面反射镜,则共焦场将不会受到扰动。这两块反射镜组成了一个新的谐振腔,它的行波场与原共焦腔的行波场相同。由于任一共焦腔模有无穷多个等相位面,因此可以用这种方法构成无穷多个等价球面腔。下面证明所有这些球面腔都是稳定球面腔。

以图 3.8.1 所示的等相位面 c_1 和 c_2 为例,设 c_1 和 c_2 为所考虑的共焦场的两个等相位面,其曲率半径为 $R(z_1)$ 和 $R(z_2)$。在这两个等相位面处放置两个与等相位面曲率相同的凹面反射镜构成谐振腔。显而易见,这样的腔可以有无穷多个。根据 2.2 节,谐振腔镜曲率半径正负号的选取遵循凹面向着腔内取正、凸面向着腔内取负的原则,两个反射镜均是凹面镜,因此其曲率半径 R_1 和 R_2 均取正。根据 3.6 节等相位面曲率半径 $R(z)$ 正负号的规定及式(3.8.1),两腔镜的曲率半径分别为

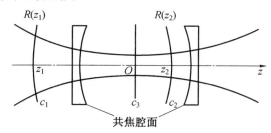

图 3.8.1 共焦腔与稳定球面腔的等价性

$$R_1 = -R(z_1) = -\left(z_1 + \frac{f^2}{z_1}\right) \tag{3.8.2}$$

$$R_2 = R(z_2) = z_2 + \frac{f^2}{z_2} \tag{3.8.3}$$

腔长和两个镜面中心在 z 轴的坐标满足

$$L = z_2 - z_1 \tag{3.8.4}$$

根据式(3.8.2) ~ (3.8.4) 可得

$$\left(1 - \frac{L}{R_1}\right)\left(1 - \frac{L}{R_2}\right) = \left[1 - \frac{z_2 - z_1}{-\left(z_1 + \frac{f^2}{z_1}\right)}\right]\left(1 - \frac{z_2 - z_1}{z_2 + \frac{f^2}{z_2}}\right) = \frac{(z_1 z_2 + f^2)^2}{(z_1^2 + f^2)(z_2^2 + f^2)} \tag{3.8.5}$$

根据 3.2 节,稳定球面腔应满足 $0 < \left(1 - \frac{L}{R_1}\right)\left(1 - \frac{L}{R_2}\right) < 1$;或者按照式(2.2.4) 和式(2.2.5),稳定球面腔应满足 $0 < g_1 g_2 < 1$。式(3.8.5)显然满足 $\left(1 - \frac{L}{R_1}\right)\left(1 - \frac{L}{R_2}\right) > 0$ 的条件。若要证明 $\left(1 - \frac{L}{R_1}\right)\left(1 - \frac{L}{R_2}\right) < 1$,需证明式(3.8.5)的分母大于分子。将式(3.8.5)

的分母和分子相减得

$$(z_1^2 + f^2)(z_2^2 + f^2) - (z_1 z_2 + f^2)^2 = z_1^2 f^2 + z_2^2 f^2 - 2 z_1 z_2 f^2 = (z_1 - z_2)^2 f^2 > 0$$

因此分母大于分子，$\left(1 - \dfrac{L}{R_1}\right)\left(1 - \dfrac{L}{R_2}\right) < 1$ 成立。由以上证明可知，式(3.8.5)中的 $\left(1 - \dfrac{L}{R_1}\right)\left(1 - \dfrac{L}{R_2}\right)$ 满足 $0 < \left(1 - \dfrac{L}{R_1}\right)\left(1 - \dfrac{L}{R_2}\right) < 1$ 的谐振腔稳定性条件，因此这个腔是稳定球面腔。在其他两个等相位面处放置与等相位面曲率半径相等的凹面镜，也可构成稳定球面腔，且该球面腔与原共焦腔具有相同的光束特性。

(2) 任一满足稳定性条件的球面腔，唯一地等价于某一个共焦腔。

这个结论的意思是，如果某一球面腔满足稳定性条件，即 $0 < \left(1 - \dfrac{L}{R_1}\right)\left(1 - \dfrac{L}{R_2}\right) < 1$，则只能找到一个共焦腔，其行波场的某两个等相位面与给定球面腔的两个反射镜面重合。

例题　设某双凹谐振腔如图 3.8.2 所示，两个凹面镜的曲率半径分别为 R_1 和 R_2，谐振腔腔长为 L，且满足稳定性条件 $0 < \left(1 - \dfrac{L}{R_1}\right)\left(1 - \dfrac{L}{R_2}\right) < 1$。求：等价对称共焦腔的腔镜位置及腔长。

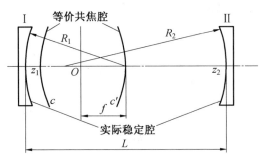

图 3.8.2　稳定球面腔及其等价共焦腔

解　设等价对称共焦腔已找到，腔长为 $2f$(f 为共焦参数，即共焦腔两个腔镜的焦距)，取共焦腔中心坐标为原点 O，于是镜 I 坐标为 z_1，镜 II 坐标为 z_2，则应有

$$\begin{cases} R_1 = -R(z_1) = -\left(z_1 + \dfrac{f^2}{z_1}\right) \\ R_2 = R(z_2) = z_2 + \dfrac{f^2}{z_2} \\ L = z_2 - z_1 \end{cases}$$

由上面三个方程可唯一地解出一组 z_1、z_2 和 f

$$\begin{cases} z_1 = \dfrac{L(R_2 - L)}{2L - R_1 - R_2} \\ z_2 = \dfrac{-L(R_1 - L)}{2L - R_1 - R_2} \\ f^2 = \dfrac{L(R_1 - L)(R_2 - L)(R_1 + R_2 - L)}{(2L - R_1 - R_2)^2} \end{cases} \quad (3.8.6)$$

只要 R_1、R_2 和 L 满足稳定性条件,则由上式可得 $f^2 > 0$,f 有实数解。当求出 z_1、z_2 和 f^2 后,等价共焦腔就唯一确定下来了。这就证明了任一满足稳定性条件的球面腔,唯一地等价于某一个共焦腔。

对于一些特殊的腔型,式(3.8.6)可以简化。对于对称稳定球面腔($R_1 = R_2 = R$)有

$$\begin{cases} z_1 = -\dfrac{L}{2} \\ z_2 = \dfrac{L}{2} \\ f = \dfrac{1}{2}\sqrt{2RL - L^2} \end{cases} \quad (3.8.7)$$

表明对称稳定球面腔的等价共焦腔中心与稳定球面腔中心重合;对于平 - 凹稳定腔($R_1 = \infty$,$R_2 = R$)有

$$\begin{cases} z_1 = 0 \\ z_2 = L \\ f = \sqrt{RL - L^2} \end{cases} \quad (3.8.8)$$

表明平 - 凹稳定腔的等价共焦腔中心在平面镜上;对于半共焦腔($R_1 = 2L$,$R_2 \to \infty$)有

$$\begin{cases} z_1 = L \\ z_2 = 0 \\ f = L \end{cases} \quad (3.8.9)$$

表明半共焦腔的等价共焦腔中心在平面镜上,且等价共焦腔的一个反射面与凹面镜重合。

2. 一般稳定球面腔的模式特征

(1) 镜面上的光斑半径。

由于稳定球面腔的凹面镜镜面与镜面处等相位面重合,因此镜面上的光斑半径等于它的等价共焦腔行波场在球面镜处的光斑半径。设镜面位于 z 处,则由式(3.6.6)可得,镜面上基模光斑半径为

$$\omega(z) = \omega_0 \sqrt{1 + \left(\dfrac{z}{f}\right)^2} \quad (3.8.10)$$

将式(3.8.6)中 f^2 的表达式代入上式得

$$\omega(z) = \omega_0 \sqrt{1 + \dfrac{z^2(2L - R_1 - R_2)^2}{L(R_1 - L)(R_2 - L)(R_1 + R_2 - L)}} \quad (3.8.11)$$

将式(3.8.6)中 z_1 和 z_2 的表达式代入上式得两个腔镜上的光斑半径为

$$\begin{cases} \omega_{s1} = \omega_0 \sqrt{1 + \left(\dfrac{z_1}{f}\right)^2} = \sqrt{\dfrac{L\lambda}{\pi}} \left[\dfrac{R_1^2(R_2 - L)}{L(R_1 - L)(R_1 + R_2 - L)}\right]^{\frac{1}{4}} \\ \omega_{s2} = \omega_0 \sqrt{1 + \left(\dfrac{z_2}{f}\right)^2} = \sqrt{\dfrac{L\lambda}{\pi}} \left[\dfrac{R_2^2(R_1 - L)}{L(R_2 - L)(R_1 + R_2 - L)}\right]^{\frac{1}{4}} \end{cases} \quad (3.8.12)$$

上式用式(2.2.4)和式(2.2.5)所示的 g 参数表示为

$$\begin{cases} \omega_{s1} = \sqrt{\dfrac{L\lambda}{\pi}} \left[\dfrac{g_2}{g_1(1-g_1g_2)} \right]^{\frac{1}{4}} \\ \omega_{s2} = \sqrt{\dfrac{L\lambda}{\pi}} \left[\dfrac{g_1}{g_2(1-g_1g_2)} \right]^{\frac{1}{4}} \end{cases} \quad (3.8.13)$$

由上式可以看出,该公式仅对稳定腔 $0 < g_1g_2 < 1$ 适用。当 $g_1g_2 > 1$ 或者 $g_1g_2 < 0$ 时,ω_{s1} 和 ω_{s2} 只能为复数,显然没有物理意义;而当 $g_1g_2 = 1$ 时,ω_{s1} 和 ω_{s2} 都将趋于发散;$g_1g_2 = 0$(但 $g_1 \neq g_2$)时,ω_{s1} 和 ω_{s2} 中至少有一个将趋于发散。

(2) 模体积。

仿照对称共焦腔的模体积计算公式(3.6.8),一般稳定球面腔基模的模体积可以定义为

$$V_{00} = \dfrac{2}{3} L\pi \left(\dfrac{\omega_{s1} + \omega_{s2}}{2} \right)^2 \quad (3.8.14)$$

与式(3.6.9)相同,一般稳定球面腔中高阶模 TEM_{mn} 的模体积 V_{mn} 与基模的模体积 V_{00} 的关系为

$$V_{mn} = \sqrt{(2m+1)(2n+1)} V_{00} \quad (3.8.15)$$

(3) 单程损耗。

由式(3.1.29)和式(3.1.30)可知,横模的单程衍射损耗由腔的菲涅耳数 N 决定。由菲涅耳数定义式(3.1.1)和共焦腔镜面上基模光斑半径公式(3.5.20)可得

$$N = \dfrac{a^2}{L\lambda} = \dfrac{a^2}{\pi\omega_{0s}^2} \quad (3.8.16)$$

由上式可知,腔的菲涅耳数正比于镜面面积与镜面上基模光斑面积之比,这一比值越大,菲涅耳数就越大,衍射损耗就越小。

由于一般稳定球面腔与其等价共焦腔所激发的行波场结构完全相同,且反射镜与相应位置处等相位面重合,所以可以认为它们的衍射损耗遵循相同的规律。即当

$$\dfrac{a_i^2}{\pi\omega_{si}^2} = \dfrac{a_0^2}{\pi\omega_{0s}^2} \quad (3.8.17)$$

时,两个腔的单程损耗应该相等。式(3.8.17)中,a_i 和 a_0 分别为稳定球面腔及其等价共焦腔的反射镜半径;ω_{si} 和 ω_{0s} 分别为稳定球面腔及其等价共焦腔镜面上的基模光斑半径。将

$$N_{\text{ef}i} = \dfrac{a_i^2}{\pi\omega_{si}^2} \quad (3.8.18)$$

定义为一般稳定球面腔的等效菲涅耳数。对非对称稳定腔来说,两个镜的参数不一定相等,故下标 i 可取 1 和 2 两个值。将式(3.8.12)和式(3.8.13)代入式(3.8.18),可得两反射镜的等效菲涅耳数分别为

$$\begin{cases} N_{\text{ef}1} = \dfrac{a_1^2}{\pi\omega_{s1}^2} = \dfrac{a_1^2}{L\lambda} \sqrt{\dfrac{L(R_1-L)(R_1+R_2-L)}{R_1^2(R_2-L)}} = \dfrac{a_1^2}{L\lambda} \sqrt{\dfrac{g_1}{g_2}(1-g_1g_2)} \\ N_{\text{ef}2} = \dfrac{a_2^2}{\pi\omega_{s2}^2} = \dfrac{a_2^2}{L\lambda} \sqrt{\dfrac{L(R_2-L)(R_1+R_2-L)}{R_2^2(R_1-L)}} = \dfrac{a_2^2}{L\lambda} \sqrt{\dfrac{g_2}{g_1}(1-g_1g_2)} \end{cases} \quad (3.8.19)$$

求出两个等效菲涅耳数后,即可由等价共焦腔的单程衍射损耗因子随 N 的变化曲线得到一般稳定球面腔的损耗因子。一般情况下,两个反射镜上的损耗是不同的,分别用 δ_{mn}^1 和 δ_{mn}^2

表示,则平均单程损耗因子可表示为

$$\delta_{mn} = \frac{1}{2}(\delta_{mn}^1 + \delta_{mn}^2) \tag{3.8.20}$$

由式(3.8.19)和图3.2.18可知,当趋向稳区边界时,腔的有效菲涅耳数中至少有一个急剧减小,预示着腔的衍射损耗急剧增加。

(4) 基模远场发散角。

将式(3.8.6)中 f 的表达式代入共焦腔的基模发散角公式(3.6.20)中,即可得到一般稳定球面腔的基模远场发散角(全角)为

$$\theta_0 = 2\left[\frac{\lambda^2(2L-R_1-R_2)^2}{\pi^2 L(R_1-L)(R_2-L)(R_1+R_2-L)}\right]^{\frac{1}{4}} = 2\sqrt{\frac{\lambda}{\pi L}}\left[\frac{(g_1+g_2-2g_1g_2)^2}{g_1g_2(1-g_1g_2)}\right]^{\frac{1}{4}} \tag{3.8.21}$$

通过以上分析,借助等价共焦腔行波场的模式特征,讨论了一般稳定球面腔的模式特征。在此基础上,若令 $R_1 = R, R_2 \to \infty$,则可得到平-凹腔的模式特征;若令 $R_1 = 2L, R_2 \to \infty$,则可得到半共焦腔的模式特征;若令 $R_1 = R_2 = R$,则可得到对称非共焦腔的模式特征等在应用中有重要意义的特殊情形。

(5) 谐振频率。

由式(3.6.2)所示的方形镜对称共焦腔行波场的相位函数可知,一般稳定球面腔的两个反射镜镜面中心位置处的相位因子分别为

$$\begin{cases} \phi_{mn}(0,0,z_1) = k(f+z_1) - (m+n+1)\left(\frac{\pi}{2} - \arctan\frac{f-z_1}{f+z_1}\right) \\ \phi_{mn}(0,0,z_2) = k(f+z_2) - (m+n+1)\left(\frac{\pi}{2} - \arctan\frac{f-z_2}{f+z_2}\right) \end{cases} \tag{3.8.22}$$

根据谐振条件式(3.5.30)得

$$\delta\phi_{mn} = \phi_{mn}(0,0,z_2) - \phi_{mn}(0,0,z_1) = -\pi q \tag{3.8.23}$$

由式(3.8.22)和式(3.8.23)可得方形镜稳定球面腔的谐振频率为

$$\nu_{mnq} = \frac{c}{2\eta L}\left[q + \frac{1}{\pi}(m+n+1)\arccos\sqrt{\left(1-\frac{L}{R_1}\right)\left(1-\frac{L}{R_2}\right)}\right]$$

$$= \frac{c}{2\eta L}\left[q + \frac{1}{\pi}(m+n+1)\arccos\sqrt{g_1g_2}\right] \tag{3.8.24}$$

同理,根据圆形镜对称共焦腔行波场的相位函数式(3.7.14),可得圆形镜稳定球面腔的谐振频率为

$$\nu_{mnq} = \frac{c}{2\eta L}\left[q + \frac{1}{\pi}(m+2n+1)\arccos\sqrt{\left(1-\frac{L}{R_1}\right)\left(1-\frac{L}{R_2}\right)}\right]$$

$$= \frac{c}{2\eta L}\left[q + \frac{1}{\pi}(m+2n+1)\arccos\sqrt{g_1g_2}\right] \tag{3.8.25}$$

3.9 高斯光束的传输与透镜变换

为了保证光束质量,通常情况下,要求激光器工作在单模状态;对于横模来说,就是只有

基横模起振输出。3.8 节表明,一般稳定球面腔的基模为高斯光束,而且其他腔型输出的自再现模也可以近似地看作高斯光束。因此,研究高斯光束的传输与变换十分重要。

1. 高斯光束在自由空间的传输规律

为了便于将高斯光束与普通球面波类比,首先介绍普通球面波及其传输规律;在此基础上,介绍基模高斯光束的特征及其传输规律。

(1) 普通球面波。

如图 3.9.1 所示,由光源 O 点(坐标原点)向外发射的均匀球面波,波阵面的曲率半径为 R,波阵面任意一点坐标为 (x,y,z)。该球面波的电场强度可表示为

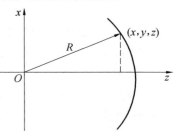

图 3.9.1 普通球面波

$$E(x,y,z) = \frac{A_0}{R}e^{-ik\sqrt{x^2+y^2+z^2}} \tag{3.9.1}$$

式中,A_0 为振幅;k 为波数,根据式(1.2.4)有 $k = \dfrac{2\pi}{\lambda}$。上式表示以 O 为圆心的球面,球面上各点振幅均为 $\dfrac{A_0}{R}$。此外,该球面上各点相位相等,是等相位面。

对于近 z 轴区域($x \ll z, y \ll z, z \approx R$)的球面波,可近似有

$$\sqrt{x^2+y^2+z^2} = z\sqrt{1+\frac{x^2+y^2}{z^2}} \approx z\left(1+\frac{x^2+y^2}{2z^2}\right)$$

$$\approx z + \frac{x^2+y^2}{2R}$$

根据上式,式(3.9.1) 可改写为

$$E(x,y,z) \approx \frac{A_0}{R}e^{-i\left(kz+k\frac{x^2+y^2}{2R}\right)} \tag{3.9.2}$$

对于普通球面波,由于其强度是均匀分布的,因此其模式特征只用波阵面曲率半径 $R(z)$ 一个参量就可以描述。其在空间任意位置 z 处的波阵面曲率半径 $R(z)$ 就等于传输距离 z,即

$$R(z) = z \tag{3.9.3}$$

因此根据图 3.9.2 有

$$R(z_2) - R(z_1) = z_2 - z_1 = L$$

上式也可以写为

$$R(z_2) = R(z_1) + (z_2 - z_1) = R(z_1) + L \tag{3.9.4}$$

上式表达了球面波在自由空间中的传输规律。

(2) 高斯光束。

沿 z 轴传播的基模高斯光束场,不论它由何种结构的稳定球面腔产生,电场强度均可表示为

$$E_{00}(x,y,z) = \frac{C}{\omega(z)}e^{-\frac{x^2+y^2}{\omega^2(z)}}e^{-i\left[kz+\frac{k(x^2+y^2)}{2R(z)}+\phi_{00}(z)\right]} \tag{3.9.5}$$

式中,C 为常数;$\phi_{00}(z)$ 为附加相移。根据式(3.6.6),与轴线相交于 z 点的等相位面上的光

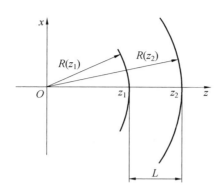

图 3.9.2　普通球面波在自由空间的传播

斑半径为

$$\omega(z) = \omega_0 \sqrt{1 + \left(\frac{z}{f}\right)^2} = \omega_0 \sqrt{1 + \left(\frac{\lambda z}{\pi \omega_0^2}\right)^2} \tag{3.9.6}$$

式中，f 为共焦参数，即对称共焦腔两个腔镜的焦距，由式(3.6.3)可得

$$f = \frac{\pi \omega_0^2}{\lambda} \tag{3.9.7}$$

根据式(3.6.3)，基模高斯光束束腰半径为

$$\omega_0 = \sqrt{\frac{\lambda L}{2\pi}} = \sqrt{\frac{\lambda f}{\pi}} \tag{3.9.8}$$

根据式(3.6.15)，与轴线相交于 z 点的等相位面曲率半径为

$$R(z) = z + \frac{f^2}{z} = z\left[1 + \left(\frac{\pi \omega_0^2}{\lambda z}\right)^2\right] \tag{3.9.9}$$

(3) 高斯光束的特征参数。

① 用束腰半径 ω_0（或共焦参数 f）和束腰位置表征高斯光束。

由式(3.9.6)和式(3.9.9)可看出，已知高斯光束的束腰半径 ω_0 和束腰位置，即可得到 z 处的光斑半径 $\omega(z)$ 和等相位面曲率半径 $R(z)$，从而可以确定整个高斯光束的结构。此外，由式(3.9.7)可以看出，共焦参数 f 与 ω_0 之间有确定关系，因此已知 f 和束腰位置，也可由式(3.9.6)和式(3.9.9)得到 z 处的光斑半径 $\omega(z)$ 和等相位面曲率半径 $R(z)$，从而可以确定整个高斯光束的结构。

② 用坐标 z 处的光斑半径 $\omega(z)$ 和等相位面曲率半径 $R(z)$ 表征高斯光束。

若已知 $\omega(z)$ 和 $R(z)$，根据式(3.9.6)和式(3.9.9)可求得束腰半径 ω_0 和束腰位置

$$\begin{cases} \omega_0 = \omega(z)\left\{1 + \left[\frac{\pi \omega^2(z)}{\lambda R(z)}\right]^2\right\}^{-\frac{1}{2}} \\ z = R(z)\left\{1 + \left[\frac{\lambda R(z)}{\pi \omega^2(z)}\right]^2\right\}^{-1} \end{cases} \tag{3.9.10}$$

从而可以确定整个高斯光束的结构。

③ 用 q 参数表征高斯光束。

由以上分析可知，表征高斯光束需要两个参量，可以用束腰半径 ω_0 和束腰位置表征，或者用参量 $\omega(z)$ 和 $R(z)$ 表征。那么能否像普通球面波那样，用一个参量来表征高斯光

束呢?

为此,将式(3.9.5)改写为

$$E_{00}(x,y,z) = \frac{C}{\omega(z)}e^{-ik\frac{x^2+y^2}{2}\left[\frac{1}{R(z)}-i\frac{\lambda}{\pi\omega^2(z)}\right]}e^{-i[kz+\phi_{00}(z)]} \quad (3.9.11)$$

并引入一个新的参数,称作 q 参数,其定义式为

$$\frac{1}{q(z)} = \frac{1}{R(z)} - i\frac{\lambda}{\pi\omega^2(z)} \quad (3.9.12)$$

利用上式定义的 q 参数,式(3.9.11)可改写为

$$E_{00}(x,y,z) = \frac{C}{\omega(z)}e^{-i\left[kz+k\frac{x^2+y^2}{2q(z)}\right]}e^{-i\phi_{00}(z)} \quad (3.9.13)$$

因此用波阵面曲率半径 $R(z)$ 和光斑半径 $\omega(z)$ 两个参数表征的高斯光束,现在可用 $q(z)$ 这一个参数表征。已知 $q(z)$ 即可得到 $R(z)$ 与 $\omega(z)$

$$\begin{cases}\frac{1}{R(z)} = \text{Re}\left\{\frac{1}{q(z)}\right\} \\ \frac{1}{\omega^2(z)} = -\frac{\pi}{\lambda}\text{Im}\left\{\frac{1}{q(z)}\right\}\end{cases} \quad (3.9.14)$$

如果以 $q(0)$ 表示 $z=0$ 处的 q 参数,根据式(3.9.9)有 $R(0)\to\infty$,根据式(3.9.6)有 $\omega(0) = \omega_0$。因此根据式(3.9.12)有

$$\frac{1}{q(0)} = \frac{1}{R(0)} - i\frac{\lambda}{\pi\omega^2(0)} = -i\frac{\lambda}{\pi\omega_0^2} = -\frac{i}{f}$$

由上式得

$$q(0) = -\frac{f}{i} = if \quad (3.9.15)$$

上式将 $q(0)$、ω_0 和 f 之间联系了起来。

比较式(3.9.2)和式(3.9.13)可以看出,如果在高斯光束的相位因子中忽略 $\phi_{00}(z)$ 的影响,则高斯光束的表达式与球面波相似,只是将球面波的等相位面曲率半径 R 换成了 q。

下面求解高斯光束在自由空间中的传输规律。将式(3.9.6)和式(3.9.9)代入式(3.9.12),并由式(3.9.7),得空间任意位置 z 处的 q 参数为

$$\frac{1}{q(z)} = \frac{1}{R(z)} - i\frac{\lambda}{\pi\omega^2(z)} = \frac{1}{z+\frac{f^2}{z}} - i\frac{\lambda}{\pi\left[\omega_0\sqrt{1+\left(\frac{z}{f}\right)^2}\right]^2}$$

$$= \frac{z}{z^2+f^2} - i\frac{f}{z^2+f^2} = \frac{z-if}{z^2+f^2} = \frac{z-if}{z^2-(if)^2} = \frac{1}{z+if} \quad (3.9.16)$$

因此

$$q(z) = z + if \quad (3.9.17)$$

根据式(3.9.15),上式可写成

$$q(z) = q(0) + z \quad (3.9.18)$$

式(3.9.18)描述了高斯光束在自由空间中的传输规律,该式与 $R(z)$ 表示普通球面波所得的式(3.9.3)的形式相同。当高斯光束从 z_1 处传播到 z_2 处(z_2 和 z_1 之间的传播距离为 L)时,有

$$q(z_2) = q(z_1) + (z_2 - z_1) = q(z_1) + L \tag{3.9.19}$$

该式与用 $R(z)$ 表征普通球面波所得的式(3.9.4)的形式相同。这表明,以 q 参数表征高斯光束与以曲率半径 R 表征的普通球面波,可以用相似的规律表征它们在自由空间中的传输过程,因此,也称 q 参数为高斯光束的复曲率半径。

另外,当 $z \to \infty$ 或 $\omega_0 \to 0$ 时,根据式(3.9.6)和式(3.9.9),高斯光束有 $R(z) = z$,$\omega(z) \to \infty$,则式(3.9.12)变为

$$q(z) = R(z) = z$$

高斯光束退化成为普通球面波。

2. 高斯光束通过薄透镜的变换

(1) 普通球面波通过薄透镜的变换。

普通球面波的透镜变换如图 3.9.3 所示。图中 O 代表物点,其发出的球面波在透镜处的波阵面曲率半径为 R_1;经透镜后出射的球面波的波阵面曲率半径为 R_2,其曲率中心为 O' 点。因此球面波通过此薄透镜的变换,可以看作 O 点发出的球面波经透镜后会聚在 O' 点,即 O' 点代表物点 O 经透镜所成的像点,此时物距为 u,像距为 v。u 与 v 满足如下成像公式:

$$\frac{1}{u} + \frac{1}{v} = \frac{1}{F} \tag{3.9.20}$$

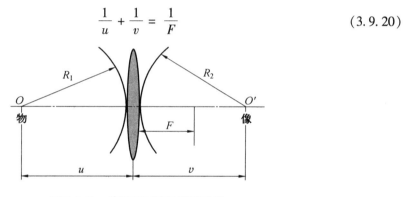

图 3.9.3 普通球面波的透镜变换

其像距 v 的符号规定是:如果像点在透镜右侧,v 取正;如果像点在透镜左侧,v 取负。图 3.9.3 中 v 取正。

图 3.9.3 表明,在薄透镜的作用下,透镜将左侧的波阵面曲率半径为 R_1 的球面波改造成了右侧的波阵面曲率半径为 R_2 的球面波。与 3.6 节等相位面曲率半径 $R(z)$ 的符号规定相同,波阵面曲率半径的符号规定为:沿着光线传播方向,发散波为正,会聚波为负。因此图 3.9.3 中 R_1 取正,R_2 取负。如果用波阵面曲率半径替代式(3.9.20)中的物距和像距,则 $R_1 = u$,$R_2 = -v$,且根据式(3.9.20),R_1 与 R_2 满足

$$\frac{1}{R_1} - \frac{1}{R_2} = \frac{1}{F} \tag{3.9.21}$$

(2) 高斯光束通过薄透镜的变换。

相对于普通球面波,薄透镜对高斯光束的变换要复杂一些,不仅要研究波阵面的变换,还要研究光斑半径的变换。如图 3.9.4 所示,高斯光束的束腰半径为 ω_0,束腰与焦距为 F 的薄透镜之间的距离为 l;经透镜变换后,高斯光束的束腰半径变为 ω_0',束腰与薄透镜之间的距

离变为 l'。薄透镜对高斯光束的变换作用归结为已知 ω_0、l 和 F，求解 ω_0' 和 l' 的一般性问题。

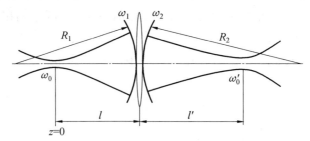

图 3.9.4　高斯光束的透镜变换

由于物方镜面处等相位面对应的球面波曲率半径为 R_1，经透镜变换后像方镜面处等相位面对应的球面波曲率半径为 R_2，因此，根据式(3.9.21)有

$$\frac{1}{R_1} - \frac{1}{R_2} = \frac{1}{F}$$

考虑薄透镜的情况，忽略透镜的厚度，则在透镜处没有光斑尺寸的变化，即 $\omega_1 = \omega_2$。因此薄透镜对高斯光束的变换可表示为求解方程组

$$\begin{cases} \dfrac{1}{R_1} - \dfrac{1}{R_2} = \dfrac{1}{F} \\ \omega_1 = \omega_2 \end{cases} \quad (3.9.22)$$

根据式(3.9.9)有

$$R_1 = l + \frac{f^2}{l}, \quad R_2 = -\left(l' + \frac{f'^2}{l'}\right)$$

根据式(3.9.6)有

$$\omega_1 = \omega_0 \sqrt{1 + \left(\frac{l}{f}\right)^2}, \quad \omega_2 = \omega_0' \sqrt{1 + \left(\frac{l'}{f'}\right)^2}$$

根据式(3.9.7)有

$$f = \frac{\pi \omega_0^2}{\lambda}, \quad f' = \frac{\pi \omega_0'^2}{\lambda}$$

将以上各式代入式(3.9.22)并解方程组，得

$$\begin{cases} l' = F + \dfrac{(l - F)F^2}{(l - F)^2 + f^2} \\ \omega_0' = \omega_0 \dfrac{F}{\sqrt{(l - F)^2 + f^2}} \end{cases} \quad (3.9.23)$$

上式表示物方高斯光束与像方高斯光束之间的关系。由于在之前的讨论中可以发现，高斯光束与普通球面波既有区别又有联系，因此由式(3.9.23)表示的物像关系也应具有这个特点。首先讨论二者的区别。普通球面波满足几何光学成像规律，若 $l = u = F$，则 $l' = v = \infty$，即将光源置于透镜焦点处，光经过透镜后为平行光。而如果将入射高斯光束的束腰置于透镜焦点处，根据式(3.9.23)可知其成像规律为 $l = F, l' = F$；即将高斯光束的束腰放置于透镜焦点处，经过透镜后的高斯光束的束腰在透镜另一侧的焦点处。显然，高斯光束与

普通球面波是明显不同的,两者的联系体现在:如果 $\omega_0 \to 0$(即 $f \to 0$)或者 $(l-F)^2 \gg f^2$,由式(3.9.23)得

$$l' = F + \frac{F^2}{l-F} = \frac{lF - F^2 + F^2}{l-F} = \frac{lF}{l-F}$$

由上式可得

$$\frac{1}{l'} + \frac{1}{l} = \frac{1}{F} \tag{3.9.24}$$

上式与几何光学成像公式(3.9.20)形式相同。

$\omega_0 \to 0$(即 $f \to 0$)时,根据式(3.6.20),远场发散角 $\theta_0 \to \infty$,这意味着高斯光束的发散角很大、光束质量很差;$(l-F)^2 \gg f^2$ 意味着物高斯光束束腰与透镜后焦面相距足够远(即远场的情况)。这表明,在光束质量很差或者远场情况下,高斯光束退化为普通球面波。

3. 利用 q 参数研究高斯光束的薄透镜变换

前面利用传统方法研究了高斯光束的薄透镜变换,下面利用复曲率半径 q 参数进行研究。图 3.9.5 中透镜左侧的入射高斯光束的复曲率半径为 q_1,根据式(3.9.12),其表达式为

$$\frac{1}{q_1} = \frac{1}{R_1} - \mathrm{i} \frac{\lambda}{\pi \omega_1^2} \tag{3.9.25}$$

同理,透镜右侧的出射高斯光束的复曲率半径为 q_2,其表达式为

$$\frac{1}{q_2} = \frac{1}{R_2} - \mathrm{i} \frac{\lambda}{\pi \omega_2^2} \tag{3.9.26}$$

根据式(3.9.22)有

$$\frac{1}{q_2} = \frac{1}{R_2} - \mathrm{i}\frac{\lambda}{\pi\omega_2^2} = \left(\frac{1}{R_1} - \frac{1}{F}\right) - \mathrm{i}\frac{\lambda}{\pi\omega_2^2} = \frac{1}{R_1} - \mathrm{i}\frac{\lambda}{\pi\omega_1^2} - \frac{1}{F} = \frac{1}{q_1} - \frac{1}{F}$$

即

$$\frac{1}{q_1} - \frac{1}{q_2} = \frac{1}{F} \tag{3.9.27}$$

这与几何光学成像公式(3.9.21)在形式上是相同的。

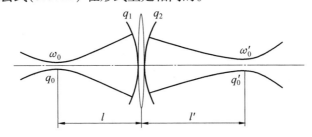

图 3.9.5　用 q 参数表示的高斯光束的透镜变换

下面仿照图 3.9.4,已知 ω_0、l 和 F,采用 q 参数求解 ω_0' 和 l',并与式(3.9.23)的结果相比较。如图 3.9.5 所示,高斯光束的束腰半径为 ω_0,束腰与焦距为 F 的薄透镜之间的距离为 l;经透镜变换后,高斯光束的束腰半径变为 ω_0',束腰与薄透镜之间的距离变为 l'。透镜两侧高斯光束束腰处的复曲率半径分别为 q_0 和 q_0',透镜处入射高斯光束的复曲率半径为 q_1,出射高斯光束的复曲率半径为 q_2。根据式(3.9.17)有

$$q_1 = l + \mathrm{i}f \qquad (3.9.28)$$

$$q_2 = -l' + \mathrm{i}f' \qquad (3.9.29)$$

根据式(3.9.27)有

$$q_2 = \frac{q_1 F}{F - q_1} \qquad (3.9.30)$$

将式(3.9.28)代入上式得

$$q_2 = \frac{q_1 F}{F - q_1} = \frac{(l + \mathrm{i}f)F}{F - l - \mathrm{i}f} = -\left[F + \frac{(l - F)F^2}{(l - F)^2 + f^2}\right] + \mathrm{i}\frac{F^2 f}{(l - F)^2 + f^2} \qquad (3.9.31)$$

与式(3.9.29)比较,并考虑实部和虚部分别相等可得

$$\begin{cases} l' = F + \dfrac{(l - F)F^2}{(l - F)^2 + f^2} \\ f' = \dfrac{F^2 f}{(l - F)^2 + f^2} \end{cases} \qquad (3.9.32)$$

上式中 l' 的表达式与式(3.9.23)中 l' 的表达式完全相同。

接下来根据式(3.9.32)中 f' 的表达式求解 ω_0' 的表达式。由式(3.9.7)得

$$\begin{cases} f = \dfrac{\pi \omega_0^2}{\lambda} \\ f' = \dfrac{\pi \omega_0'^2}{\lambda} \end{cases} \qquad (3.9.33)$$

将上式代入式(3.9.32) f' 的表达式中得

$$\frac{\pi \omega_0'^2}{\lambda} = \frac{F^2 \dfrac{\pi \omega_0^2}{\lambda}}{(l - F)^2 + f^2}$$

整理得

$$\omega_0' = \omega_0 \frac{F}{\sqrt{(l - F)^2 + f^2}} \qquad (3.9.34)$$

上式中 ω_0' 的表达式与式(3.9.23)中 ω_0' 的表达式完全相同。

至此采用 q 参数对高斯光束的薄透镜变换做了全面的求解,其求解结果与不用 q 参数时的求解结果完全一致。

3.10 光线传播矩阵与 ABCD 公式

3.9 节研究了薄透镜对高斯光束的变换作用。实际应用中,高斯光束通过的光学系统往往不是简单的单一系统,有可能是包含多个光学元件的组合光学系统,此时可以采用 3.2 节所述的光线传播矩阵来研究高斯光束在任意光学系统中的传输与变换问题。为了说明光线传播矩阵确实可以用来研究高斯光束,本节将采用光线传播矩阵研究高斯光束在自由空间中的传输及经薄透镜的变换,并将所得的结果与 3.9 节的结果相比较。

1. 普通球面波的传播规律

根据 3.2 节的内容,当光线通过一个光线传播矩阵为 $\begin{pmatrix} A & B \\ C & D \end{pmatrix}$ 的光学系统时,其变换满

足式(3.2.1)

$$\begin{pmatrix} r_2 \\ \theta_2 \end{pmatrix} = \begin{pmatrix} A & B \\ C & D \end{pmatrix} \begin{pmatrix} r_1 \\ \theta_1 \end{pmatrix} \tag{3.10.1}$$

式中,$\begin{pmatrix} r_1 \\ \theta_1 \end{pmatrix}$ 为入射光线坐标向量;$\begin{pmatrix} r_2 \\ \theta_2 \end{pmatrix}$ 为出射光线坐标向量。矩阵 $\begin{pmatrix} A & B \\ C & D \end{pmatrix}$ 被称为光线传播矩阵或 ABCD 矩阵。展开式(3.10.1) 得

$$\begin{cases} r_2 = Ar_1 + B\theta_1 \\ \theta_2 = Cr_1 + D\theta_1 \end{cases} \tag{3.10.2}$$

球面波经光学系统的变换如图 3.10.1 所示。从 O_1 点发出的曲率半径为 R_1 的球面波,经任一光学系统后变为曲率半径为 R_2 的球面波。图中 $\begin{pmatrix} r_1 \\ \theta_1 \end{pmatrix}$ 的入射光线经光学系统后变为 $\begin{pmatrix} r_2 \\ \theta_2 \end{pmatrix}$ 的出射光线,二者之间的关系可用式(3.10.1) 或式(3.10.2) 表示。考虑傍轴光线近似,有

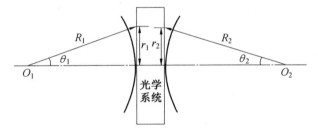

图 3.10.1 球面波经光学系统的变换

$$\begin{cases} R_1 = \dfrac{r_1}{\theta_1} \\ R_2 = \dfrac{r_2}{\theta_2} \end{cases} \tag{3.10.3}$$

将式(3.10.2) 的上下两式相除,并考虑傍轴光线的条件,有

$$R_2 = \frac{r_2}{\theta_2} = \frac{Ar_1 + B\theta_1}{Cr_1 + D\theta_1} = \frac{A\dfrac{r_1}{\theta_1} + B}{C\dfrac{r_1}{\theta_1} + D} = \frac{AR_1 + B}{CR_1 + D} \tag{3.10.4}$$

上式为普通球面波的 ABCD 公式,它描述了球面波经过光学系统的变换规律:在光线为傍轴光线情况下,当球面波通过任一光学系统时,如果该光学系统的光线传播矩阵为 $\boldsymbol{T} = \begin{pmatrix} A & B \\ C & D \end{pmatrix}$,则有 $R_2 = \dfrac{AR_1 + B}{CR_1 + D}$。

考察以下两种简单情况,验证 ABCD 公式。

(1) 当球面波在自由空间中传播距离 L 时,如图 3.9.2 所示,其光线传播矩阵为式(3.2.4),即

$$T_L = \begin{pmatrix} A & B \\ C & D \end{pmatrix} = \begin{pmatrix} 1 & L \\ 0 & 1 \end{pmatrix}$$

根据式(3.10.4)和上式有

$$R_2 = \frac{R_1 + L}{1} = R_1 + L \tag{3.10.5}$$

上式与式(3.9.4)完全一致。

(2) 当球面波通过焦距为 F 的薄透镜变换时,如图3.9.3所示,其光线传播矩阵为式(3.2.17),即

$$T_F = \begin{pmatrix} A & B \\ C & D \end{pmatrix} = \begin{pmatrix} 1 & 0 \\ -\dfrac{1}{F} & 1 \end{pmatrix}$$

根据式(3.10.4)和上式有

$$R_2 = \frac{R_1 + 0}{-\dfrac{1}{F}R_1 + 1} = \frac{FR_1}{F - R_1} \tag{3.10.6}$$

上式可由式(3.9.21)变换得到。

以上两种情况,采用 ABCD 公式计算的结果与 3.9 节计算的结果完全一致,验证了 ABCD 公式的正确性。因此,可用 ABCD 公式讨论球面波经过光学系统的变换规律。

2. 高斯光束传输与变换的 ABCD 公式

对于高斯光束,q 参数为其复曲率半径,它相当于球面波的曲率半径 R,且其传输和变换规律与 R 完全类似。也就是说,当复曲率半径为 q_1 的高斯光束通过一个光线传播矩阵为 $\begin{pmatrix} A & B \\ C & D \end{pmatrix}$ 的光学系统后,高斯光束的复曲率半径变为 q_2,则 q_1 和 q_2 也遵循 ABCD 公式,即

$$q_2 = \frac{Aq_1 + B}{Cq_1 + D} \tag{3.10.7}$$

与球面波相似,仍基于在自由空间中传播 L 距离和经薄透镜变换两种情况,验证式(3.10.7)的正确性。

(1) 当高斯光束在自由空间中行进距离 L 时,其光线传播矩阵为式(3.2.4),即

$$T_L = \begin{pmatrix} A & B \\ C & D \end{pmatrix} = \begin{pmatrix} 1 & L \\ 0 & 1 \end{pmatrix}$$

根据式(3.10.7)和上式有

$$q_2 = \frac{q_1 + L}{1} = q_1 + L \tag{3.10.8}$$

上式与式(3.9.19)完全一致。

(2) 当高斯光束通过焦距为 F 的薄透镜变换时,入射到透镜处时高斯光束的复曲率半径为 q_1,经透镜变换后高斯光束的复曲率半径为 q_2,其光线传播矩阵见式(3.2.17),即

$$T_F = \begin{pmatrix} A & B \\ C & D \end{pmatrix} = \begin{pmatrix} 1 & 0 \\ -\dfrac{1}{F} & 1 \end{pmatrix}$$

根据式(3.10.7)和上式有

$$q_2 = \frac{q_1 + 0}{-\frac{1}{F}q_1 + 1} = \frac{Fq_1}{F - q_1} \tag{3.10.9}$$

上式与式(3.9.30)是一致的。

以上两种情况，采用 ABCD 公式计算的结果与 3.9 节计算的结果完全一致，验证了 ABCD 公式的正确性。因此，可用式(3.10.7)讨论高斯光束经过光学系统的变换规律。

下面按照图 3.9.5，采用 ABCD 公式求解高斯光束的薄透镜变换。与 3.9 节相同，已知 ω_0、l 和 F，采用 ABCD 公式求解 ω_0' 和 l'，并与 3.9 节直接采用 q 参数的求解结果相比较。根据式(3.9.15)，图 3.9.5 中的 q_0 应表示为

$$q_0 = \mathrm{i}f = \mathrm{i}\frac{\pi\omega_0^2}{\lambda} \tag{3.10.10}$$

根据式(3.9.19)，图 3.9.5 中的 q_2 应表示为

$$q_2 = q_0' - l' = \mathrm{i}\frac{\pi\omega_0'^2}{\lambda} - l' \tag{3.10.11}$$

自入射高斯光束的束腰至透镜出射面，高斯光束分别经过了在自由空间传播距离 $l(\boldsymbol{T}_l = \begin{pmatrix} 1 & l \\ 0 & 1 \end{pmatrix})$ 和经透镜的变换($\boldsymbol{T}_F = \begin{pmatrix} 1 & 0 \\ -\frac{1}{F} & 1 \end{pmatrix}$)两个光学"元件"。根据式(3.2.21)，总的光线传播矩阵为

$$\boldsymbol{T} = \begin{pmatrix} A & B \\ C & D \end{pmatrix} = \begin{pmatrix} 1 & 0 \\ -\frac{1}{F} & 1 \end{pmatrix}\begin{pmatrix} 1 & l \\ 0 & 1 \end{pmatrix} = \begin{pmatrix} 1 & l \\ -\frac{1}{F} & 1 - \frac{l}{F} \end{pmatrix} \tag{3.10.12}$$

根据式(3.10.7)有

$$q_2 = \frac{Aq_0 + B}{Cq_0 + D} = \frac{q_0 + l}{-\frac{1}{F}q_0 + 1 - \frac{l}{F}}$$

根据式(3.10.10)得

$$q_2 = \frac{q_0 + l}{-\frac{1}{F}q_0 + 1 - \frac{l}{F}} = \frac{\mathrm{i}f + l}{-\frac{1}{F}\mathrm{i}f + 1 - \frac{l}{F}} = \frac{(l + \mathrm{i}f)F}{F - l - \mathrm{i}f} \tag{3.10.13}$$

上式与式(3.9.31)完全一致，证明了采用 ABCD 公式求解的正确性。根据式(3.10.11)和式(3.10.13)，并考虑实部和虚部分别相等，计算所得的 ω_0' 和 l' 表达式与式(3.9.23)一致。至此对图 3.9.4 所示的高斯光束薄透镜变换问题，分别采用三种方法求解，分别是直接求解、采用 q 参数求解、q 参数与 ABCD 公式相结合求解。三种求解方法所得的结果均为式(3.9.23)。虽然三种求解方法是等价的，但对于复杂光学系统对高斯光束的变换问题，采用 ABCD 公式可以使计算过程更为简洁、方便。

例题 1 将焦参数为 f 的高斯光束放置在焦距为 F 的薄透镜的前焦点处，求：出射高斯光束束腰位置及焦参数。

解 如图 3.9.5 所示，根据题意，此时 $l = F$。根据式(3.9.28)有

$$q_1 = l + \mathrm{i}f = F + \mathrm{i}f$$

透镜的光线传播矩阵为

$$T_F = \begin{pmatrix} A & B \\ C & D \end{pmatrix} = \begin{pmatrix} 1 & 0 \\ -\dfrac{1}{F} & 1 \end{pmatrix}$$

根据 $ABCD$ 公式,有

$$q_2 = \frac{Aq_1 + B}{Cq_1 + D} = \frac{q_1}{-\dfrac{1}{F}q_1 + 1} = \frac{F + \mathrm{i}f}{-\dfrac{1}{F}(F + \mathrm{i}f) + 1}$$

$$= \frac{F + \mathrm{i}f}{-\mathrm{i}\dfrac{f}{F}} = -F - \frac{F^2}{\mathrm{i}f} = -F + \frac{F^2}{f}\mathrm{i}$$

根据式(3.9.29),考虑与上式的实部和虚部分别相等可得

$$\begin{cases} l' = F \\ f' = \dfrac{F^2}{f} \end{cases}$$

因此,当入射高斯光束束腰位于透镜前焦点处时,出射高斯光束束腰位于透镜的后焦点处(在3.9节得到过相同的规律),其焦参数为 $\dfrac{F^2}{f}$。

例题2 在焦参数为 f 的高斯光束束腰处摆放一焦距为 F 的薄透镜($F > 0$),求:出射高斯光束束腰位置及焦参数。

解 根据题意,图3.9.5中 $l = 0$。根据式(3.9.28)有

$$q_1 = l + \mathrm{i}f = \mathrm{i}f$$

透镜的光线传播矩阵为

$$T_F = \begin{pmatrix} A & B \\ C & D \end{pmatrix} = \begin{pmatrix} 1 & 0 \\ -\dfrac{1}{F} & 1 \end{pmatrix}$$

根据 $ABCD$ 公式,有

$$q_2 = \frac{Aq_1 + B}{Cq_1 + D} = \frac{q_1}{-\dfrac{1}{F}q_1 + 1} = \frac{\mathrm{i}f}{-\dfrac{1}{F}\mathrm{i}f + 1} = \frac{\mathrm{i}f}{1 - \mathrm{i}\dfrac{f}{F}} = \frac{\mathrm{i}Ff}{F - \mathrm{i}f}$$

$$= \frac{\mathrm{i}Ff(F + \mathrm{i}f)}{F^2 + f^2} = -\frac{Ff^2}{F^2 + f^2} + \frac{F^2f}{F^2 + f^2}\mathrm{i}$$

根据式(3.9.29),考虑与上式的实部和虚部分别相等可得

$$\begin{cases} l' = \dfrac{Ff^2}{F^2 + f^2} < F \\ f' = \dfrac{F^2f}{F^2 + f^2} < f \end{cases}$$

上式表明,当透镜位于入射高斯光束束腰处时,出射高斯光束束腰位于透镜的后焦点与透镜之间,其焦参数小于入射高斯光束的焦参数。

3.11 高斯光束的聚焦与准直

在许多应用场合,都需要对高斯光束进行聚焦或准直。所谓聚焦,就是通过光学系统的变换使高斯光束的束腰变小;所谓准直,就是利用光学系统改善光束的方向性,压缩高斯光束的发散角。通过聚焦使束腰变小,可提高空间分辨率,以用于微纳加工等领域;同时,束腰变小能够使激光功率密度提高,以用于打孔、切割、焊接等领域。通过准直使发散角变小,有利于激光的远距离传输,常用于远程自由空间激光通信、激光测距、激光雷达等领域。

1. 利用薄透镜实现高斯光束的聚焦

图 3.9.4 为单透镜对高斯光束变换的示意图,设薄透镜焦距为 F,入射高斯光束束腰半径为 ω_0,束腰与透镜距离为 l;出射高斯光束束腰半径为 ω_0',束腰与透镜距离为 l',根据 3.9 节的求解结果式(3.9.23) 有

$$\begin{cases} l' = F + \dfrac{(l-F)F^2}{(l-F)^2 + f^2} \\ \omega_0' = \omega_0 \dfrac{F}{\sqrt{(l-F)^2 + f^2}} \end{cases} \tag{3.11.1}$$

式中,f 为共焦参量,$f = \dfrac{\pi \omega_0^2}{\lambda}$。

研究聚焦,实际上就是研究经过透镜变换后出射高斯光束束腰半径 ω_0' 的变化规律。下面分两种情况进行讨论。

(1) F 一定时,ω_0' 随 l 的变化情况。

根据式(3.11.1) 可得,F 一定时,ω_0' 随 l 的变化曲线如图 3.11.1 所示。下面分四种情况讨论图中曲线:

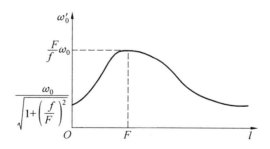

图 3.11.1 ω_0' 随 l 的变化曲线

① 当 $l = 0$ 时。$l = 0$ 意味着物方高斯光束的束腰在透镜处。由图 3.11.1 可以看出,此时 ω_0' 最小,将 $l = 0$ 代入式(3.11.1) 得

$$\omega_0' = \dfrac{\omega_0}{\sqrt{1 + \left(\dfrac{f}{F}\right)^2}} < \omega_0 \tag{3.11.2}$$

$$l' = \frac{F}{1 + \left(\frac{F}{f}\right)^2} < F \qquad (3.11.3)$$

可见,当 $l = 0$ 时,ω_0' 总比 ω_0 小,因而不论透镜焦距 F 多大,它都有一定的聚焦作用,并且像方束腰位置处于焦点与透镜之间。

② 当 $l = F$ 时。$l = F$ 意味着物方高斯光束的束腰在透镜的焦点处。由图 3.11.1 可以看出,此时 ω_0' 最大,根据式(3.11.1) 有

$$\omega_0' = \frac{F}{f}\omega_0 \qquad (3.11.4)$$

$$l' = F \qquad (3.11.5)$$

此时像方高斯光束的束腰在透镜的另一个焦点处。根据式(3.11.4),该情况下有无聚焦作用由 F 和 f 的值决定,只有 $F < f$(短焦距) 时才有聚焦作用。

③ 当 $l < F$ 时。$l < F$ 意味着物方高斯光束的束腰在焦点与透镜之间。由图 3.11.1 可以看出,此时 ω_0' 随着 l 减小而减小。当 $F < f$(短焦距) 时有聚焦作用。

④ 当 $l > F$ 时。$l > F$ 意味着物方高斯光束的束腰在焦点与透镜之外,与透镜的距离较远。由图 3.11.1 可以看出,此时 ω_0' 随着 l 增大而减小。当 $F < f$(短焦距) 时有聚焦作用。

若考虑 $l \gg F$ 的情况,根据式(3.11.1) 有

$$\omega_0' \approx \frac{\omega_0 F}{\sqrt{l^2 + f^2}} = \frac{\omega_0^2 F}{f\omega_0\sqrt{1 + \left(\frac{l}{f}\right)^2}} = \frac{\omega_0^2 F}{f\omega(l)} = \frac{\omega_0^2 F}{\frac{\pi\omega_0^2}{\lambda}\omega(l)} = \frac{\lambda F}{\pi\omega(l)} \qquad (3.11.6)$$

式中,$\omega(l)$ 为物方高斯光束在透镜处的光斑半径。上式表明,在 $l \gg F$ 的情况下,像方束腰半径与透镜焦距成正比,与透镜处的光斑尺寸成反比。可见,在物方高斯光束束腰离透镜很远的情况下,l 越大或 F 越小,聚焦效果越好。

(2) l 一定时,ω_0' 随 F 的变化情况。

l 一定时,ω_0' 随 F 的变化情况如图 3.11.2 所示,图中 $R(l)$ 为物方高斯光束在透镜处的波阵面曲率半径。根据式(3.9.9),有

$$R(l) = l + \frac{f^2}{l} = l\left[1 + \left(\frac{\pi\omega_0^2}{\lambda l}\right)^2\right] \qquad (3.11.7)$$

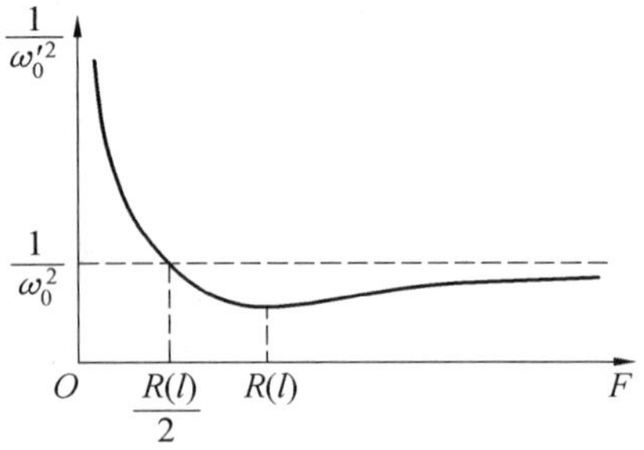

令式(3.11.1) 中 $\omega_0 = \omega_0'$,则有

$$F^2 = (l - F)^2 + f^2 = l^2 + F^2 - 2lF + f^2$$

求解上式并由式(3.11.7) 得

图 3.11.2 ω_0' 随 F 的变化情况

$$F = \frac{1}{2}\left(l + \frac{f^2}{l}\right) = \frac{1}{2}R(l) \qquad (3.11.8)$$

由图 3.11.2 可以看出,当 $F < \frac{1}{2}R(l)$ 时,有

$$\frac{1}{\omega_0'^2} > \frac{1}{\omega_0^2}$$

即

$$\omega_0' < \omega_0$$

表明:当 l 一定时,只有在透镜的焦距 F 小于物方高斯光束在透镜处的波阵面曲率半径的一半的情况下,透镜对高斯光束才有聚焦作用,F 越小聚焦效果越好。

根据以上分析,可以采用三种方法使高斯光束获得良好的聚焦。第一,将束腰置于透镜处($l=0$)并设法满足 $f \gg F$;第二,减小 F,使用短焦距透镜;第三,使物方高斯光束束腰远离透镜焦点,以满足 $l \gg F$ 的条件。

2. 高斯光束的准直

所谓高斯光束的准直,就是利用光学系统对高斯光束发散角进行压缩,使光束发散角减小。根据式(3.6.20),高斯光束的远场发散角可表示为

$$\theta_0 = \frac{2\lambda}{\pi \omega_0} \tag{3.11.9}$$

由上式可以看出,欲减小远场发散角 θ_0,需增加束腰半径 ω_0,因此激光的准直往往伴随着扩束。

(1)单透镜对高斯光束发散角的影响。

单透镜对高斯光束的变换如图3.9.4所示,设 θ_0 为物方高斯光束的发散角,θ_0' 为像方高斯光束的发散角,根据式(3.11.9) 有

$$\begin{cases} \theta_0 = \dfrac{2\lambda}{\pi \omega_0} \\ \theta_0' = \dfrac{2\lambda}{\pi \omega_0'} \end{cases} \tag{3.11.10}$$

将上式中的两式相除得

$$\frac{\theta_0'}{\theta_0} = \frac{\omega_0}{\omega_0'} \tag{3.11.11}$$

上式表明,若 $\omega_0' < \omega_0$,对应于聚焦的情形,有 $\theta_0' > \theta_0$,发散角变得更大了;只有在 $\omega_0' > \omega_0$ 时,对应于扩束的情形,才有 $\theta_0' < \theta_0$,发散角变小,实现了准直。

根据式(3.9.23)和式(3.11.10)可得

$$\theta_0' = \frac{2\lambda \sqrt{(l-F)^2 + f^2}}{\pi \omega_0 F} = \frac{2\lambda \sqrt{(l-F)^2 + \left(\dfrac{\pi \omega_0^2}{\lambda}\right)^2}}{\pi \omega_0 F} \tag{3.11.12}$$

从上式可以看出,对于 ω_0 有限大的高斯光束,无论 F 和 l 如何取值,都不可能使 $\theta_0' \to 0$,因此想用单个透镜将高斯光束转换成平面波是不可能的。另外,从上式还可以看出,当 $l = F$ 时分子值最小,此时像方高斯光束的发散角达到最小值 $\theta_{\min}'$,根据式(3.11.12)有

$$\theta_{\min}' = \frac{2\omega_0}{F} \tag{3.11.13}$$

由上式可知,F 越大,$\theta_{\min}'$ 越小;ω_0 越小,$\theta_{\min}'$ 越小。因此,当 $l = F$ 时,采用长焦距透镜,同时减小物方高斯光束束腰大小,有利于减小像方高斯光束的发散角。

根据式(3.9.23)可知,当 $l = F$ 时像方高斯光束束腰半径 ω_0' 达到最大,此时

$$\omega_0' = \frac{F}{f} \omega_0 = \frac{\lambda}{\pi \omega_0} F \tag{3.11.14}$$

将上式代入式(3.11.11)得

$$\frac{\theta'}{\theta} = \frac{\omega_0}{\omega_0'} = \frac{\pi \omega_0^2}{\lambda F} = \frac{f}{F} \quad (3.11.15)$$

当 $\frac{\theta'}{\theta} \ll 1$ 时准直效果很好，因此当 $l = F, \frac{f}{F} \ll 1$ 时会获得很好的准直效果。

从式(3.11.13)和式(3.11.15)可以看出，在 $l = F$ 的条件下，发散角的压缩效果与 F 有关，采用长焦距透镜有利于提高压缩效果。此外，根据式(3.11.13)，发散角的压缩还与 ω_0 的大小有关，ω_0 越小发散角的压缩效果越好。因此，如果预先用一个短焦距的透镜将高斯光束聚焦，得到一个小的束腰光斑，然后再用一个长焦距透镜来改善其方向性，将经过短焦距透镜聚焦的束腰置于长焦距透镜的焦点处，就可以得到很好的准直效果。

(2) 利用望远镜对高斯光束进行准直。

根据上述讨论，可以用一个短焦距的透镜将高斯光束聚焦，以获得很小的腰斑，然后再用长焦距的透镜来压缩发散角，这样就形成了一个望远镜准直系统，只不过望远镜被倒装使用而已。

望远镜高斯光束准直系统结构如图3.11.3所示，望远镜由短焦距透镜与长焦距透镜组成，二者的焦点重合。设短焦距透镜的焦距为 F_1，长焦距透镜的焦距为 F_2，入射高斯光束束腰与短焦距透镜的距离为 l，束腰半径为 ω_{01}，发散角为 θ_1。从短焦距透镜出射的高斯光束束腰位于焦点处，束腰半径为 ω_{02}，发散角为 θ_2。从长焦距透镜出射的高斯光束束腰半径为 ω_{03}，束散角为 θ_3。下面结合图3.11.3，分两种情况讨论准直效果。

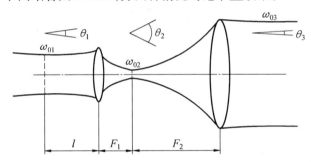

图3.11.3 望远镜高斯光束准直系统结构

① 当 $l = 0$ 时。$l = 0$ 意味着入射高斯光束的束腰在透镜处。根据式(3.11.2)有

$$\omega_{02} = \frac{\omega_{01}}{\sqrt{1 + \left(\frac{f_1}{F_1}\right)^2}} \quad (3.11.16)$$

根据式(3.11.3)并考虑 F_1 为短焦距透镜($f_1 \gg F_1$)，有

$$l' = \frac{F_1}{1 + \left(\frac{F_1}{f_1}\right)^2} \approx F_1 \quad (3.11.17)$$

上式表明，经短焦距透镜变换后的高斯光束束腰位于该透镜焦点处。由于两透镜焦点重合，所以该束腰也位于长焦距透镜的焦点处。因而，根据式(3.11.14)和式(3.11.16)，有

$$\omega_{03} = \frac{F_2}{f_2} \omega_{02} = \frac{F_2 \lambda}{\pi \omega_{02}} = \frac{F_2 \lambda}{\pi \omega_{01}} \sqrt{1 + \left(\frac{f_1}{F_1}\right)^2} \quad (3.11.18)$$

根据式(3.11.11)和上式,望远镜对高斯光束的准直倍率为

$$M' = \frac{\theta_1}{\theta_3} = \frac{\omega_{03}}{\omega_{01}} = \frac{F_2 \lambda}{\pi \omega_{01}^2} \sqrt{1 + \left(\frac{f_1}{F_1}\right)^2} = \frac{F_2}{f_1} \sqrt{1 + \left(\frac{f_1}{F_1}\right)^2}$$

$$= \frac{F_2}{F_1} \sqrt{1 + \left(\frac{F_1}{f_1}\right)^2} \approx \frac{F_2}{F_1} = M \tag{3.11.19}$$

式中,M 称为望远镜的几何压缩比,表征望远镜的放大倍率。

② 当 $l \gg F_1$ 时。$l \gg F_1$ 意味着入射高斯光束的束腰远离短焦距透镜。根据式(3.11.6)得

$$\omega_{02} = \frac{\lambda F_1}{\pi \omega(l)} \tag{3.11.20}$$

对于长焦距透镜,物方高斯光束束腰在焦点处,因此根据式(3.11.14),有

$$\omega_{03} = \frac{F_2}{f_2} \omega_{02} = \frac{\lambda F_2}{\pi \omega_{02}} \tag{3.11.21}$$

根据式(3.11.9),有

$$\theta_3 = \frac{2\lambda}{\pi \omega_{03}} \tag{3.11.22}$$

将式(3.11.20)和式(3.11.21)代入上式得

$$\theta_3 = \frac{2\lambda}{\pi} \frac{\pi \omega_{02}}{\lambda F_2} = \frac{2\lambda}{\pi} \frac{\pi}{\lambda F_2} \frac{\lambda F_1}{\pi \omega(l)} = \frac{F_1}{F_2} \frac{2\lambda}{\pi \omega(l)} \tag{3.11.23}$$

则根据式(3.11.19),望远镜对高斯光束的准直倍率为

$$M' = \frac{\theta_1}{\theta_3} \tag{3.11.24}$$

根据式(3.11.9),有

$$\theta_1 = \frac{2\lambda}{\pi \omega_{01}} \tag{3.11.25}$$

将式(3.11.25)和式(3.11.23)代入式(3.11.24)得

$$M' = \frac{\theta_1}{\theta_3} = \frac{2\lambda}{\pi \omega_{01}} \frac{F_2}{F_1} \frac{\pi \omega(l)}{2\lambda} = \frac{F_2}{F_1} \frac{\omega(l)}{\omega_{01}} \tag{3.11.26}$$

将 $\omega(l) = \omega_{01} \sqrt{1 + \left(\frac{l}{f_1}\right)^2}$ 代入上式得

$$M' = \frac{\theta_1}{\theta_3} = \frac{F_2}{F_1} \frac{\omega(l)}{\omega_{01}} = \frac{F_2}{F_1} \sqrt{1 + \left(\frac{l}{f_1}\right)^2} = M \sqrt{1 + \left(\frac{l}{f_1}\right)^2} \tag{3.11.27}$$

式中,M 为望远镜的几何压缩比。由于一般情况下 $\omega(l) > \omega_{01}$,因而根据上式,望远镜对高斯光束的准直倍率 M' 总是比几何压缩比 M 要高。此外,由上式可知,一个给定的望远镜对高斯光束的准直倍率 M',不仅取决于望远镜本身的结构参数(F_1 和 F_2),还与入射高斯光束的腰斑半径及其与短焦距透镜的距离 l 有关。使入射高斯光束的束腰尽量远离透镜,以增大 $\omega(l)$,可得到更好的准直效果。

在 l 有限的情况下,经短焦距透镜变换后的束腰并不能准确地落在其焦点处,因而应允许对望远镜做微小的调整。此外,这里的讨论没有考虑像差,而且假设透镜处的光斑远小于

透镜本身的孔径，因而无须考虑由透镜的孔径有限引起的衍射效应。当光斑等于或大于透镜的孔径时，想通过提高准直倍率来无限制地压缩高斯光束的发散角是不可能的，这时出射光束的最小发散角应由透镜的孔径所对应的衍射角决定，这就是望远镜运用在衍射极限的情形。

3.12 高斯光束的自再现变换与稳定球面腔

如果一个高斯光束通过光学系统后结构不发生变化，则该过程称为自再现变换。假设图 3.9.4 所示为薄透镜对高斯光束实现了自再现变换，则变换前后高斯光束结构不发生变化，因此要求以下两个等式同时成立：

$$\begin{cases} \omega_0 = \omega_0' \\ l = l' \end{cases} \tag{3.12.1}$$

如果以 q 参数表示，假设图 3.9.5 所示为薄透镜对高斯光束实现了自再现变换，则应有

$$\begin{cases} q_0 = q_0' \\ l = l' \end{cases} \tag{3.12.2}$$

式(3.12.1)和式(3.12.2)均为自再现变换的数学表达式。

1. 利用薄透镜实现高斯光束的自再现变换

设采用图 3.9.4 所示的薄透镜实现高斯光束的自再现变换。已知入射高斯光束束腰半径为 ω_0，在距束腰 l 处放置一个焦距为多少的薄透镜才能实现自再现变换？可以分别采用式(3.12.1)的条件或式(3.12.2)的条件求解该问题。

（1）采用式(3.12.1)的条件求解。

利用 3.9 节关于薄透镜对高斯光束变换的式(3.9.23)，并根据式(3.12.1)，令 $\omega_0 = \omega_0'$ 或者 $l = l'$ 均可得

$$F^2 = (l - F)^2 + f^2 \tag{3.12.3}$$

根据上式求解透镜焦距 F 可得

$$F = \frac{1}{2}\left(l + \frac{f^2}{l}\right) = \frac{1}{2}R(l) \tag{3.12.4}$$

式中，$R(l)$ 代表透镜处高斯光束等相位面曲率半径。因此，由上式可知，当透镜的焦距等于高斯光束在透镜处波阵面曲率半径的一半时，透镜可对该高斯光束实现自再现变换。

（2）采用式(3.12.2)的条件求解。

采用 $ABCD$ 公式也可以求解透镜对高斯光束的自再现变换过程。根据图 3.9.5，自入射高斯光束的束腰至透镜出射高斯光束束腰，高斯光束分别经过了在自由空间传播距离 l（$\boldsymbol{T}_l = \begin{pmatrix} 1 & l \\ 0 & 1 \end{pmatrix}$）、经透镜的变换（$\boldsymbol{T}_F = \begin{pmatrix} 1 & 0 \\ -\frac{1}{F} & 1 \end{pmatrix}$）和在自由空间传播距离 l'（$\boldsymbol{T}_{l'} = \begin{pmatrix} 1 & l' \\ 0 & 1 \end{pmatrix}$）三个光学"元件"。根据式(3.2.21)可知，总的光线传播矩阵为

$$\boldsymbol{T} = \begin{pmatrix} A & B \\ C & D \end{pmatrix} = \begin{pmatrix} 1 & l' \\ 0 & 1 \end{pmatrix}\begin{pmatrix} 1 & 0 \\ -\frac{1}{F} & 1 \end{pmatrix}\begin{pmatrix} 1 & l \\ 0 & 1 \end{pmatrix} = \begin{pmatrix} 1 - \frac{l'}{F} & l + l'\left(1 - \frac{l}{F}\right) \\ -\frac{1}{F} & 1 - \frac{l}{F} \end{pmatrix} \tag{3.12.5}$$

根据式(3.10.7)和上式有

$$q_0' = \frac{Aq_0 + B}{Cq_0 + D} = \frac{\left(1 - \dfrac{l'}{F}\right)q_0 + l + l'\left(1 - \dfrac{l}{F}\right)}{-\dfrac{1}{F}q_0 + 1 - \dfrac{l}{F}}$$

将 $q_0 = \mathrm{i}f$ 代入上式得

$$q_0' = l' + F\frac{l(F-l) - f^2}{(F-l)^2 + f^2} + \mathrm{i}\frac{F^2 f}{(F-l)^2 + f^2} \tag{3.12.6}$$

根据式(3.12.2)的条件,上式变为

$$\mathrm{i}f = l + F\frac{l(F-l) - f^2}{(F-l)^2 + f^2} + \mathrm{i}\frac{F^2 f}{(F-l)^2 + f^2} \tag{3.12.7}$$

比较上式两端的虚部有

$$f = \frac{F^2 f}{(F-l)^2 + f^2} \tag{3.12.8}$$

上式与式(3.12.3)相等,求解结果也为式(3.12.4),这里不再赘述。

2. 利用凹面反射镜实现高斯光束的自再现变换

凹面反射镜对高斯光束的变换如图 3.12.1 所示,自入射高斯光束的束腰至凹面镜反射后的高斯光束束腰,高斯光束分别经过了在自由空间传播距离 l、经凹面反射镜的变换和在自由空间传播距离 l' 三个光学"元件"。如果用焦距来描述凹面反射镜的光线传播矩阵,其在数学形式上与薄透镜是完全一致的,因此,总的光线传播矩阵仍为式(3.12.5)。显然,采用球面反射镜对高斯光束进行自再现变换与采用透镜对高斯光束进行自再现变换,得到的结论是相同的。类比

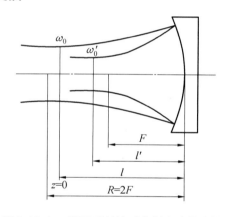

图 3.12.1 凹面反射镜对高斯光束的变换

上述采用透镜时的结论可知,当入射在球面镜上的高斯光束的波阵面曲率半径正好等于凹面镜的曲率半径时,凹面镜将对高斯光束实现自再现变换,此时称反射镜与高斯光束的波前相匹配。

3. 高斯光束在光学谐振腔中的自再现变换

当反射镜与高斯光束的波前相匹配时可以实现高斯光束的自再现变换,这一事实在谐振腔理论中具有重要意义。根据 3.6 节 ~ 3.8 节的内容可知,高斯光束的等相位面近似为球面,如果将某高斯光束的两个等相位面用相应曲率半径的球面反射镜来代替,则将构成一个稳定腔。由于此时反射镜与高斯光束的波前相匹配,因此该高斯光束被腔的两个反射镜做自再现变换,称该高斯光束为该谐振腔中的自再现模。反之,对任意稳定腔而言,是否可以通过适当选择高斯光束的束腰位置及腰斑大小,使它成为该稳定腔的自再现模?下面对该问题做深入讨论。

根据自再现模的定义,稳定腔的任一自再现模在腔内往返一周后,应能重现其自身。

前面已经研究了薄透镜和球面反射镜对高斯光束的自再现变换的条件。对于光线传播矩阵为 $\begin{pmatrix} A & B \\ C & D \end{pmatrix}$ 的任意光学系统，如果其对高斯光束实现自再现变换，则入射高斯光束的复曲率半径 q 和出射高斯光束的曲率半径 q' 满足

$$q' = \frac{Aq + B}{Cq + D} = q \tag{3.12.9}$$

稳定的光学谐振腔作为一种特殊的光学系统，也能够实现高斯光束自再现变换。下面讨论什么样的高斯光束能够在稳定腔中实现自再现变换。

设在图 3.12.2 的谐振腔中，镜 M_1 处光束的 q 参数值为 q_M；在腔内往返一周后，q 参数值为 q'_M，根据式(3.12.9)有

$$q'_M = \frac{Aq_M + B}{Cq_M + D} \tag{3.12.10}$$

自再现变换要求 $q'_M = q_M$，所以有

$$q_M = \frac{Aq_M + B}{Cq_M + D} \tag{3.12.11}$$

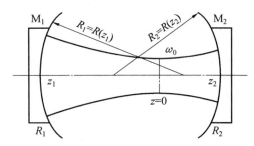

图 3.12.2　谐振腔中高斯光束的自再现变换

上式可改写成

$$Cq_M^2 + (D - A)q_M - B = 0 \tag{3.12.12}$$

设 $X = \dfrac{1}{q_M}$，将上面的方程改写为

$$BX^2 - (D - A)X - C = 0 \tag{3.12.13}$$

上述一元二次方程的根为

$$X = \frac{1}{q_M} = \frac{(D - A) \pm \sqrt{(D - A)^2 + 4BC}}{2B} \tag{3.12.14}$$

根据 3.2 节光线在光学谐振腔内往返传播一次的总光线传播矩阵的各个元素表达式(3.2.26)，可得

$$AD - BC = 1 \tag{3.12.15}$$

将上式代入式(3.12.14)得

$$X = \frac{1}{q_M} = \frac{(D - A) \pm \sqrt{(D + A)^2 - 4}}{2B} \tag{3.12.16}$$

注意，前面并没有规定 q_M 为复数还是实数，因此上式的二元一次方程的解既有可能为复数，又有可能为实数，下面根据这两种情况分别进行讨论。

（1）解为复数的情况。

若式(3.12.13)的解为复数，则 q_M 代表复曲率半径，意味着光学谐振腔内实现自再现的光束为高斯光束，根据式(3.12.16)，q_M 的数学形式为

$$X = \frac{1}{q_M} = \frac{D - A}{2B} \pm i\frac{\sqrt{1 - (D + A)^2/4}}{B} \tag{3.12.17}$$

根据 q 参数的定义式(3.9.12)，有

$$\begin{cases} R = \dfrac{2B}{D-A} \\ \omega = \sqrt{\dfrac{\lambda}{\pi}} \sqrt{|B|} \left[1 - \left(\dfrac{D+A}{2}\right)^2\right]^{-\frac{1}{4}} \end{cases} \quad (3.12.18)$$

式中，R 代表高斯光束在镜 M_1 处的波阵面曲率半径；ω 代表镜 M_1 处的光斑半径。因此，如果高斯光束在镜 M_1 处的波阵面曲率半径和光斑尺寸满足式(3.12.18)，则该高斯光束为该谐振腔中的自再现模。式(3.12.17)和式(3.12.18)不仅可用于两镜组成的共轴球面腔，也可用于所有稳定腔。

将 3.2 节求得的光学谐振腔往返传播一次的光线传播矩阵的各个元素表达式(3.2.26)代入式(3.12.18)，得

$$R = \frac{2B}{D-A} = \frac{4L\left(1 - \dfrac{L}{R_2}\right)}{-\left[\dfrac{2L}{R_1} - \left(1 - \dfrac{2L}{R_1}\right)\left(1 - \dfrac{2L}{R_2}\right)\right] - \left(1 - \dfrac{2L}{R_2}\right)} = -R_1 \quad (3.12.19)$$

上式说明，只有在高斯光束在镜面处的波阵面与镜面重合的情况下，该高斯光束才能成为该光学谐振腔的自再现模。

另外，由式(3.12.18)中 ω 的表达式可以得到

$$\left(\frac{D+A}{2}\right)^2 < 1$$

因此

$$-1 < \frac{D+A}{2} < 1 \quad (3.12.20)$$

上式正是 3.2 节讨论的光学谐振腔稳定性的最一般判别式(3.2.29)。综合 3.2 节内容，由上式可以得到稳定谐振腔需满足式(3.2.30)，即

$$0 < g_1 g_2 < 1$$

因此，只有满足上式或式(3.12.20)的稳定光学谐振腔的自再现模才为高斯光束。以上讨论表明，根据 3.2 节内容得到的"在稳定腔中不存在几何逸出损耗"的结论，与本节得到的"稳定腔内存在自再现高斯光束"的结论是等价的。

（2）解为实数的情况。

若方程的解为实数，则 q_M 代表球面波的曲率半径，也就意味着自再现光束为普通球面波。根据式(3.12.16)可知，存在实数解的条件为

$$(D+A)^2 > 4$$

很显然，由式(3.12.20)可以判断出此时谐振腔为非稳腔，即非稳腔的自再现光束为普通球面波。有关该方面的内容将在 3.14 节详细讨论。

3.13 高斯光束的模匹配

在注入锁定、频谱研究等应用领域，需要将激光器所产生的高斯光束注入另一个光学系统。这种通过光学系统，将一台激光器输出的 TEM_{00} 模转换成另一光学系统的 TEM_{00} 模的过程，叫高斯光束的模匹配。想要实现模匹配，高斯光束注入的光学系统要相当于一

个稳定腔,具有自己的本征模。如果入射的高斯光束只能激起另一个光学系统本身的本征高斯光束而不激起其他高阶模,则这两个腔的高斯光束是匹配的。如果两个腔的模不匹配,则入射高斯光束会在另一个光学系统内激发起其他高阶模,从而形成某一高阶模振荡或者多模振荡,导致光束质量下降。此外,对于只需要激发基模的情况,不匹配将造成基模耦合效率的降低;对于能量传输的情况,由于高阶模往往具有较大的传输损耗,不匹配将造成能量的损失。因此,不匹配在大多数情况下是需要避免的。下面讨论利用薄透镜实现高斯模匹配的问题。

如图3.13.1所示,利用焦距为 F 的薄透镜,把激光器输出的基模高斯光束(物方高斯光束 q_0)匹配成为新谐振腔的基模高斯光束(像方高斯光束 q_0')。也就是说,如果激光器的本征高斯光束束腰半径为 ω_0,新谐振腔的本征高斯光束束腰半径为 ω_0',匹配时,通过薄透镜,把激光器的束腰变换到新谐振腔本征高斯光束束腰的位置,并且束腰半径为 ω_0'。如图3.13.1所示,激光器本征高斯光束的束腰与透镜的距离为 l;经透镜变换后的束腰与新谐振腔的本征高斯光束束腰重合,此时新谐振腔的高斯光束束腰与透镜的距离为 l'。在透镜处,入射高斯光束为 q_1,经透镜变换后为 q_2。由式(3.9.19)和式(3.9.15)可得

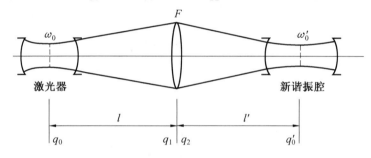

图 3.13.1　高斯光束的模匹配

$$\begin{cases} q_1 = q_0 + l = \mathrm{i}f + l \\ q_0' = q_2 + l' = \mathrm{i}f' \end{cases} \tag{3.13.1}$$

式中,f 和 f' 分别为物方高斯光束和像方高斯光束的焦参数,根据(3.9.7)有

$$\begin{cases} f = \dfrac{\pi \omega_0^2}{\lambda} \\ f' = \dfrac{\pi \omega_0'^2}{\lambda} \end{cases} \tag{3.13.2}$$

实现高斯光束模匹配的条件是满足式(3.9.27),即

$$\frac{1}{q_1} - \frac{1}{q_2} = \frac{1}{F} \tag{3.13.3}$$

将式(3.13.1)代入上式,得

$$\frac{1}{\mathrm{i}f + l} - \frac{1}{\mathrm{i}f' - l'} = \frac{1}{F} \tag{3.13.4}$$

上式可改写为

$$F(\mathrm{i}f' - l') - F(\mathrm{i}f + l) = (\mathrm{i}f + l)(\mathrm{i}f' - l') \tag{3.13.5}$$

令上式两端实部与实部相等、虚部与虚部相等,得

$$\begin{cases} F^2 - ff' = (l - F)(l' - F) \\ \dfrac{f}{f'} = \dfrac{l - F}{l' - F} \end{cases} \tag{3.13.6}$$

求解上式可得

$$\begin{cases} l = F \pm \sqrt{\dfrac{f}{f'}(F^2 - ff')} \\ l' = F \pm \sqrt{\dfrac{f'}{f}(F^2 - ff')} \end{cases} \tag{3.13.7}$$

将式(3.13.2)代入上式,并令 $z_0 = \sqrt{ff'} = \dfrac{\pi \omega_0 \omega_0'}{\lambda}$,可以得到

$$\begin{cases} l = F \pm \dfrac{\omega_0}{\omega_0'}\sqrt{F^2 - z_0^2} \\ l' = F \pm \dfrac{\omega_0'}{\omega_0}\sqrt{F^2 - z_0^2} \end{cases} \tag{3.13.8}$$

可见 z_0 是一个与匹配条件相关的量,称为匹配的特征参数。下面针对式(3.13.8)展开讨论:

(1) 只有 $F \geqslant z_0$ 时,l 和 l' 为实数,此时才能实现模式匹配;

(2) 当 $F = z_0$ 时,$l = F$,$l' = F$,表明物像两高斯光束束腰位于透镜的两个焦平面上;

(3) 由式(3.13.6)可以看出,$l - F$ 与 $l' - F$ 必须同号,所以式(3.13.7)和式(3.13.8)根号前面必须同取正号或同取负号;

(4) 如果 ω_0 与 ω_0' 为已知量,在 $F \geqslant z_0$ 的情况下,取一个 F 值,便可以从式(3.13.8)中求出 l、l',从而确定透镜的位置。可见,F 值一定时,物、像两高斯光束的相对位置不是固定的,而是由 l 和 l' 决定。

在实际应用中,经常要面对另一种情况:激光器和要注入的谐振腔的相对位置固定,即 $l + l'$ 的值是一个固定值。下面讨论这种情况下如何通过选定透镜焦距 F 实现高斯光束模匹配。

设 $l + l' = l_0$,即物、像两高斯光束束腰间距离固定为 l_0。将式(3.13.8)中的两式相加,得

$$l + l' = 2F \pm \left(\dfrac{\omega_0}{\omega_0'} + \dfrac{\omega_0'}{\omega_0}\right)\sqrt{F^2 - z_0^2} = l_0 \tag{3.13.9}$$

设 $\dfrac{\omega_0}{\omega_0'} + \dfrac{\omega_0'}{\omega_0} = A$,代入并整理得

$$l_0 - 2F = \pm A\sqrt{F^2 - z_0^2} \tag{3.13.10}$$

将上式等号两边平方并整理得

$$l_0^2 - 4l_0 F + 4F^2 = A^2(F^2 - z_0^2) \tag{3.13.11}$$

上式可改写为

$$(4 - A^2)F^2 - 4l_0 F + l_0^2 + A^2 z_0^2 = 0 \tag{3.13.12}$$

因为 A、l_0、z_0 是已知的或者根据已知条件可以求出的,所以由上式可解出 F,然后以所求得的 F 值代入式(3.13.7)或式(3.13.8),即可求出 l 和 l' 的值。

例题 1 物像高斯光束的焦参数分别为 $f = 1$ m, $f' = 2$ m, 为使两高斯光束匹配, 使用焦距 $F = 1.5$ m 的透镜, 求此透镜应置于何处?

解 首先计算匹配参数 $z_0 = \sqrt{ff'} = \sqrt{1 \times 2} = 1.414 < 1.5$, 说明使用 $F = 1.5$ m 的透镜能够实现匹配。

然后根据式(3.13.7), 有

$$\begin{cases} l = F + \sqrt{\dfrac{f}{f'}}\sqrt{F^2 - z_0^2} = 1.5 + \sqrt{\dfrac{1}{2}}\sqrt{1.5^2 - 2} = 1.8538(\text{m}) \\ l = F - \sqrt{\dfrac{f}{f'}}\sqrt{F^2 - z_0^2} = 1.5 - \sqrt{\dfrac{1}{2}}\sqrt{1.5^2 - 2} = 1.1465(\text{m}) \end{cases}$$

$$\begin{cases} l' = F + \sqrt{\dfrac{f'}{f}}\sqrt{F^2 - z_0^2} = 1.5 + \sqrt{2}\sqrt{1.5^2 - 2} = 2.207(\text{m}) \\ l' = F - \sqrt{\dfrac{f'}{f}}\sqrt{F^2 - z_0^2} = 1.5 - \sqrt{2}\sqrt{1.5^2 - 2} = 0.793(\text{m}) \end{cases}$$

由于式(3.13.7)的根号前必须同取正号或同取负号, 因此有两个结果: ① 将透镜置于距物高斯光束束腰 1.8538 m、距像高斯光束束腰 2.207 m 处; ② 将透镜置于距物高斯光束束腰 1.1465 m、距像高斯光束束腰 0.793 m 处。

例题 2 物像高斯光束的焦参数分别为 $f = 1$ m, $f' = 2$ m, 两光束束腰相距分别为 1.5 m、5 m、$2\sqrt{2}$ m, 为匹配需使用焦距多大的透镜? 此透镜应置于何处?

解 匹配参数

$$z_0 = \sqrt{ff'} = \sqrt{1 \times 2} = \sqrt{2}$$

$$A = \frac{\omega_0}{\omega_0'} + \frac{\omega_0'}{\omega_0} = \sqrt{\frac{f}{f'}} + \sqrt{\frac{f'}{f}} = \sqrt{\frac{1}{2}} + \sqrt{\frac{2}{1}} = \frac{3\sqrt{2}}{2}$$

代入式(3.13.12)得

$$-0.5F^2 - 4l_0 F + l_0^2 + 9 = 0$$

下面利用上式对例题 2 中的三种情况分别给予讨论:

(1) $l_0 = 1.5$ m 时, $-0.5F^2 - 6F + 11.25 = 0$。

解得: $F = 1.65$ m; 另一解为 $F = -13.68$ m, 为凹透镜, 舍去。

由于 $F = 1.65 > \dfrac{l_0}{2} = \dfrac{1.5}{2}$, 因此, 式(3.13.10)中根号前的符号应取负号, 式(3.13.7)根号前的符号也应取负号, 得

$$l = F - \sqrt{\dfrac{f}{f'}}\sqrt{F^2 - z_0^2} = 1.65 - \sqrt{\dfrac{1}{2}}\sqrt{1.65^2 - 2} = 1.05(\text{m})$$

$$l' = F - \sqrt{\dfrac{f'}{f}}\sqrt{F^2 - z_0^2} = 1.65 - \sqrt{2}\sqrt{1.65^2 - 2} = 0.45(\text{m})$$

结论: 用焦距 $F = 1.65$ m 的透镜, 置于距物方高斯光束束腰 1.05 m、距像方高斯光束束腰 0.45 m 处。

(2) $l_0 = 5$ m 时, $-0.5F^2 - 20F + 36 = 0$。

解得: $F \approx 1.63$ m; 另一解为负数, 为凹透镜, 舍去。

由于 $F \approx 1.63 < \dfrac{l_0}{2} = \dfrac{5}{2}$，因此，式(3.13.10)中根号前的符号应取正号，式(3.13.7)根号前的符号也应取正号，得

$$l = F + \sqrt{\dfrac{f}{f'}}\sqrt{F^2 - z_0^2} = 1.63 + \sqrt{\dfrac{1}{2}}\sqrt{1.63^2 - 2} = 2.21(\text{m})$$

$$l' = F + \sqrt{\dfrac{f'}{f}}\sqrt{F^2 - z_0^2} = 1.63 + \sqrt{2}\sqrt{1.63^2 - 2} = 2.79(\text{m})$$

结论：用焦距 $F \approx 1.63$ m 的透镜，置于距物方高斯光束束腰 2.21 m、距像方高斯光束束腰 2.79 m 处。

(3) $l_0 = 2\sqrt{2}$ m 时，$-0.5F^2 - 8\sqrt{2}F + 17 = 0$。

解得：$F = \sqrt{2}$ m；另一解为负数，为凹透镜，舍去。

由于 $F = \sqrt{2} = \dfrac{l_0}{2} = \dfrac{2\sqrt{2}}{2}$，因此，由式(3.13.10)得

$$F^2 - z_0^2 = 0$$

根据式(3.13.7)和上式得

$$l = F = \sqrt{2} \text{ m}$$

$$l' = F = \sqrt{2} \text{ m}$$

结论：用焦距 $F = \sqrt{2}$ m 的透镜，置于距物方高斯光束束腰 $\sqrt{2}$ m、距像方高斯光束束腰 $\sqrt{2}$ m 处。

3.14 非稳腔

前面章节主要针对稳定球面腔做了详细的介绍。由于稳定腔损耗小、阈值低，因此容易实现激光振荡，适用于低增益、小功率激光器。根据 3.6 节例题 1 可知，稳定腔的基模模体积小，对增益介质内反转粒子数利用率较低，因此单模输出功率不高。高功率激光器件设计中的主要问题是如何获得尽可能大的模体积和好的横模鉴别能力，以实现高功率单模运转，从而既能从增益介质中高效率地提取能量，又能保持高的光束质量。分析表明，前面描述的稳定腔不能满足这些要求，使用非稳腔是最合适的。因此，非稳腔是随着高功率激光器件的发展而发展起来的。

根据 2.2 节和 3.2 节的介绍，满足 $g_1 g_2 < 0$ 或者 $g_1 g_2 > 1$ 的光学谐振腔称为非稳腔，其中 $g_1 = 1 - \dfrac{L}{R_1}$，$g_2 = 1 - \dfrac{L}{R_2}$ 为谐振腔的 g 参数。由于非稳腔中存在着傍轴光线的固有发散损耗，而且这种损耗往往很高，因此非稳腔具有损耗大的缺点，只适用于高增益激光器。同时，非稳腔具有腔内模体积大的优点，适用于增益介质体积较大的高功率激光器。由于横模阶次越高损耗越大，因此非稳腔中高阶模的损耗更大，往往不能形成振荡，采用非稳腔可以获得基模激光输出。典型的高功率激光器件的激活物质的横向尺寸往往较大，导致其所用的非稳腔的腔镜尺寸较大，腔的菲涅耳数 N 远大于 1，在这种情况下，衍射损耗往往不起主要作用。因此，对非稳腔的研究不需要采用基于物理光学理论的衍射积

分方程方法,而是需要采用几何光学的分析方法。此外,根据 3.12 节的描述,与稳定腔中的自再现光束是高斯光束不同,非稳腔的自再现光束为普通球面波。因此本节主要基于球面波的形式,对非稳腔的光束进行深入研究。

1. 非稳腔的类型与特点

(1) 非稳腔的类型。

典型的非稳腔有以下几种。

① 双凸非稳腔。图 3.14.1 为典型的双凸非稳腔。根据 2.2 节"凹面向着腔内腔镜曲率半径取正,凸面向着腔内腔镜曲率半径取负"的原则,$R_1 < 0, R_2 < 0$,从而有

$$\begin{cases} g_1 = 1 - \dfrac{L}{R_1} > 1 \\ g_2 = 1 - \dfrac{L}{R_2} > 1 \end{cases} \tag{3.14.1}$$

由上式可知,$g_1 g_2 > 1$ 始终成立,因此所有的双凸腔都是非稳腔。

图 3.14.1 双凸非稳腔

② 平 - 凸非稳腔。图 3.14.2 为典型的平 - 凸非稳腔,此时 $R_1 < 0, R_2 \to \infty$,从而有

$$\begin{cases} g_1 = 1 - \dfrac{L}{R_1} > 1 \\ g_2 = 1 - \dfrac{L}{R_2} = 1 - \dfrac{L}{\infty} = 1 \end{cases} \tag{3.14.2}$$

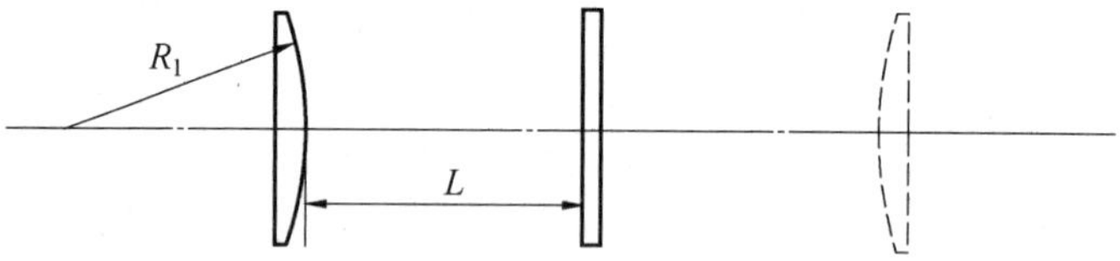

图 3.14.2 平 - 凸非稳腔

由上式可知,$g_1 g_2 > 1$ 始终成立,因此所有的平 - 凸腔都是非稳腔。

③ 平 - 凹非稳腔。图 3.14.3 为典型的平 - 凹非稳腔,此时 $R_1 > 0, R_2 \to \infty$,从而有

$$\begin{cases} g_1 = 1 - \dfrac{L}{R_1} < 1 \\ g_2 = 1 - \dfrac{L}{R_2} = 1 - \dfrac{L}{\infty} = 1 \end{cases} \tag{3.14.3}$$

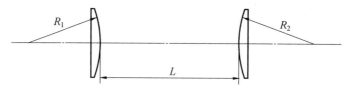

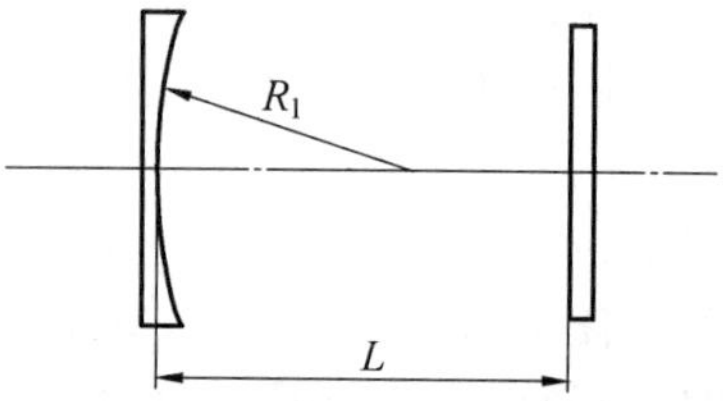

图 3.14.3 平 - 凹非稳腔

由上式可知 $g_1 g_2 < 1$,所以只有在 $g_1 g_2 < 0$ 时平 - 凹腔才为非稳腔。当 $R_1 < L$ 时,$g_1 = 1 - \dfrac{L}{R_1} < 0$,可得 $g_1 g_2 < 0$,仅在此种情况下平 - 凹腔才是非稳腔。

④ 双凹非稳腔。图 3.14.4 为典型的双凹非稳腔,此时 $R_1 > 0, R_2 > 0$,从而有

$$\begin{cases} g_1 = 1 - \dfrac{L}{R_1} < 1 \\ g_2 = 1 - \dfrac{L}{R_2} < 1 \end{cases} \quad (3.14.4)$$

由上式可知,非稳腔对应的判据 $g_1 g_2 < 0$ 和 $g_1 g_2 > 1$ 都可能满足。若 $g_1 g_2 < 0$,则要求 $R_1 > L$ 且 $R_2 < L$ 或 $R_1 < L$ 且 $R_2 > L$,因此这两种情况都可以形成非稳腔,如图 3.14.4(a) 所示。若 $g_1 g_2 > 1$,则

$$g_1 g_2 = \left(1 - \frac{L}{R_1}\right)\left(1 - \frac{L}{R_2}\right) = 1 - \frac{L}{R_1} - \frac{L}{R_2} + \frac{L^2}{R_1 R_2} = 1 + \frac{L[L - (R_1 + R_2)]}{R_1 R_2} > 1 \quad (3.14.5)$$

显然,若要上式成立,则要求 $R_1 + R_2 < L$,此时可以形成非稳腔,如图 3.14.4(b) 所示。

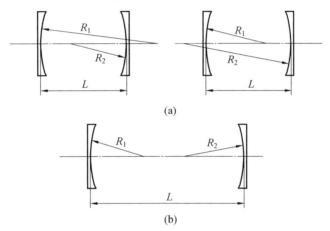

图 3.14.4 双凹非稳腔

在图 3.14.4(a) 的情况下,有一种特殊的非稳腔腔型,它的两个腔镜的焦点重合,如图 3.14.5 所示,即

$$\frac{R_1}{2} + \frac{R_2}{2} = L \quad (3.14.6)$$

根据上式可得

$$g_1 + g_2 = 2 g_1 g_2 \quad (3.14.7)$$

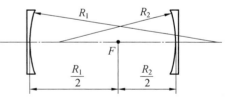

图 3.14.5 实共焦非稳腔

由图 3.14.5 可知,此时两个腔镜的公共焦点在腔内,因此该非稳腔被称作实共焦非稳腔,又称负支望远镜型非稳腔。

⑤ 凹-凸非稳腔。图 3.14.6 为典型的凹-凸非稳腔,此时 $R_1 > 0, R_2 < 0$,从而有

$$\begin{cases} g_1 = 1 - \dfrac{L}{R_1} < 1 \\ g_2 = 1 - \dfrac{L}{R_2} > 1 \end{cases} \quad (3.14.8)$$

由上式可知,非稳腔对应的判据 $g_1 g_2 < 0$ 和 $g_1 g_2 > 1$ 都可能满足。若 $g_1 g_2 < 0$,则要求

$R_1 < L$,如图3.14.6(a)所示。若$g_1g_2 > 1$,则要求$R_1 + R_2 > L$,如图3.14.6(b)所示。

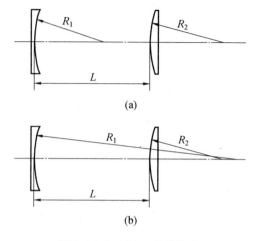

图3.14.6 凹-凸非稳腔

在$R_1 + R_2 > L$的情况下,也有一种特殊腔型,它的两个腔镜的焦点重合,如图3.14.7所示。此时对应的公式与式(3.14.6)和式(3.14.7)完全相同。由图3.14.7可知,此时两个腔镜的公共焦点在腔外,构成虚共焦望远镜系统,因此该非稳腔被称为虚共焦非稳腔。

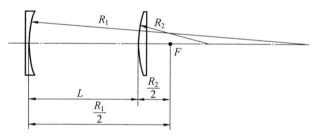

图3.14.7 虚共焦非稳腔

(2)非稳腔的一般特点。

① 可提供较大的模体积。稳定腔中的高斯光束,由于有细的束腰在腔内,模体积很小,因而工作物质未被充分利用;而对于非稳腔,由于其对光线固有的发散作用,光束甚至可以覆盖全部工作物质,因而模体积较大,工作物质利用率较高。

② 易于实现单模振荡。非稳腔由于损耗较大,因此具有极好的横模鉴别能力。

③ 可以获得一个接近理想的球面波或者平面波,压缩了发散角,对提高亮度极为有利。

基于上述特点可以看出,非稳腔适用于高增益、高功率、大工作物质体积的激光器。

2. 非稳腔共轭像点的确认

对于非稳腔,所谓"非稳",是指谐振腔对腔内行进的光束存在固有的发散作用,即沿任何方向行进的光线均不能在往返一定次数后形成闭合的振荡回路,而是在往返有限次数后必然完全侧向逸出腔外,因而损耗较大。然而,非稳腔本身仍然具有一定的稳定因素,表现为轴线上存在着一对共轭像点p_1和p_2(图3.14.8),由这一对像点发出的球面波

(在极限情况下可能是平面波)满足在腔内往返一次成像自再现条件。也就是说,从一个像点发出的球面波,在腔内往返一次(经两次反射)后,其波型将实现自再现。具体地说,图 3.14.8 中,从点 p_1 发出的球面波经谐振腔的镜面 M_2 反射后将成像于点 p_2,这时反射光就好像是从点 p_2 发出的球面波一样。这一球面波再经过镜 M_1 反射,又必然成像在最初的源点 p_1 上。因此,对腔的两个反射镜而言,点 p_1 和 p_2 互为源和像。从这一对共轭像点中任何一点发出的球面波,在腔内往返一次后其波面形状保持不变,即能自再现。

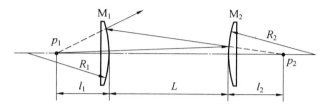

图 3.14.8　双凸非稳腔的共轭像点

下面将从球面镜的成像规律方面证明非稳腔轴线上这对共轭像点的存在性和唯一性。证明时以双凸非稳腔为例,首先假设腔轴线上存在着如前所述的一对共轭像点,然后再推导它们存在的条件。

图 3.14.8 为由曲率半径分别为 R_1 和 R_2 的镜 M_1 和镜 M_2 组成的腔长为 L 的双凸非稳腔,假设两个共轭像点为 p_1 和 p_2,p_1 与镜 M_1 的距离为 l_1,p_2 与镜 M_2 的距离为 l_2。由于非稳腔内的几何自再现波型为普通球面波,因此必须满足几何光学的成像公式(3.9.21)。p_1 点发出的球面波在镜 M_2 处的曲率半径为 $l_1 + L$,经镜 M_2 变换后,球面波曲率半径为 l_2,镜 M_2 的焦距为 $\dfrac{R_2}{2}$。因此,根据式(3.9.21),对于镜 M_2 有

$$\frac{1}{l_1 + L} - \frac{1}{l_2} = \frac{2}{R_2} \tag{3.14.9}$$

同理,对于镜 M_1 有

$$\frac{1}{l_2 + L} - \frac{1}{l_1} = \frac{2}{R_1} \tag{3.14.10}$$

从式(3.14.9)中求出 l_2 的表达式,代入上式并整理,得到一个一元二次方程

$$\begin{cases} l_1^2 + B l_1 + C = 0 \\ B = \dfrac{2L(L - R_2)}{2L - R_1 - R_2} \\ C = \dfrac{LR_1(L - R_2)}{2L - R_1 - R_2} \end{cases} \tag{3.14.11}$$

不难证明,对于双凸非稳腔有 $B^2 - 4C \geqslant 0$,因此方程有解,这说明在双凸非稳腔的条件下,共轭像点是存在的。

在双凸面镜情况下,R_1、R_2 本身为负值,解式(3.14.11)得

$$\begin{cases} l_1 = \dfrac{\pm\sqrt{L(L-R_1)(L-R_2)(L-R_1-R_2)} - L(L-R_2)}{2L - R_1 - R_2} \\ l_2 = \dfrac{\pm\sqrt{L(L-R_1)(L-R_2)(L-R_1-R_2)} - L(L-R_1)}{2L - R_1 - R_2} \end{cases} \quad (3.14.12)$$

上式分别取正号和负号可以得到两组共轭像点。设取正号的一组像点为 l_1 和 l_2，取负号的一组像点为 l_1' 和 l_2'，有

$$\begin{cases} -l_1' = l_2 + L \\ -l_2' = l_1 + L \end{cases} \quad (3.14.13)$$

上式表明两种像点是重合的；进一步研究表明，只有取正号的一对像点是稳定的。因此，舍去式(3.14.12)中负号对应的 l_1 和 l_2，最终得到共轭像点的位置为

$$\begin{cases} l_1 = \dfrac{\sqrt{L(L-R_1)(L-R_2)(L-R_1-R_2)} - L(L-R_2)}{2L - R_1 - R_2} \\ l_2 = \dfrac{\sqrt{L(L-R_1)(L-R_2)(L-R_1-R_2)} - L(L-R_1)}{2L - R_1 - R_2} \end{cases} \quad (3.14.14)$$

上式虽然是以双凸非稳腔为前提条件推导出来的，但只要符号规定正确，对各类非稳腔都适用。l_1 和 l_2 的具体符号规定为：取正号时代表像点在镜的后方；取负号时代表像点在镜的前方。

3. 各类非稳腔共轭像点及几何自再现波型的特征

（1）双凸非稳腔。

对于双凸非稳腔，如图 3.14.8 所示，可以证明

$$\begin{cases} 0 < l_1 < |R_1| \\ 0 < l_2 < |R_2| \end{cases} \quad (3.14.15)$$

表示双凸非稳腔的一对共轭像点均在腔外，因而都是虚像，并且两个共轭像点各自处在凸面镜的曲率中心与镜面之间。

对于双凸非稳腔的一个特例——对称双凸非稳腔，即 $R_1 = R_2 = R$ 时，有

$$l_1 = l_2 = \dfrac{L}{2}\left(\sqrt{1 - \dfrac{2R}{L}} - 1\right) = \dfrac{L}{2}\left(\sqrt{1 + \dfrac{2|R|}{L}} - 1\right) \quad (3.14.16)$$

因此，在双凸非稳腔中，腔内存在着一对发散的几何自再现波型，就像从两个虚焦点发出的球面波一样。

（2）平-凸非稳腔（$|R_1| \to \infty$）。

对于平-凸非稳腔，如图 3.14.9 所示，可以证明

$$\begin{cases} l_1 = \sqrt{L(L-R_2)} = \sqrt{L(L+|R_2|)} \\ l_2 = l_1 - L \end{cases} \quad (3.14.17)$$

可见，一对共轭像点都在腔外，因而也是虚像，腔内同样存在着一对发散的几何自再现波型。

如图 3.14.9 所示，一个平-凸非稳腔，等价于一个腔长为其两倍的对称双凸非稳腔。事实上，如将对称双凸非稳腔的像点公式(3.14.16)中的 L 用 $2L$ 代替，即可得到

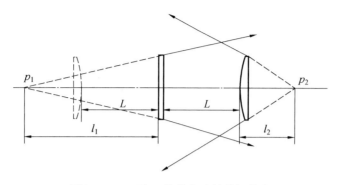

图 3.14.9　平 - 凸非稳腔的共轭像点

$$l_2 = \frac{2L}{2}\left(\sqrt{1 - \frac{2R}{2L}} - 1\right) = \sqrt{L^2 - LR} - L = \sqrt{L(L-R)} - L \quad (3.14.18)$$

用双凸非稳腔的式(3.14.16)计算所得的上式,与采用平 - 凸非稳腔的式(3.14.17)的计算结果相符。

(3) 双凹非稳腔($R_1 + R_2 < L$)。

对于双凹非稳腔,如图 3.14.10 所示,可以证明

$$\begin{cases} l_1 < 0 \\ l_2 < 0 \end{cases} \quad (3.14.19)$$

及

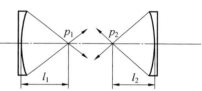

图 3.14.10　双凹非稳腔的共轭像点

$$\begin{cases} |l_1| < R_1 \\ |l_2| < R_2 \end{cases} \quad (3.14.20)$$

上式表明,两个共轭像点都在腔内,因而都是实像,这种双凹非稳腔的几何自再现波型是一对会聚与发散交替进行的球面波,像点形成了真实的会聚(发散)中心。

作为双凹非稳腔的特例,实共焦非稳腔满足 $R_1 > L, R_2 < L, \dfrac{R_1}{2} + \dfrac{R_2}{2} = L$,如图 3.14.11 所示,其共轭像点位置为

$$\begin{cases} l_1 \to \infty \\ l_2 = -\dfrac{R_2}{2} \end{cases} \quad (3.14.21)$$

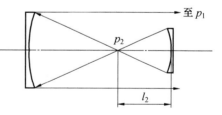

图 3.14.11　实共焦非稳腔的共轭像点

可见,无论双凹非稳腔的具体构成方式为何,都至少有一个像点在腔内,有可能两个像点都在腔内;相应的,在腔内至少存在一个会聚与发散交替进行的球面波。

(4) 凹 - 凸非稳腔。

对于凹 - 凸非稳腔,如图 3.14.12 所示,可以证明

$$\begin{cases} l_1 < 0 \\ l_2 > 0 \end{cases} \quad (3.14.22)$$

上式表明,像点 p_1 在凹面镜的"前方",p_1 点在腔内;像点 p_2 在凸面镜的"后方",p_2 点在腔外。但是存在一个特例,即满足 $R_1 > 0, R_2 < 0, \dfrac{R_1}{2} + \dfrac{R_2}{2} = L$ 条件的虚共焦非稳腔,如图

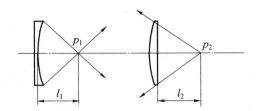

图 3.14.12 凹－凸非稳腔的共轭像点

3.14.13 所示,其共轭像点位置为

$$\begin{cases} l_1 \to \infty \\ l_2 = \dfrac{|R_2|}{2} \end{cases} \quad (3.14.23)$$

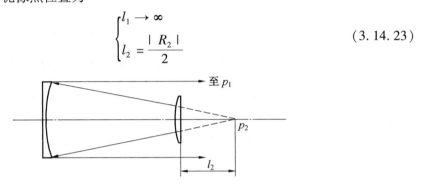

图 3.14.13 虚共焦非稳腔的共轭像点

此时,一个像点在无穷远处,另一个像点在公共焦点上;相应的,一个自再现波型是平面波,另一个自再现波型是以公共焦点为虚中心的发散球面波。

4. 非稳腔的放大率与损耗

在非稳腔中,当从共轭像点发出的自再现球面波在腔内往复反射时,其波面横向尺寸将不断扩展,最后会超出反射镜的范围,使波的一部分能量直接逸出腔外。下面从几何关系方面求解谐振腔中往返一次的波面的几何放大率。

(1) 非稳腔的几何放大率。

非稳腔的几何放大率是指自再现球面波在腔内往返一次时,其孔径扩大的倍数。研究图 3.14.14 所示的双凸非稳腔。设相当于从共轭像点 p_2 发出的腔内球面波到达镜 M_1 时,其波面恰能完全覆盖镜 M_1,即波面线度(半径)为 a_1;当此球面波经镜 M_1 反射到达 M_2 后,其波面尺寸将扩展为 a_1'。显然,球面波在腔内行进时镜 M_1 对几何自再现波型波面尺寸的单程放大倍率为

$$m_1 = \frac{a_1'}{a_1} = \frac{l_1 + L}{l_1} \quad (3.14.24)$$

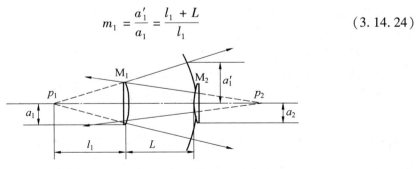

图 3.14.14 双凸非稳腔的几何放大率

称 m_1 为镜 M_1 的单程放大率。与此类似,镜 M_2 对几何自再现波型波面尺寸的单程放大率为

$$m_2 = \frac{a_2'}{a_2} = \frac{l_2 + L}{l_2} \tag{3.14.25}$$

则几何自再现波型在腔内往返一次的放大率为

$$M = m_1 m_2 = \frac{l_1 + L}{l_1} \frac{l_2 + L}{l_2} \tag{3.14.26}$$

将式(3.14.14)代入上式得

$$M = m_1 m_2 = \frac{l_1 + L}{l_1} \frac{l_2 + L}{l_2} = \frac{1 + \sqrt{\frac{L(L - R_1 - R_2)}{(L - R_1)(L - R_2)}}}{1 - \sqrt{\frac{L(L - R_1 - R_2)}{(L - R_1)(L - R_2)}}} \tag{3.14.27}$$

对于一些特殊腔型,几何放大率公式可以相应简化,例如在对称双凸非稳腔 $R_1 = R_2 = R$ 的情况下,单程放大倍率为

$$m = m_1 = m_2 = \frac{\sqrt{1 - \frac{2R}{L}} + 1}{\sqrt{1 - \frac{2R}{L}} - 1} \tag{3.14.28}$$

则几何自再现波型在腔内往返一次的放大率为

$$M = m^2 \tag{3.14.29}$$

再如在虚共焦非稳腔 $R_1 > 0, R_2 < 0, \frac{R_1}{2} + \frac{R_2}{2} = L$ 的情况下,单程放大倍率为

$$\begin{cases} m_1 = \frac{l_1 + L}{l_1} = 1 \\ m_2 = \frac{l_2 + L}{l_2} = 1 + \frac{L}{l_2} = 1 + \frac{2L}{|R_2|} = 1 + \frac{R_1 - |R_2|}{|R_2|} = \left| \frac{R_1}{R_2} \right| \end{cases} \tag{3.14.30}$$

则几何自再现波型在腔内往返一次的放大率为

$$M = m_1 m_2 = \left| \frac{R_1}{R_2} \right| = \frac{F_1}{F_2} \tag{3.14.31}$$

可以看出,非稳腔的几何放大率只与腔参数(R_1、R_2、L)有关,而与镜面的横向尺寸无关。

(2)非稳腔的能量损耗率。

显然,球面波孔径扩大的倍数越大,到达腔镜时球面波逸出腔外的能量就越多,因此几何放大率与非稳腔的能量损耗率直接相关。如图3.14.14所示,由于逸出腔外而损耗掉的能量比例,是由超出镜面部分波面的面积与整个波面面积之比决定的,因此非稳腔中腔镜 M_2 上的单程能量损耗率为

$$\xi_{1\text{单程}} = 1 - \frac{a_2^2}{a_1'^2} \tag{3.14.32}$$

由式(3.14.24),上式可改写为

$$\xi_{1\text{单程}} = 1 - \frac{a_2^2}{a_1'^2} = 1 - \left(\frac{a_2}{a_1}\frac{a_1}{a_1'}\right)^2 = 1 - \frac{\left(\frac{a_2}{a_1}\right)^2}{m_1^2} \qquad (3.14.33)$$

与此类似,由式(3.14.25),腔镜 M_1 上的单程能量损耗率为

$$\xi_{2\text{单程}} = 1 - \frac{a_1^2}{a_2'^2} = 1 - \left(\frac{a_1}{a_2}\frac{a_2}{a_2'}\right)^2 = 1 - \frac{\left(\frac{a_1}{a_2}\right)^2}{m_2^2} \qquad (3.14.34)$$

由式(3.14.33)和式(3.14.34)可得,球面波在谐振腔内往返一次的能量损耗率为

$$\xi_{\text{往返}} = 1 - \frac{\left(\frac{a_2}{a_1}\right)^2}{m_1^2}\frac{\left(\frac{a_1}{a_2}\right)^2}{m_2^2} = 1 - \frac{1}{m_1^2 m_2^2} \qquad (3.14.35)$$

将式(3.14.26)代入上式得

$$\xi_{\text{往返}} = 1 - \frac{1}{M^2} \qquad (3.14.36)$$

例题 1 对于两个腔镜曲率半径均为 $|R| = 10\text{ m}$,腔长为 $L = 1\text{ m}$ 的对称双凸非稳腔,计算其能量损耗率。

解 由于为对称双凸非稳腔,因此根据式(3.14.28)有

$$m = m_1 = m_2 = \frac{\sqrt{1 - \frac{2R}{L}} + 1}{\sqrt{1 - \frac{2R}{L}} - 1} = \frac{\sqrt{1+20} + 1}{\sqrt{1+20} - 1} \approx 1.56$$

腔内往返一次的放大率为 $M = m^2 \approx 2.43$。

根据式(3.14.36)得,腔内往返一次的能量损耗率为

$$\xi_{\text{往返}} = 1 - \frac{1}{M^2} = 1 - \frac{1}{2.43^2} \approx 0.83$$

例题 2 对于两个腔镜曲率半径分别为 $R_1 = 1.5\text{ m}$,$R_2 = -1\text{ m}$,腔长为 $L = 0.25\text{ m}$ 的谐振腔,计算其能量损耗率。

解 该谐振腔为凹 - 凸非稳腔,且满足 $\frac{R_1}{2} + \frac{R_2}{2} = L$,因此为虚共焦非稳腔。

根据式(3.14.31),腔内往返一次的放大率为 $M = \left|\frac{R_1}{R_2}\right| = 1.5$。

根据式(3.14.36)得,腔内往返一次的能量损耗率为

$$\xi_{\text{往返}} = 1 - \frac{1}{M^2} = 1 - \frac{1}{1.5^2} \approx 0.556$$

习题与思考题

1. 按照图 3.15.1 的次序,推导傍轴光线在光学谐振腔内往返传播一次的光线传播矩阵。

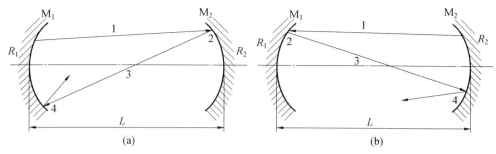

图 3.15.1　1 题图

2. 思考题:题 1 中两种次序计算的光线传播矩阵是否相同？如不同,是否影响稳定性判别？为什么？

3. 思考题:在对称共焦腔情况下,题 1 的结果是什么？并据此说明对称共焦腔的稳定性问题。

4. 现有一个采用平行平面腔的 CO_2 激光器,其腔长 $L = 100$ cm,腔镜直径 $D = 1.5$ cm,镜 1 反射率 $r_1 = 0.985$,镜 2 反射率 $r_2 = 0.8$,只考虑反射不完全引起的损耗和衍射损耗,试计算:反射不完全引起的损耗因子 δ_r、平均单程衍射损耗因子 δ_d、总的单程损耗因子 δ,以及各损耗因子对应的无源腔中光子的平均寿命。

5. 激光器的谐振腔由一面曲率半径为 1 m 的凸面镜和曲率半径为 2 m 的凹面镜组成,工作物质长 0.5 m,其折射率为 1.52,求腔长 L 的取值范围为多少时该腔是稳定腔？

6. 由曲率半径分别为 $R_1 = 2.5$ m,$R_2 = -2$ m 的凹、凸两个球面反射镜彼此相距 $L = 1$ m 组成谐振腔,腔内传播波长 $\lambda = 3.14$ μm 的高斯光束,求:

(1) 束腰半径及位置；

(2) 两镜面处光斑半径；

(3) 远场发散角。

7. 已知某高斯光束束腰半径 $\omega_0 = 1.14$ mm,$\lambda = 10.6$ μm。求与束腰相距 30 cm、10 m、1 000 m 远处的光斑半径 ω 及波前曲率半径 R。

8. 已知某高斯光束束腰半径 $\omega_0 = 0.3$ mm,$\lambda = 632.8$ nm。求束腰处的 q 参数值、与束腰相距 30 cm 处的 q 参数值,以及与束腰相距无限远处的 q 参数值。

9. 平 – 凹腔的凹面镜曲率半径 $R = 2$ m,腔长 $L = 1$ m,波长 $\lambda = 10$ μm,求:

(1) 画出其等价共焦腔的位置；

(2) 计算两镜面处光斑半径；

(3) 计算远场发散角。

10. 对称双凹腔两面反射镜曲率半径为 $R_1 = R_2 = 1.4L$,L 为腔长,求:镜面光斑半径是束腰半径的多少倍？

11. 有一平面镜和一曲率半径 $R = 1$ m 的凹面镜,问:应如何构成平 – 凹稳定腔以获得最小的基模远场发散角？并画出基模远场发散角与腔长的关系曲线。

12. 证明对于实共焦非稳腔和虚共焦非稳腔,以下关系式成立:$g_1 + g_2 = 2g_1g_2$。

13. 激光器输出波长 $\lambda = 10.6$ μm,束腰半径 $\omega_0 = 3$ mm 的高斯光束,用一焦距 $F = 2$ cm 的凸透镜聚焦,求:欲得到束腰半径 $\omega_0' = 20$ μm 和 $\omega_0' = 2.5$ μm 的高斯光束,透镜应分别放在什么位置？

14. 某高斯光束束腰半径 $\omega_0 = 1.2$ mm,$\lambda = 10.6$ μm。现用一望远镜将其准直,如图 3.15.2 所示。主镜用 $R = 1$ m 的镀金反射镜,口径为 20 cm;副镜为一锗透镜,$F_1 = 2.5$ cm,口径为 1.5 cm;高斯光束束腰与透镜的距离 $l = 1$ m。求该望远系统对高斯光束的准直倍率。

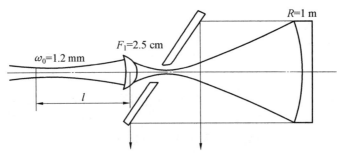

图 3.15.2 14 题图

15. 如图 3.15.3 所示,高斯光束的共焦参数为 f,在过束腰且垂直于光束对称轴 Oz 的直线上取 A、B 两点并使 $AO = BO = f$。证明:若以轴线上任一点 P 处的高斯光束的波阵面曲率半径为直径作圆,此圆必定过 A、B 两点。

16. 设虚共焦非稳腔的腔长 $L = 0.25$ m,凸面镜 M_2 的曲率半径 $R_2 = -1$ m,其横截面半径 $a_2 = 2$ cm。如果保持镜 M_2 的尺寸不变,并从镜 M_2 单端输出,试问凹面镜 M_1 的尺寸应如何选择?此时腔的往返功率损耗率是多少?

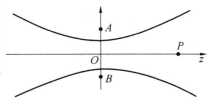

图 3.15.3 15 题图

第4章 激光的应用

从20世纪60年代激光诞生到现在,其发展已经走过了60年的历程。随着人类对激光器及激光技术基本过程的深入研究,以及各种激光器件的不断涌现,激光的应用领域持续拓宽。如今,激光在军事、民生、航天及前沿基础科学等领域发挥着重要作用,基于激光得到的成果正在影响着人类生活的各个方面。

4.1 激光在军事方面的应用

几乎每一项高端技术发展到一定成熟阶段时都会在军事方面发挥作用,激光也不例外。目前,随着激光光源及激光技术的高速发展,激光在军事方面的应用已经覆盖了包括制导、通信、定位、激光武器在内的多个领域。

1. 激光制导

在战争中,航空弹药等军事武器大多造价昂贵。早期飞行类武器的命中精度很低,摧毁一个目标通常需要进行"弹海战术",通过大量投放弹药弥补命中精度的不足。这种情况造成了巨大的军事物资浪费,增加了军事打击的成本。同时,"狂轰滥炸"式的作战方式延长了打击时间,极易错失转瞬即逝的作战时机。

制导的含义是指引和控制飞行器向目标方向或轨道行进,而激光制导就是利用激光指引并控制导弹飞向并摧毁目标。最初,红外线被用于军事武器的制导,但红外线受天气影响大,容易被云、雾等吸收,透过率较低,会影响制导的精度和效率。经研究,激光方向性强、波束窄的特点对制导极为有利,并且激光波长的可选择性好。选取不易被大气吸收的波长,结合激光本身的特点,激光制导的精度高且抗干扰能力强。

激光制导是20世纪60年代发展起来的一种新技术,随着激光的发展,目前已有多种激光制导的模式投入使用,其中半主动式激光制导应用最为广泛[2]。半主动式激光制导系统由半主动激光导引头和激光照射源组成。半主动激光导引头和激光照射源分隔两地,激光照射器向目标发射编码处理后的激光束,在目标表面产生漫反射光。导弹上配置的半主动激光导引头接收该漫反射的回波信号,持续跟踪目标激光光斑,并采集偏差信号,修正导弹的水平位置和飞行角度,实现目标跟踪制导。与其他制导方式相比,半主动式激光制导抗干扰能力强、成本低、精度高,且具备集成其他制导方式的技术条件,因此是目前最常见的激光制导方式。雷锡恩公司研制的一种便携式精确制导微型导弹——"矛头"(Pike)微型导弹就是采用了半主动式激光制导,配备了数字式半主动激光导引头,其在距目标5 m内时能够将导弹引向目标。据悉,矛头导弹还将进一步进行优化引信等改进,利用同一激光束实现多个导弹的同时制导,具备与其他导弹联网的能力。"矛头"微型导弹如图 4.1.1 所示。

图 4.1.1 "矛头"微型导弹

与半主动式激光制导相对应的是主动式激光制导。激光照射器与导引头集成在一起,共同装配在导弹上,形成弹载激光制导模块。弹载的激光照射器发射激光照射打击目标;导引头自动接收目标的反射光,对目标进行三维成像,主动识别目标类型并判断预期目标毁伤效果,进行选择性攻击。主动式激光制导具有可以自动获取目标三维几何信息的能力,环境适应能力强,成像精度高,是真正意义上实现智能化精确打击的制导方式。但主动式激光制导技术尚处于发展初期,仍不成熟,存在成像扫描速度慢、设备体积大、导引头工作不稳定等问题。

另一种近些年引起国内外军方极大重视的激光制导方式为驾束式激光制导[3]。导弹发射前,激光照射器与导弹同时安装在发射台上,激光发射导向光束(也就是激光照射驾束)照射待攻击目标。导弹发射后,驾束式激光制导的导弹在发射后进入激光照射束内,"驾"在激光束上,因此称为驾束式激光制导。光束中心一直对准目标,导弹尾部的接收器和控制系统持续接收激光信号并计算弹体相对光束中心的位置偏差,纠正弹道,最终命中目标。与半主动式激光制导相比,驾束式激光制导结构简单、成本低廉,同时导弹具有很高的飞行速度,适合对坦克和装甲目标等机型进行制导跟踪。

指令式激光制导是一种技术难度更高的激光制导方式。制导指令经过编码后控制调制器对激光进行调制,经激光照射器的发射,将编码后的激光制导指令传送至导弹,经过弹上接收系统的解调和解码,形成制导指令,控制导弹飞行,对目标实施攻击。在这一过程中,激光照射器类似于"遥控器",实现在地面遥控空中的导弹打击目标。指令式制导技术难度较高,但是整个系统比较小巧轻便,适合单兵使用,主要用于低空防御导弹。

由于激光具有优秀的光学特性,因此激光制导系统具有抗干扰能力强、结构简单、空间分辨率高等特点。但激光制导系统在抗云雾干扰方面能力仍存在不足,不能完全实现全天候工作。另外,如半主动式激光制导和驾束式激光制导一类的制导方式,在导弹命中目标之前,激光必须一直照射目标,导致激光源容易被敌方发现和遭受反击。另外,激光制导炸弹的准备工作也较为复杂,需要较多的前期数据支持。这说明激光制导技术仍需进行大幅度的发展来适应军事战场环境,如多方式协同激光制导技术及多元化攻击模式等。同时,需提升激光制导的抗干扰技术,如运用波门选通技术,在激光导引头中设置脉冲录取波门,以避免杂波的干扰。

2. 军用激光雷达

雷达是利用电磁波探测目标的一种电磁设备。激光作为一种具有特殊性能的电磁波,与传统雷达相结合,形成了一个新兴的热门研究课题——激光雷达技术。激光雷达技术集合了激光技术与雷达技术,将激光束作为信息载体,利用激光的相位、频率、振幅和偏振等参数来搭载信息,是一种主动式雷达[4]。随着激光技术的发展、激光束频率的极大提升,激光雷达发射频率较传统雷达能够提高几个数量级,频率的提升、搭载信息量的增大使激光雷达技术产生了质的飞跃。另外,激光超强的亮度、良好的方向性、极高的单色性和高相干性等特点,使激光雷达在测距、测速和跟踪等方面具有极高的分辨率,能够对更小尺寸的目标产生回波信号,在军事战场的侦察成像、障碍物躲避、化学试剂探测、水雷探测等方面有极大范围的应用。

1964年,美国率先将激光雷达应用于导弹靶场[5]。如今,已有多种用于导弹试验鉴定、航天器交会对接、火力控制、直升机防撞、水雷探测、战场侦察、化学试剂探测等方面的激光雷达走出了实验室,投入生产和装备使用[6]。

(1)侦查成像激光雷达。

激光雷达可同时获取地面及表面植被、电力线路等覆盖物的精确三维坐标,是军事上的重要侦查手段[7]。1992年,美军演示了远距离使用主动三维成像CO_2激光雷达探测识别空中和地面的目标,结合高分辨红外成像实现目标识别。

近年来,二极管泵浦固体激光雷达成像系统发展较为迅速。二极管固体激光光源不需要制冷,转换效率高,且结构紧凑、简单,能够实现雷达的小型化。这种激光雷达是采用二极管激光器和高灵敏度雪崩光电二极管或者半导体光电(PIN)探测器直接探测,对目标实现高分辨率的距离成像和强度成像。这种激光雷达系统适应环境能力强,采用的自主跟踪算法简单。这种低成本、小型化的成像激光雷达系统是目前激光成像雷达主流方向之一。早在2003年,美国麻省理工学院林肯实验室就对地面目标进行了机载的三维成像实验和机载植被穿透实验,可以有效识别林中隐蔽的坦克[8-9],如图4.1.2所示。首先是从多角度获得坦克原始点云数据后建立三维场景图,从俯视的视角只能识别出树冠却看不到下面的坦克;之后是对三维场景的处理,最终将树冠层隐去后露出隐藏在树下的坦克,实现了对伪装坦克的精确探测和识别。

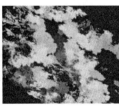

图4.1.2 林中隐蔽坦克的识别提取

2016年,美国麻省理工学院光子微系统研究团队在美国国防部高级研究计划局(Defense Advanced Research Projects Agency,DARPA)的支持下,研制出了体积小于十美分硬币的微型单片集成激光雷达传感器[10],如图4.1.3所示。这种集成在芯片上的激光雷达控制方法简单,并有望通过集成光子学产业的晶片规模制造方法,将规模扩大到数百万个单元,实现激光雷达的高度集成。该激光雷达基于图4.1.4所示的光束转向架构。其中近红外激光通过光纤耦合到芯片上,激光穿过马赫-曾德尔干涉仪开关树形成的光开关矩阵,然后被光纤馈送到一个平面透镜中,透镜既可准直激光也可将激光转向,通过光栅将其散射到平面外。10美元左右的生产成本及极小的体积,使得在无人机等小型飞行器上装载激光雷达实现更多功能成为可能,极大提高了作战精度和灵活度[11]。

图4.1.3 微型激光雷达芯片与十美分硬币的对比

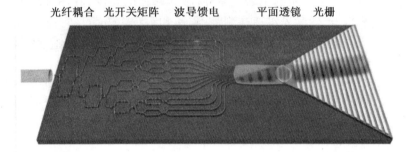

图4.1.4 激光雷达芯片的光束转向架构示意图

我国的激光雷达成像技术近些年逐步发展了起来。其中,哈尔滨工业大学研究的条纹管激光成像雷达系统[12]、浙江大学研究的面阵激光成像雷达系统,以及南京大学研究的线性扫描雪崩光电二极管(avalanche photodiode,APD)阵列激光成像雷达系统作为国内激光成像雷达的代表,都有较好的发展。哈尔滨工业大学研制的条纹管激光三维成像雷达可以根据目标上不同距离点激光回波信号的飞行时间不同,在条纹管的高速偏转场作用下,在荧光屏上显示出相对位置不同的条纹图像,利用条纹的相对距离解算出目标图像。

(2) 水下探测激光雷达。

早在20世纪60年代,激光问世的初期,第一个激光海水测深系统就研制成功了。迄今为止,用于水下探测的激光雷达不再仅仅具有测深功能,其已被广泛应用于海洋环境和水下目标的探测。1988年,美国一艘护卫舰被水雷击沉,此后美国Kaman航天公司开始研制机载水下探测激光雷达"魔灯"(magic lamp)。"魔灯"可以在海面500 m以下的深度工作,低空分辨率和信噪比较高。探测时只需使用机载激光器向海面发射激光脉冲,就可以显示水下目标的形状等特征,实现快速定位。该激光雷达在海湾战争中成功发现了水雷,降低了美军的损失。美国海军的另一种水雷搜索激光雷达ATD-111由桑德斯公司研制,能够安装在SH-60"海鹰"直升机上。美国Northrop公司研制的ALARMS机载雷达探测系统能够实时主动检测并显示可疑的水下目标,可以全天候工作,三维定位能力和定位分辨率高。

(3) 直升机避障激光雷达。

高速直升机在低空飞行时面对的飞行环境和气象条件非常复杂,会危及飞行安全。具有避障功能的激光雷达能够提升直升机低空快速飞行的安全性,是直升机飞行安全的重要技术手段之一。其原理是激光雷达采用高重频激光器发射激光脉冲,结合大范围扫描系统对飞机前方一定视场内的区域进行扫描探测,从而获得目标区域障碍物的距离、方位及三维几何结构信息,为飞机的障碍规避和路径规划提供数据支持[13]。在实际应用中,需要考虑避障激光雷达和直升机机动特征相匹配,对避障的预警时间及雷达的主要性能参数进行分析权衡。直升机避障激光雷达目前是非常顶尖的科技设备,我国的"直-20"直升机上就搭载了激光避障系统,这使得"直-20"直升机的性能大幅提升,挺入全球先进直升机行列。

(4) 生化污染探测激光雷达。

生化武器是战场上杀伤力极大的一种军事武器,传统的生化污染探测装置是由真人操作的。士兵一边探测一边前进,探测速度慢,且存在人身安全风险。由于不同的生化污染物质只吸收某特定波长的电磁波,因此根据这一特性,以及激光器波长的可调谐性,可以将激光雷达技术应用于生化污染的遥测识别[14]。它能充分发挥激光高单色性、高相干性和高指向性等优点,利用化学毒剂分子对激光的吸收、散射等作用实现对化学毒剂的远距离主动监测。其探测距离可达数公里甚至数十千米,可以全方位、实时对战场上的大气环境进行监测[15]。根据激光雷达接收目标信号方式的不同,侦测系统可分为双端侦测系统和单端侦测系统。根据战场使用的需求,目前的生化污染探测激光雷达主要采用的是主动式单端侦测系统,该系统又可分为直接探测差分吸收激光雷达系统、外差探测差分吸收系统及拉曼(Raman)激光雷达系统。由于生化武器的拉曼散射截面较小,因此拉曼激光雷达系统在该领域与实际要求还存在一定差距。国际上主要大力发展的是差分吸收激光雷达系统[16]。

(5) 大气监测激光雷达。

大气监测激光雷达的主要用途是测风和测湍流。在高空投掷炸弹或其他兵器时会受到风的干扰,通过激光测量大气中颗粒的后向散射实时测量风场,调整投掷点,补偿风的影响,可以实现从3 000 m高空进行精确投掷。此外,飞机机尾的湍流会给周围的其他飞行器带来危险,利用激光雷达对湍流进行远距离的探测,可为军用飞机提供安全保障,规避风险。另外,B-2轰炸机配备的激光雷达,采用低截获概率的激光发射和接收端口,能够检测到隐形轰炸机的凝结尾流,一旦探测到突然出现的信号就立刻预警。

3. 激光测距

前面介绍的激光雷达同样具有激光测距的功能,但激光雷达通常集成了其他如功能(如成像、导引等),因此其中的部件及激光光源与专门的激光测距仪存在一定差异。激光测距仪对光源的相干性要求较低,可实时测量观测者相对于目标的距离,在战机、坦克、装甲车、船舶等载具上均有广泛应用。例如在装甲车上的火炮或者机枪,想对目标实施有效打击,距离信息是至关重要的。传统的目测距离及光学分化测距的准确性较低,因此首发命中率较低[17]。随着激光的问世,激光测距仪已经成为各种装甲车及众多武器的主要测距方式。激光良好的特性能够实现对目标的点对点测距。其主要工作原理为:由激光发射系统通过望远镜系统向待测物体发射准直的激光光束,利用激光接收系统通过凸透镜将回波信号会聚到雪崩光电二极管上,实现激光信号的探测接收,完成光信号到电信号的转换,并通过记录激光往返时间得出目标的距离。除陆地上的军事交通工具外,船载激光测距仪同样有着广泛的应用[18]。目前,船载激光测距仪通常为脉冲式激光测距仪,影响测距精度的因素主要有脉冲激光的脉冲宽度、光波传播速度的测量精度、大气折射率、时钟频率误差、计时误差、仪器测量误差等。特别是船舶长期处于动态或震动的特殊环境,使得激光发射光轴和接收光轴的平行度、电子线路漂移、振荡频率和频率稳定性等方面容易受到影响,给激光测距仪的工作带来较大困难。因此,船载的激光测距仪的检定频率较高,检定周期一般不超过一年。检测船载激光测距仪精度需要建立激光测距专用的标定环境或者将其拆下后送到指定机构进行激光测距仪精度检测。如采用校飞方法检测船载激光测距仪精度[19],用载有激光合作目标的飞机,按规划路线航行,被检测的激光测距仪和作为比较的设备同时跟踪飞机,通过飞行试验评估激光测距系统的精度。另外,还可在码头附近标校塔上安装已知高精度坐标的激光合作目标,借助船舶出航,利用激光测距仪实时跟踪激光合作目标,实时测量二者之间的距离,同时测量船舶上的高精度全球导航卫星系统(global navigation satellite system,GNSS)接收机实时记录原始观测数据。之后经过精密单点定位获得测量船舶到合作目标的距离,将该距离作为比对标准进行激光测距仪的精度检测。

对于激光测距来说,回波信号的特性变化直接影响测量结果的精度[20]。尤其当目标的姿态变化时,回波信号的延迟、展宽及幅度均存在不同的变化,对测量精度影响尤为显著。因此,回波信号的畸变是激光测距领域的一个热点话题。国内外学者对脉冲激光特性都做了大量的研究,包括以平面大目标为目标模型分析脉冲激光回波特性、测距误差及任意入射角度下的回波特性等。

4. 激光武器

激光的高准直性和高亮度让人们"以光为武"的梦想成为现实。目前,可应用于实战的激光武器主要包括进行硬毁伤或远距离干扰的化学激光及车载平台使用的小型化固体激光[21]。其中化学激光器是目前效率较高、技术较成熟的激光器。美军研制的反导型"机载激光器"和用于对战术目标实施精准打击的"先进战术激光"系统都采用了氧碘化学激光器。然而化学激光器在实战部署存在困难,这是由于它的结构复杂庞大、重量大,战术作战飞机无法搭载。同时化学染料有毒性和腐蚀性,维护较为烦琐且成本高昂。和化学激光器相对的,固体激光器是全电能驱动的紧凑型小型激光器,它的效费比更高,且可以多制式输出。但是激光的增益介质在高功率泵浦时产生较大的温度梯度会导致热应力和热畸变,从而导致光束质量的退化及增益介质的损耗。图4.1.5为美国生产的高功率光纤激光器用的增益光纤被缠绕在散热器上[22]。

图4.1.5　高功率光纤激光器用的增益光纤被缠绕在散热器上

近年来,新概念武器领域装备技术研发持续发展,其中激光武器作为一个主要的研究课题,得到了广泛的关注。2021年,美军陆军快速能力和关键技术办公室公布了定向能战略,该战略计划在2022年交付一个50 kW级的定向能机动近程防空激光器原型;在2022年执行300 kW级激光间接火力保护－高能激光技术演示,并在2024年交付原型。2021年3月,日本国防部下属的防卫研究所发布了《东亚战略评估2021》报告,呼吁政府重点开发激光武器系统等先进军事技术进行反导防御[23]。2015年以来,我国的科研院所和厂家在激光武器方面同样取得了巨大的成就。LW – 30型战术激光武器功率可达30 kW,该系统由激光武器车、雷达通信车等组成,可以快速拦截无人迫击炮弹和火箭弹等,并能够在6 s内转移目标,单次打击成本低,极具性价比和竞争力[24]。

激光武器所涉及的参数主要有两个,即激光发射到目标上的功率密度与光斑直径。可以用以下公式表示:

$$P_0 = 0.21 \left[\tau_0 \left(\frac{D}{d} \right)^2 \right] \left[\tau_0 \left(\frac{D_0}{n\lambda} \right)^2 E \right] \tau_a \frac{1}{L^2} \qquad (4.1.1)$$

式中,P_0为目标上的功率密度;d为目标上的光斑直径;D_0为激光光学发射系统望远镜口径;τ_0为光学接收系统的总透过率;τ_a为大气平均透射率,主要取决于当地大气成分与气象条件,与仰角有关;n为激光束衍射极限倍数;λ为激光波长;E为激光功率;L为目标距离。只有激光功率密度P_0达到或超过目标的破坏阈值时,才能产生破坏效应。理论上,功率密度P_0越高,目标损伤越大;而目标上的光斑直径d越大,越容易跟踪目标。所以理想情况下希望P_0和d都增大,这就要求激光的功率E增大。在功率密度不低于破坏阈值的前提下,可以通过减小波长、提高光束质量和加大主镜直径的方式来增大功率。这就是目前只有化学激光器和固体激光器适用于激光武器领域的原因。

目前激光武器在军事战场应用广泛,可搭载于飞机、船舶、车辆等,下面主要介绍舰载[25]和机载激光武器。

(1)舰载激光武器。

舰载激光武器能够通过发射高能强激光辐照目标,短时间内在目标表面形成能量的快速叠加和积累,从而实现目标毁伤。其作战过程主要分为三个时间极短的阶段。首先是发现和捕获作战目标,其次是跟踪和锁定作战目标,最后是对作战目标进行打击。图4.1.6为舰载激光武器单舰自防御作战的示意图。舰载激光武器单舰自防御通常在舰艇远海作战、缺乏岸基火力支持或者单独执行任务的情况下使用。这种情况下激光武器可以充分发挥自身特长,同时还能够集成进常规的武器系统协同作战,形成立体多层火力打击网。此模式下舰载激光武器对目标的杀伤区域近似于半球体,其最大杀伤半径取决于目标特性及物体系统作战功率和跟瞄能力。

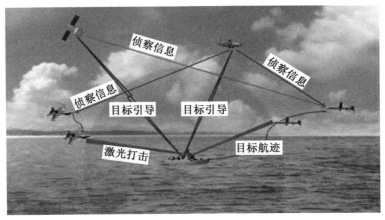

图4.1.6　舰载激光武器单舰自防御作战示意图

（2）机载激光武器。

机载激光武器是以飞机为平台的激光武器,可以应用于预警机、轰炸机、运输机、加油机、战斗机等各种空中平台,远距离干扰来袭导弹导引头、机载光学传感器等光学敏感目标,近距离硬毁伤弹体、机体结构,消除来袭导弹、飞机等典型空中威胁,和常规武器相结合可以大幅提高飞机的生存和攻击能力。图4.1.7为美国机载激光武器(airborne laser, ABL) 布局,系统由波音747客机改装而来。

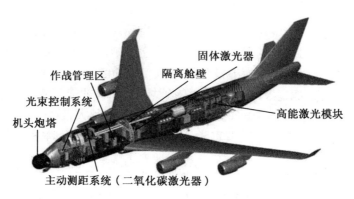

图4.1.7　机载激光武器布局

20世纪80年代,随着激光技术的快速发展,兆瓦级氟化氘激光器和氧碘激光器及捕获、跟踪、瞄准技术和光学反射镜制造技术不断取得突破。美军在海湾战争结束之后针对不断扩散的弹道导弹威胁,提出了ABL计划,用于拦截敌方助推段弹道导弹,并于2010年进行了助推段导弹拦截演示,摧毁了80 km外的液体弹道导弹,这是机载激光武器作战能力的首次演示,对于机载激光武器的实战化应用具有重要的意义。但由于资金和技术问题,ABL计划最终未能达到预期目标。与其同时进行的先进战术激光武器(advanced tactical laser, ATL)计划则走得更远,其计划采用成熟的万瓦级氧碘激光器和光束控制系统开展集成,研制新型的激光发射系统,安装到作战飞机平台上,对地面目标进行精准打击。由于ATL所采用的技术相对成熟,因此先于ABL完成了演示,于2009年成功击毁了15 km以外的地面车辆。这标志着机载激光武器发展重心开始向战术运用转移。随后,美国逐渐将激光武器由大平台向小平台转变、由化学激光器向固体激光器转变、从试验演示向真正的武器装备转变。相对于地基、舰载和车载平台,机载的条件最为苛刻,解决激光武器的机载问题,可以将技术复制给其他平台,制造更大规模的激光武器系统。

4.2　激光在民生方面的应用

随着激光技术及相关产业的飞速发展,在20世纪后期,激光已经开始进入民用阶段。截至目前,激光在生物医学、能源环境和车辆交通方面都有着无可替代的作用。

1. 激光在生物医学方面的应用

从激光诞生以来,经过60多年的发展,激光医学已经初步发展成为一门系统比较完整且相对独立的交叉学科,激光技术在医学中发挥着越来越重要的作用。目前,在临床应用方面激光医学主要包括强激光治疗、光动力治疗及弱激光治疗三大激光治疗技术,同时在医学检测方面发展了光学相干层析成像(optical coherence tomography, OCT)、光声成像、多光子显微成像、拉曼成像等众多高灵敏度、高分辨率的激光诊断技术。激光是一门交叉性极强的学科,随着化学和生物学等相关学科的发展,生物探针和靶向标记技术快速崛起,激光光学与材料学、纳米技术、生物技术的相互交叉融合逐渐成为激光在生物医学方面应用的主流课题[26]。

(1) 激光临床治疗。

激光临床治疗目前已成为一门独立学科,研究利用激光治疗临床各科有关疾病的基本原理、具体方法和基本规范。其中强激光治疗是目前最成熟的激光治疗手段之一。激光临床治疗的本质是激光与物质的相互作用,强激光治疗领域目前主要是利用激光的光能转化为热能的效应,对生物组织进行凝固、汽化或者切割来达到消除病变组织的目的。它的优点是出血少、操作定位精确、非接触式、无菌、对周围组织损伤小等,在临床应用中迅速普及,成为激光医疗领域最为成熟的分支。目前,强激光治疗主要应用于眼科、皮肤科、泌尿科、消化科、口腔科、耳鼻喉科等。以飞秒激光为代表的超快激光是目前进行强激光治疗主要使用的光源。

飞秒激光技术是激光领域的一个重大突破。凭借这种超短、超强的激光脉冲技术——啁啾脉冲放大技术,法国科学家莫罗和加拿大科学家斯特里克兰获得了2018年的诺贝尔物理学奖[27]。而与飞秒激光有关的第一个诺贝尔奖却在很早之前就诞生了。早在1974年,埃里希等人通过染料激光器第一次获得了飞秒激光脉冲。20世纪80年代末,飞秒激光技术开始快速发展。美国加州理工学院的艾哈迈德将飞秒激光应用于原子的观测,开创了"飞秒化学"领域。他通过飞秒激光为化学反应用的原子运动"拍照",为人们理解和预测重要的化学反应做出了重大贡献,并因此获得了1999年的诺贝尔化学奖。如今,飞秒激光在临床治疗方面发挥了巨大的作用。飞秒激光在透明生物组织中可以无衰减地传输到聚焦点,对周围组织造成的热损伤非常小并且切割精度高。和传统治疗手段相比,飞秒激光手术具有更高的准确性、安全性和稳定性,是相对完美的临床治疗方法。这是因为飞秒激光的瞬时峰值功率非常高,甚至比全世界发电总功率还高出百倍。并且飞秒激光能够聚焦到比头发直径还小的空间区域内,使得电磁场的强度比原子核对其周围电子的作用力更高,远超过原子内部作用的库仑场,轻易剥离电子使其摆脱原子核的束缚。尤其是在眼科治疗领域,眼部神经血管丰富,手术需要"稳""准""狠",而飞秒激光这把"激光刀"能够实现只对聚焦点区域产生作用,不影响周围的生物组织。近年来,针对飞秒激光进行医学治疗的基础研究也取得了很大进展。2022年1月21日,国际顶级学术期刊《科学》刊登了浙江大学关于飞秒激光诱导的空间选择性微纳分相和离子交换规律的研究成果[28],对飞秒激光与物质相互作用过程中的物理化学动力学过程进行了深入研究,并在玻璃中实现了具有可调谐成分和带隙的钙钛矿纳米晶3D直写。

与强激光治疗相对应的是弱激光治疗(low level laser therapy, LLLT),指激光作用于生物组织时不造成不可逆的损伤,但还能够刺激机体产生一系列的生化反应,对组织和机体起到调节、增强或者抑制的作用,从而达到治疗疾病的目的[29-30]。LLLT使用的激光功率密度通常在毫瓦量级,其最大的特点是患者无创无痛。随着半导体激光器的发展,以红光和近红外光波段为主的多种波长激光被应用于LLLT,在内科、外科、妇科、儿科、眼科、耳科、口腔科等多个临床科室发挥着重要作用。目前LLLT主要使用的光源为He－Ne激光器或者半导体激光器,波长在红外和近红外波段,主要采用连续输出的模式。随着新激光光源的涌现,以及人们对激光与物质相互作用机理的深入理解,LLLT的应用领域也在不断拓宽。近年来,LLLT在神经退行性疾病的预防和治疗方面取得了一定进展,开辟了一个很有前景的新方向,这种发展趋势对弱激光治疗中的激光光源小型化和可穿戴性也提出了更高的要求。随着技术的发展,激光将更贴近人们的日常生活,而不再只是实验室中的科研工具。

另一种近些年逐渐发展起来的一种激光临床疗法——光动力疗法(photo dynamic therapy,PDT),是利用光动力效应进行疾病诊断和治疗的一种新技术。它的基本过程是:生物体组织首先吸收光敏剂,之后用特定波长的激光照射使光敏剂处于激发态,激发态的光敏剂随之将能量传递给周围的氧,生成单态氧,单态氧和相邻生物大分子发生氧化反应产生细胞毒性作用,进而导致细胞受损乃至死亡。光动力疗法为治疗肿瘤的一个新兴方法,它的创伤小、毒副作用低、选择性好、可协同治疗,并能够保护重要器官不受损伤。光动力疗法常采用的照射光源是可见红光,常用的光源发射器为半导体激光器、He－Ne激光器等。激光的高相干性和高单色性在光动力治疗中的重要性是其他光源所不能比拟的。近年来我国在光动力治疗方面的进展很大,其中不乏《自然》子刊等顶级期刊的报道[31-32]。

(2) 激光的生物体检测。

激光的生物体检测通常是指激光的生物体光谱检测。通过测量激光照射在生物体时的吸收、散射和荧光等光谱,来定性或定量地判断生物体样本的信息。这种测量技术逐渐发展成为病理诊断的方法,称为光学活检(optical biopsy)。传统的活检是将组织的一部分切除并做切片,利用显微镜等器材对它的病理进行诊断,这是一种侵入式的诊断;而光学活检则是一种非侵入式的检测手段。

具体来说,激光光谱的生物体检测实质上是利用从组织体反射、散射或者发射出来的光,经过适当的方法探测及信号处理,获取组织内部的病变信息,从而达到诊断疾病的目的。例如,拉曼光谱技术就是在生物医学领域应用很广的检测手段。拉曼光谱技术基于拉曼散射,是由印度物理学家拉曼首先发现的,其也因此获得了1930年的诺贝尔物理学奖。拉曼散射的基本过程是:单色光束的入射光子与分子相互作用时可以产生弹性碰撞和非弹性碰撞。在弹性碰撞过程中,光子只改变运动方向而不改变频率,光子与分子之间没有能量交换,这种散射过程称为瑞利散射;而在非弹性碰撞过程中,光子与分子之间发生能量交换,光子不仅改变了运动方向,同时还将一部分能量传递给分子,或者分子的振动和转动能量传递给了光子,从而改变了光子的频率,这种散射过程称为拉曼散射。也就是说,产生拉曼散射的原因是散射分子的转动能级和振动能级发生了变化,从而导致散射光子的频率与入射光子不同。因此,不同物质的拉曼散射光谱与自身的分子结构有关。

拉曼光谱检测是一种无损、非接触式的快速检测技术。拉曼样品用量很少,不需要对生物样品进行固定、脱水、包埋、切片、染色、标记等复杂的前处理程序,操作简单,而且不会损伤样品,从而可以获得样品最真实的信息[33]。拉曼光谱在生物组织与疾病中的研究非常广泛,涵盖了几乎所有的软组织和硬组织,如脑组织、肺组织、肝组织、骨组织等。在空腔组织

(如肺、胃、结肠等)中,可以将光纤包埋在内窥镜中实现拉曼光谱的活体实时检测。拉曼光谱可以从分子水平提供信息,这对于很多疾病研究有着重要意义。当疾病还处于早期阶段时,宏观的组织结构上未见病变,通过对拉曼光谱的研究可以得到一些早期的病变信息。通过研究拉曼光谱可以获得细微的化学结构信息。比如早期肿瘤,其脱氧核糖核酸(DNA)含量会急剧增加,拉曼检测可以捕捉到这些细微变化。拉曼光谱的诊断方式主要在于寻找正常样本和癌变样本之间的拉曼特征峰差异,图4.2.1 为不同食管组织的拉曼光谱[34]。从图中可以看出,食管肿瘤组织和食管正常组织的光谱结构有明显差异。比较 1 650 cm^{-1} 附近的峰位变化,结果能够为医师提供辅助诊断。对于一些特定的生物样本,正常样本与癌变样本之间的拉曼特征差异不是很明显,因此需要各种拉曼光谱增强技术使原有特征峰隐藏的差异性显现出来。

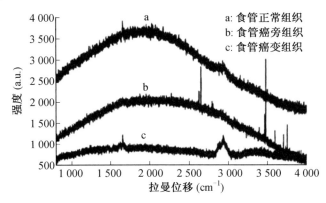

图 4.2.1　不同食管组织的拉曼光谱

1974 年,弗莱舍曼(Fleischmann)等人对光滑银电极表面进行了粗糙化处理后,首次获得了吸附在银电极表面上单分子层吡啶分子的高质量拉曼光谱。随后 Van Duyne 及其合作者通过系统的实验和计算发现,吸附在粗糙表面上的吡啶分子的拉曼散射信号与溶液中的吡啶分子的拉曼散射信号相比增强了 6 个数量级,表明这是一种与粗糙表面相关的表面增强效应,被称为表面增强拉曼散射(surface enhanced Raman scattering, SERS)效应。2020 年,厦门大学化学化工学院任斌教授课题组在《自然评论物理学》上发表了关于表面等离激元增强拉曼光谱(plasmon enhanced Raman spectroscopy, PERS)的综述,总结了 PERS 在生物分析领域的重要应用及发展前景[35]。

除了拉曼光谱这种激光散射谱的检测手段外,吸收谱和荧光谱同样作为激光生物体检测的重要手段被广泛应用,如利用近红外光谱的代谢功能测量及利用激光诱导荧光光谱对浮游菌建立实时监测系统,以及对早期结肠早癌进行诊断等。

(3) 激光生物体样品成像。

对宏观和微观生物体成像是了解生物体组织结构、阐明生物体各种生理功能的重要研究手段。成像离不开光,激光在这一领域同样发挥着重要的作用。激光共聚焦显微镜是用于细胞荧光成像的有效工具。与传统光学显微镜相比,激光共聚焦显微镜具有更高的分辨率,实现多重荧光的同时可观察并形成清晰的三维图像。其可以对活细胞组织或者细胞切片进行连续扫描,获得精细的细胞骨架、染色体、细胞器和细胞膜系统的三维图像。图 4.2.2

是激光共聚焦显微镜的原理示意图。以激光作为光源,通过照明针孔在样品的某一个深度形成一个点光源,对标本焦平面的每一个点进行扫描,照射点的反射光被物镜收集并且通过光路返回,经过光束分离器后进入探测针孔,然后被引导至光电倍增管。焦平面内各个像素点的荧光强度被收集、放大,然后显示在计算机上,产生高清晰度的图像。由于照明针孔和探测针孔相对于焦平面是共轭的,来自焦平面的光会聚在针孔内,而样品中高于或低于焦平面的反射光及杂散光均被滤除,保证了来自焦平面的唯一信息到达探测器,极大提高了观察生物样品的清晰度。如果在显微镜的载物台上加一个高分辨率的步进电机,可以控制载物台实现微米级别的上下移动,则可以实现生物样品的连续断层扫描,而无须对样品进行任何切割,实现"光学切片"的目的。因此激光共聚焦技术又称为"细胞CT"。图4.2.3为细胞微丝的激光共聚焦切片成像[36]。

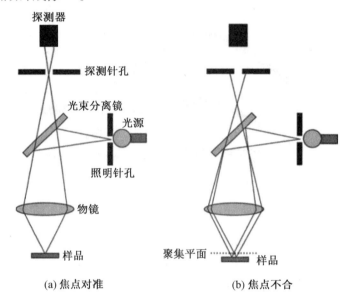

图 4.2.2　激光共聚焦显微镜的原理示意图

图 4.2.3　细胞微丝的激光共聚焦切片成像

飞秒技术的快速发展推动着激光生物体成像步入更加尖端且成熟的阶段。基于飞秒激光光源的双光子荧光显微镜是继激光共聚焦显微镜之后又一个生物成像领域的技术飞跃。双光子激发荧光这个理论是1931年由玛丽亚·格佩特-梅耶在她的博士论文中首先提到的,但在30多年之后,她的理论研究才被实验室的可观测现象证实。双光子显微镜的工作原理是瞬时对荧光蛋白摄入高密度光子,荧光蛋白分子可以同时吸收两个光子,并产生类似倍频效应的特性,实现在观测深度和成像清晰度上质的突破。1990年W. Denk等制造出了第一台双光子扫描荧光显微镜[37]。双光子荧光显微镜极大弥补了传统激光共聚焦显微镜观测深度浅、清晰度差的缺点,让研究人员能更加直观地观测和还原样品的形貌。图4.2.4为共聚焦(单光子)和双光子成像的效果对比图,明显可以看出,共聚焦成像一般能够达到200 μm的深度,而活体生物组织中双光子成像能够达到750 μm甚至1 mm的深度。如果做过透明化处理,双光子成像可以达到4～8 mm的成像深度。近年来,此类显微镜已经向手持型等小型化方向发展[38],这将推动双光子成像技术在术中肿瘤检测、癌症预防等医疗领域的应用。

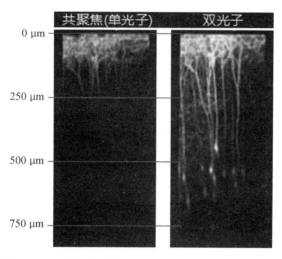

图4.2.4　共聚焦(单光子)和双光子成像的效果对比

光声结合是实现深层生物组织动态成像的又一创新手段。使用光学检测的方法可以有效分析待测组织的化学成分,但分辨率会随着进入生物组织的深度增加而迅速降低。超声波的散射强度比光波小很多,因而可以进行较深生物组织的检测。将以上两者相结合,就是光声成像技术。2020年,加州理工学院团队开发了一种新的超声辅助的荧光成像(fluorescence and ultrasound-modulated light correlation, FLUX)技术,可以透视不透明介质,实现生物组织中的动态成像[39]。具体过程如图4.2.5所示。激光束首先激发样品内的荧光物质,同时聚焦的超声波调制焦点处的光子。所产生的荧光和超声调制光由分色镜隔开,分别由光电探测器和相机同时测量。在位置1,超声焦点与荧光物质重叠;在位置2,超声焦点远离物体。由于活体组织中的每个点(细胞)都是随着时间随机运动的,所以受激光激发产生的荧光可设为$F(t)$,而受超声波激发的荧光可设为$U(t)$。如果激光和超声波同时打在同一个点上,则$F(t)$和$U(t)$发生相长干涉,反之则发生相消干涉。

X射线激光的生物样本成像随着大型短波长光源的建立而逐渐登上前沿科技的舞台,超强超短X射线脉冲允许在辐射损坏之前对小的结构进行衍射成像。在斯坦福的飞秒硬X射线激光装置(linac coherent light source, LCLS)上,不乏相关的高质量报道。2011年,Chapman等人在《自然》上报道了利用飞秒X射线在膜蛋白的一系列纳米晶体上获得了超过300万张衍射图,并为该蛋白生成了三维数据集[40]。Seibert等人在《自然》上报道了将一

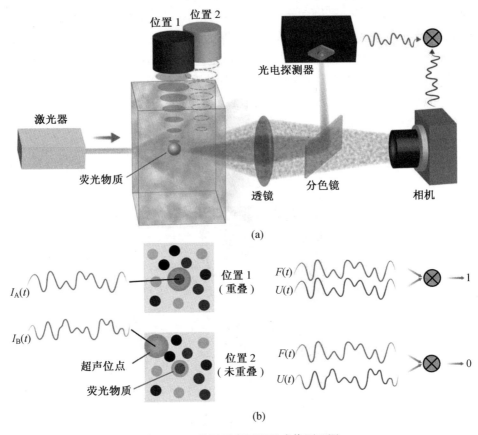

图 4.2.5 装置示意图以及成像原理图

束冷却的类菌病毒颗粒注射进 X 射线束中获得非晶体生物样本图像的研究成果[41]。目前,LCLS 以低温超导方式实现的高重频 X 射线线路即将出光,将为生物体微纳结构成像贡献更多力量。

2. 激光在能源环境方面的应用

(1) 环境监测雷达。

1994 年,激光雷达空间技术实验(lidar in space technology experiment, LITE) 的出现,实现了人类通过激光雷达对大气环境的观察与研究[42]。在一些欧美国家,常有一套用于大气环境监测的激光雷达系统。目前已知的经常用于大气监测的雷达有地基固定式雷达和车载式激光雷达。在一些发达国家,逐渐采用机载式激光雷达进行大气环境和污染物的监测。目前,我国在大气环境的激光雷达技术方面的研究已有 30 年之久,取得了很大进展。其中紫外差分吸收(UV – DIAL) 激光雷达是我国第一台用于观测平流大气层与臭氧层的雷达系统。

臭氧层对地球上的生物有良好的保护作用,能够减少紫外线带来的伤害。随着工业的发展,臭氧层的含量逐渐降低,这种降低趋势会导致地表的温度下降。要应对这一状况的发生,就要对臭氧层进行实时观测,而激光雷达可以帮助人们科学地监测大气中臭氧层的变化。另外,在大气层中有一种被称为"气溶胶"的颗粒物,其是造成大气环境污染的主要因素。气溶胶是一种在气体介质中以液态或者固态存在的且具有分散性的胶体体系,它主要因为吸收辐射而形成云团,所以能够对地球局部的气候产生影响。虽然气溶胶在大气中含量较少,但对环境的影响不可忽视。在针对气溶胶的探测进行研究时,可以选择散射激光雷达探测,对大气层中的气溶胶、云团进行快速识别,以达到良好的检测作用。目前,利用紫外多波长激光雷达可以实现对臭氧和气溶胶的同时监测。臭氧的哈特莱吸收带波长位于紫外波段,激光发射系统使用 $Nd:YAG$ 固体激光器经过 CO_2 拉曼管作用后可以产生波长分别为 276 nm、287 nm 和 299 nm 的激光,激光经扩束镜扩束后垂直发射至大气,再由望远镜接收激光束的弹性后向散射光,经光栅光谱仪分光后,由光电倍增管将接收的光信号转换为电流信号进行数据采集,并将采集的原始信号存储在计算机中[43]。通过这一过程,对雷达数据进行预处理后反演得到气溶胶的消光系数和臭氧浓度廓线。

利用散射型激光雷达能够对大气环境的温度、湿度进行高分辨率的探测。大气散射中的散射光谱信号一般包括:瑞利散射、米氏散射、拉曼散射和布里渊散射。其中基于瑞利散射的激光雷达对于大气环境的温度、湿度具有良好的探测能力。相对于拉曼散射信号,大气散射信号中瑞利散射的强度较大。因此在激光雷达大气探测系统中,通过获取瑞利散射光谱来实现温度的测量,比较容易达到较高的探测信噪比要求,并且能够实现全天候的探测。1980 年,Hantchecorne 等人提出利用瑞利散射激光雷达实现对大气温度的测量,方法是测量出大气密度,根据气体状态方程和静压方程推导出大气密度与温度之间的关系,进而获得大气温度廓线。近年,中国科学院安徽光学精密机械研究所提出了一种基于 3 个法布里 – 珀罗标准具和偏振技术的紫外高光谱分辨率激光雷达系统,降低了测量误差,提高了检测精度,对大气对流层到平流层的风、温度和气溶胶光学特性进行了测量。

大气风场运动是大气中能量传播和物质交换最普遍的途径,因此实现风场的快速高精度测量具有重要的意义。其中激光雷达凭借测量精度高、探测范围大、抗干扰能力强、体积小等特点成为国内外测风领域研究的热点。测风激光雷达同样是保障航空安全的重要工具。例如 2018 年 8 月 28 日,我国首都航空从北京飞往澳门的客机 JD5759 在降落时遭遇风切变,导致飞机起落架及发动机故障,但由于机场接收到雷达的风切变预警,提前做好了备降准备,最终飞机安全降落。从 20 世纪 90 年代开始,随着测风激光雷达的投入使用,飞行事故的数量已大幅度减少。多普勒效应是激光雷达实现风场测量的根本理论,风场的变化本质是大气中气溶胶粒子的运动,当激光雷达发射的激光照射到目标风场时,两者之间相互运动导致后向散射激光产生多普勒频移,因此可以通过对回波信号频移的测量来反演风场。测风激光雷达分为直接探测和相干探测两种,其中,直接探测通过对回波信号强度变化的测量估计多普勒频移,进而实现风速测量;相干探测则利用光学混频器使回波信号与本振光发生相干混频测量多普勒频移,由于本振光的能量远大于回波信号的能量,采用相干探测能对回波信号起到放大作用,提高信噪比,因此,相干多普勒测风激光雷达被广泛应用。图 4.2.6 为相干多普勒测风激光雷达测风原理图[44]。本振激光器发出连续激光,频率为 f_0,经过分束后一路作为本振光源,一路经调制放大后输出频率为 $f_0 + \gamma$ 的激光,经过收发一体装置和扫描转镜后发射到大气中,大气气溶胶粒子与激光相互作用产生后向散射回波信号。根据多普勒效应,后向散射回波信号的频率相对于发射激光频率产生一个与气溶胶粒子移动速度相关的频移,与本振光混频,探测器响应二者差频,输出频率为 $\gamma + \Delta f$ 的电信号。此电信号经过放大与预处理后,由实时信号采集处理模块进行采集和处理,求得回波信号的频移,然后计算出空间不同距离处的径向风速,对获取的径向风速、角度和距离数据进行处理,即可反演出三维风场的分布信息。

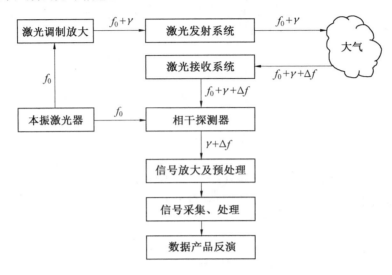

图 4.2.6　相干多普勒测风激光雷达测风原理图

（2）激光引雷。

自然界中的雷电会对人们的生命、建筑物及各种设施的安全构成严重威胁,雷电产生的强电磁脉冲辐射也会造成电子仪器和电力设施的故障和损坏。为了减少雷电的危害,科学家们提出了"主动引雷"的概念[45]。其具体方法为选取雷击形成之前的时刻在空气中产生可导电的通道,使雷电通过预定的路径在远离被保护对象的地方释放出来,这样既避免了直击雷和感应雷的危害,又能够大幅降低雷电电磁脉冲的影响。到了20世纪70年代,随着激光技术的发展,美国科学家于1974年提出了激光引雷的概念,利用激光电离空气产生一条放电通道,以引导闪电沿着安全的路径释放。这种方法无污染又安全灵活,不受地点限制,可以连续工作,被认为是最有前途的防范雷击的技术之一。激光引雷属于激光物理、大气物理与高电压技术之间的交叉学科,具有很高的学术价值和应用价值。

激光引雷的关键环节是利用激光在空气中产生导电的等离子体通道,并且等离子体通道的品质(如等离子体的长度、导电性和寿命等)要达到一定要求。不同脉冲宽度、波长和强度的激光电离空气的物理过程有很大的区别,在空气中的传输特性也不相同。对于长脉冲激光来说,碰撞电离机制起主要作用。空气中的自由电子被激光场赋予了高于空气分子电离势的能量,经过碰撞电离空气分子,新产生的电子继续电离其他分子,从而产生更多自由电子,形成雪崩效应。雪崩效应的发生会导致空气的击穿、产生明亮的火花并伴随着爆炸声。从最初自由电子的产生到电子雪崩需要一定时间,因此长脉冲(脉冲宽度为纳秒量级或更长)激光更容易引起空气的击穿,短脉冲的激光在激光引雷方面并非无用武之地。飞秒激光的诞生使激光引雷有了新的突破。当激光脉冲的持续时间短至皮秒甚至飞秒量级时,电子雪崩来不及发展,空气的电离主要依靠的是强激光场和分子的直接相互作用,这一过程便是多光子电离过程。20世纪90年代以来,采用啁啾脉冲放大技术可以产生峰值功率在太瓦级的超短超强脉冲激光,为在空气中产生长距离的电离通道提供了更有效的方法。一方面,超短超强脉冲激光具有很高的峰值功率,容易在大气中产生较强的非线性自聚焦,从而使激光在传播过程中发生会聚;另一方面,传播过程中,自聚焦使激光强度逐渐增大,当激光电离空气产生等离子体时,光束由于等离子体的散焦作用,强度又会逐渐降低。当自聚焦过程和等离子体散焦过程之间达到动态平衡时,激光光束在传播过程中就不会发散,从而形成稳定的电离通道。超短超强脉冲激光引起的电离比较弱,能量损耗很小,所以电离通道能够延伸到很远的距离。自然界的雷电(即自然放电)与激光引导放电的电弧是不同的,分别如图4.2.7、图4.2.8所示。

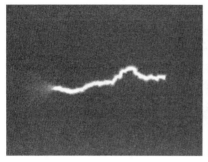 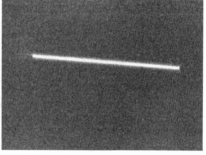

图4.2.7　自然放电　　　　图4.2.8　飞秒激光引导放电

我国自20世纪90年代末开展了激光引雷方面的研究。2003年中国科学院物理研究所将能量为60 mJ、脉冲宽度为30 fs的激光脉冲发射到大气中,成功观测到了图4.2.9所示的长距离电离通道,并对其物理性质开展了深入研究。近年,中科院物理所团队采用极光Ⅱ号装置产生的能量为40 mJ、脉冲宽度为50 fs的超短脉冲激光形成的等离子体通道诱发和引导了3～23 cm长间隙的静态高压放电[46]。该团队对TW级飞秒激光在自然大气中传输时产生的超长等离子体通道的物理性质进行了研究,实验结果证实了2 TW飞秒激光在大气中自由传输时实现了2 km长的等离子体通道,长距离传输后通道内的等离子体仍然保持着良好的导电性。

图4.2.9　中国科学院物理研究所利用超短脉冲激光在空气中产生的电离通道

(3) 激光核聚变。

激光核聚变是人类设想利用激光创造未来清洁能源、发展新型核武器的目前尚未完全实现的前沿课题。它是以高功率激光作为驱动的惯性约束核聚变。苏联科学家巴索夫在1963年和中国科学家王淦昌在1964年分别独立提出了利用激光照射在聚变燃料靶上实现受控热核聚变反应的构想,激光核聚变示意图如图4.2.10所示。在自然界中,聚变反应主要发生在恒星等宇宙天体中,恒星依靠自身引力形成高温、高密度状态从而达到聚变的条件。目前,人类已经实现并且能够产生巨大能量增益的聚变方式是氢弹,它是利用原子弹爆炸所释放的辐射对聚变靶进行烧蚀内爆从而实现聚变反应的,但是其过程并不能人为控制,只能作为武器使用。目前最有希望实现聚变的两种途径分别是惯性约束聚变和磁约束聚变。与磁约束聚变相比,惯性约束聚变更加剧烈,类似氢弹的内爆,利用靶丸内爆压缩聚变燃料,依靠物质的惯性在极短时间内使聚变燃料压缩到固体密度的几百倍。

激光驱动的惯性约束聚变可分为中心点火、体点火、快点火和激波点火等。美国有两个实验室在进行激光惯性约束聚变的研究,一是国家点火装置(NIF),主要建设目标是实现中心点火,通过整形的 1.6～1.8 MJ 的三倍频激光注入高 Z 材料黑腔中,将激光转化为 X 射线,间接驱动靶丸内爆;另一个是罗彻斯特大学的 OMEGA 装置,主要进行聚变前期物理探索,利用 60 束激光直接驱动靶丸内爆,能量为 25～30 kJ[47]。

图 4.2.10　激光核聚变示意图

2010 年 10 月,美国劳伦斯利弗莫尔国家实验室的研究人员启动了 192 束激光束,并将它们的能量集成一个脉冲,聚焦在比铅笔头橡皮还小的靶点上,这些光束会在不到 $\frac{1}{4 \times 10^9}$ s 的时间内以 1.9 MJ 的能量轰击靶标,产生仅在恒星与热核爆炸中才能达到的温度和压力。这个圆柱体内有一个冷冻的氘氚丸,在这种条件的脉冲功率下,靶丸核心处的氘氚会受热、聚变,并产生氦核、中子、电磁辐射。与此同时,圆柱体会发生塌陷,释放具有连锁反应的粒子,产生更多核聚变反应和更多粒子,引发可持续的核聚变反应。当核聚变反应产生的能量大于消耗的能量时,就会发生"点火"现象。2021 年 8 月,耗时 10 年以上,核聚变反应破纪录地产生了其消耗能量的 70%,这说明"点火"几乎成功了。图 4.2.11 所示为美国国家点火装置的靶标室,该室有三个橄榄球场大小。针对这一里程碑式的突破,《自然》报道了相关的研究成果,并回顾了国家自然点火装置走过的漫长历程,以及未来可能实现的新突破[48]。2022 年 12 月 14 日,美国能源部在发布会证实,国家点火设施的科学家们首次在核聚变反应中实现了能量增益的目标。这是人类首次以激光轰击靶丸的方式实现了惯性约束核聚变反应的净能量增益,向可控核聚变迈出了关键的一步。

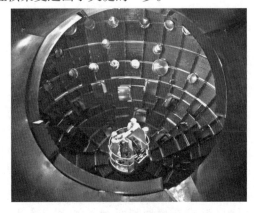

图 4.2.11　美国国家点火装置靶标室

我国在激光核聚变领域同样取得了丰硕的成果。1973 年,在邓锡铭院士的领导下,中国科学院上海光学精密机械研究所成功利用激光加热氘冰靶,在实验室获得了聚变中子。20 世纪 70 年代中期,中国工程物理研究院开始从理论、实验、诊断、制靶和驱动器五个方面开展激光聚变的研究工作。2000 年,位于上海的"神光Ⅱ"激光装置正式投入使用,我国开始系统地进行三倍频条件下激光聚变主要物理过程的研究。近年来,在激光点火的驱动方面我国也取得了很大进展。目前国际上快点火主要采用直接驱动方式,但直接驱动方式的靶丸预压缩状态控制和相对论电子束控制困难。我国的激光聚变团队探索了一种间接驱动方式实现快点火,相关成果于 2020 年报道于《自然物理》[49]。间接驱动快点火方案如图 4.2.12 所示,其中包括两个阶段,分别是内爆预压缩和快速等容点火。首先,通过激光直接烧蚀(直接驱动)或激光转化为 X 光(间接驱动)对燃料进行预压缩;然后,通过一束或者多束皮秒激光产生相对论电子束作为能量的载体,将预压缩燃料迅速加热至点火温度从而实现热核聚变点火。这种方式降低了对总激光能量的需求,理论上可以提供更高的能量增益。目前,这种间接驱动快点火创新设计方案的科学可行性已经在"神光Ⅱ"上被验证。

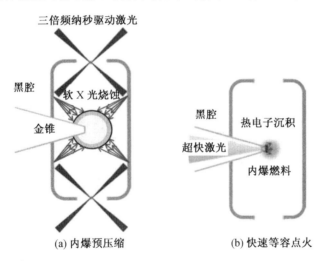

图 4.2.12　间接驱动快点火方案

3. 激光在车辆交通方面的应用

(1) 激光照明。

车灯是汽车的重要组成部分,随着照明技术的进步,汽车车灯光源也在不断发展。目前市场上应用最广泛的车灯是氙气灯和 LED 前照灯,激光照明目前成本较高,还未普及,但是拥有巨大的发展前景。

激光照明分为可见光激光照明和红外激光照明。其中实现激光白光照明的方式主要包括:(1) 结合多色芯片,形成复合白光;(2) 近紫外激光半导体芯片结合红、绿、蓝三种颜色的荧光转换材料,三种材料发出的光混合成白光;(3) 蓝色激光半导体芯片结合黄色荧光转换材料得到白光[50]。第一种方式虽然可以获得显色指数和亮度很高的白光,光电转换效率也很高,但成本高且结构复杂,容易形成散斑,影响照明光斑的均匀性和图像显示质量;另外,产生的白光为激光,能量密度非常高,对人眼损伤较大。所以,采用激光激发荧光材料是实现白光照明的主流方案。第二种方式仅需一种芯片,控制电路的结构简单,并且激光光源经过荧光材料的反射、折射和吸收等作用之后,激光的能量密度下降,得到的白光更加安全和均匀;但是,三种荧光粉产生的斯托克斯能量耗损大,转换效率低。第三种方法使用荧光粉种类少,光电转换效率有所提高,工艺简单,成本较低,但其缺点是合成的白光缺少红光成分,显色指数较差。目前,第三种方法是较为主流的激光照明方案。

荧光材料发光原理如图 4.2.13 所示。光子入射到荧光材料的晶格中,晶格中作为发光中心的激活离子吸收光子,被激活离子的最外层电子从低能级跃迁到高能级。激发态的电子是不稳定的,经过短暂的弛豫后,会迅速自发跃迁回基态,电子吸收的能量以光辐射的形式释放。同时,也可能存在非辐射跃迁,能量以热能的形式释放。另外还存在一些更复杂的情况,如图 4.2.13(b) 所示,激光光子激发敏化剂,再由敏化剂把能量传递给激活剂发光。

图 4.2.13　荧光材料发光原理

与传统的汽车车灯相比,激光照明车灯具有非常大的优势。首先,激光照明的能源消耗仅为 LED 灯的一半,这在节省了能源的同时提升了燃油经济性。另外,激光单色性好,照明度更强,光型能够精确、迅速并安全地控制,且可以产生平行度非常高的光束。产生激光的激光二极管体积非常微小,激光照明的二极管长约 10 μm,为 LED 灯的 1%,这为未来的汽车外观设计带来了更多的可能性[51]。目前激光照明的装备已经可以在宝马、奥迪和丰田等厂家的相关车型上看到。

(2) 激光对射。

激光对射是对射式激光入侵探测器的简称,由收、发两部分组成。激光发射机主要由激光器、激光器调整机构、稳压恒流驱动电路、调制及智能控制电路组成。激光接收机主要由激光接收器、激光信号解调识别电路、智能控制及信号输出电路组成。由激光发射机向安装在几米甚至几千米远的激光接收机发射激光束,其射束有单光束、双光束甚至多光束。激光对射的工作原理比较简单。当接收器能收到激光束时为正常状态;而当发生入侵时,激光发射器所发出的激光束被遮挡,光电管接收不到激光,此时则触发激光对射系统的检测开关。激光对射可以用于测量车速、监控报警等。

4.3　激光在航天方面的应用

如今,我国已成为航天大国。神舟系列的载人航天、嫦娥系列的探月考察、天空系列的空间实验室,以及北斗导航卫星网络等,中国航天取得的成就令世界瞩目。先进的现代化航天离不开激光技术。

1. 航天材料的激光加工

航天器所处环境恶劣,且经常肩负着长周期任务,尤其是载人航天器更是面临着与航天员衣、食、住、行相关的一系列问题。因此,航天器对航天材料的要求非常高。目前,航天材料需要有高效的隔热性能,并具有可靠的辐射防护与耐辐射能力,同时具有较强的耐腐蚀能力和抗尘暴能力等。无论是传统的金属、半导体和透明材料,还是近些年逐渐崭露头角的复合材料,对它们进行精确的加工是航天材料真正能够为人类所用的必经之路。近几十年来激光加工技术迅速发展,在航天科学领域发挥了重要作用。

(1) 激光焊接技术。

激光焊接是将激光的能量作为热源连接工件的高能量密度熔融焊接方法。根据作用工件上的激光光斑功率密度大小与焊接机理的不同,激光焊接可以分为热导焊和深熔焊两种方式[52]。图4.3.1为激光热导焊示意图。热导焊是指利用低功率密度(小于10^9 W/m^2)的激光光斑进行长时间照射,基材表面被激光能量加热并逐渐融化,焊缝熔深比较浅。随着激光光束的移动和热传导作用,逐步完成焊接过程。在焊接过程中,由于被焊材料未被激光束穿透形成小孔,气体难以进入焊缝形成气孔;材料表面温度被加热至熔点和沸点之间,温度的变化使表面融化形成的熔池表面张力改变,液态金属在其作用下沿某一方向流动。但由于材料温度未超过沸点,无法汽化、蒸发产生蒸气压力,小孔也难以产生,所以焊接深度较浅。这种焊接方式的特点是焊点小、熔深浅、热影响区小、焊接速度慢,比较适合电子元件等极薄的小工件加工。

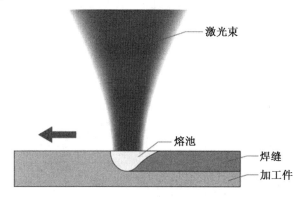

图4.3.1 热导焊示意图

激光深熔焊与热导焊相反,如图4.3.2所示,是利用高功率密度(大于10^5 W/m^2)的激光光斑照射,基材快速被加热融化并且发生了汽化。熔池中不断逸出蒸气或者等离子体,在反冲压力的作用下液态金属向四周挤压,使熔池产生凹陷,加上重力及表面张力的作用,在熔池内形成细且深的小孔。在焊接时,小孔前方的固态金属受热熔化并且沿两侧流动至后方,在激光束远离后逐渐冷却形成焊缝。与热导焊相对,激光深熔焊经常应用在大面积工件加工上。

在航天领域,铝合金是运载火箭及各种航天器的主要结构材料。铝合金具有较高的比强度、良好的耐蚀性,并且材料品种覆盖范围很大,是优良的轻质结构材料[53]。近年来,激光焊接作为高效率、低热输入、高柔性的高品质连接技术,在铝合金焊接方面获得了越来越

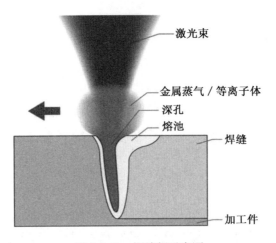

图 4.3.2　深熔焊示意图

多的关注和应用。早在 20 世纪 70 年代,就出现了关于铝合金激光焊接研究的报道,所用的激光光源经历了从 CO_2 激光器和 Nd:YAG 激光器,到目前主导使用的光纤激光器、碟片激光器和半导体激光器。由于缺少大功率和高品质激光器等因素,我国在激光焊接技术研究方面起步较晚,但截至目前也取得了不少成绩。我国建立了高能束流加工技术重点实验室,重点从事激光焊接技术方面的研究,开展了航天飞行器常用金属材料激光焊接特性基础研究等相关工作。21 世纪,双光束激光焊接技术的应用带来了一次技术变革。双光束激光焊接技术采用双束激光对壁板结构 T 型接头两侧同步实施焊接,完成蒙皮与加强筋之间的连接。双光束激光焊接技术采用的是对称焊接热源,最大限度地减小了焊接产生的变形,保证了形状精度。图 4.3.3 所示为钛合金双向加筋壁板结构的双光束激光焊接。

图 4.3.3　钛合金双向加筋壁板结构的双光束激光焊接

飞秒激光在激光加工领域同样有着一席之地。2020 年,《科学》期刊报道了加利福尼亚大学的研究人员研究的一种飞秒激光焊接温度敏感的陶瓷材料技术[54]。该技术利用超快激光融化焊接材料之间的界面处陶瓷将其焊接在一起,实现了低功率(小于 50 W)在室温条件下进行陶瓷焊接。其包含两种方法:一种方法是调制陶瓷的特性,令激光可以穿过陶瓷实现界面处的焊接;另一种方法就是优化待焊接工件之间连接的间隙,实现足够的能量沉积。图 4.3.4 为激光焊接陶瓷组装件,将一个透明的圆柱形盖焊接到一个陶瓷的管状材料上。

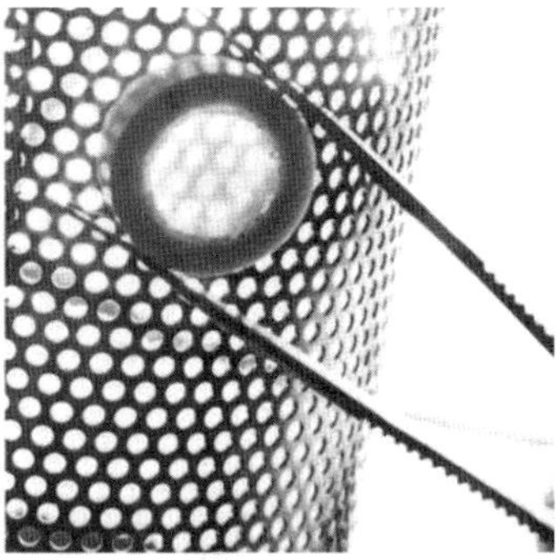

除单激光场焊接的传统方法外,在激光与待焊接件相互作用过程中增加物理场是激光焊接的另一思路[55]。如电场、磁场、超声场和复合场等均可以在激光焊接过程中发挥作用。引入物理场能够起到增加熔深、消除焊接缺陷、细化组织等作用,提高焊接质量。但多物理场之间的作用机理较为复杂,与激光焊接的等离子体、小孔波动及熔池流动行为的作用机理还需深入研究。另外,物理场辅助的激光焊接参数较多,调控存在一定困难。

图 4.3.4　激光焊接陶瓷组装件

(2) 激光切割打孔。

打孔和切割是制造航天飞行器时不可或缺的过程。在航天工业中用激光切割的材料通常有钛合金、镍合金、铬合金、铝合金、不锈钢、塑料和复合材料等。在航天设备的制造过程中,外壳通常采用特殊金属材料支撑,其强度和硬度都较高且耐高温,因此普通的切割手段很难完成材料的加工。而激光切割是一种高效的加工手段,可用于激光切割加工飞机蒙皮、蜂窝结构、框架、尾翼避板、发动机机匣和火焰筒等。激光打孔技术在航天领域适用于仪表宝石轴承、发动机和燃烧室上打孔等操作。对比激光束、电子束、电化学、电火花打孔,机械钻孔和冲孔等打孔方式,激光打孔具有效果好、通用性强、效率高、成本低等优点。

激光打孔是一种高阶的孔加工方法,它消除了刀具和加工工件之间的物理接触而引起的颤动和振动等问题,还可以避免道具的磨损[56]。图 4.3.5 为激光打孔与机械打孔航天纤维复合材料的区别。从图中可以明显看出:虽然激光打孔在材料表面有烧焦的痕迹,但激光打孔的边缘清晰、光滑且垂直度好;机械打孔的边缘则存在大量毛刺,影响孔的形态。图 4.3.6 为激光打孔的过程示意图。在激光打孔过程中,通过烧蚀过程去除材料。在激光烧蚀材料时,孔的形成过程类似于激光焦点中心区域的"火山喷发"现象,高能量的激光促使材料蒸发、熔融,随后喷出的熔融液滴在孔的边缘区域凝固,最终形成小直径的孔。

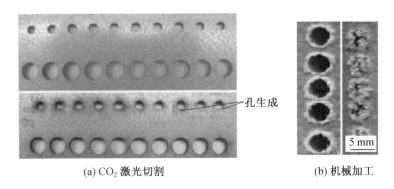

(a) CO_2 激光切割　　(b) 机械加工

图 4.3.5　激光打孔与机械打孔航天纤维复合材料的区别

激光打孔常用的激光器有 CO_2 激光器、YAG 激光器,以及近年来在激光加工领域发挥巨大作用的飞秒激光器。常用的激光打孔方式主要包括复制法及轮廓迂回法[57]。其中复制法指激光光束照射在工件上某一固定位置进行打孔,可以单脉冲打孔,也可以多脉冲打孔。轮廓迂回法是指激光光束与工件发生相对位移的打孔方法,被加工工件的表面形状由移动轨迹决定。轮廓迂回法又包括环切打孔和螺旋打孔两种方式。环切打孔的激

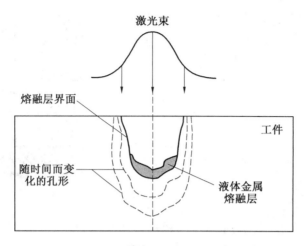

图 4.3.6 激光打孔的过程示意图

光焦点位置不变,激光光束在工件上进行圆周运动。工件与焦点在水平方向上存在相对运动,在垂直方向上相对位置不变。螺旋打孔的激光光束在工件表面做圆圈式运动,随着材料的去除,激光光束以螺旋曲线的路径方向朝着工件内部继续运动,使得聚焦光斑始终在孔的底部。图 4.3.7 为这几种激光打孔方式的示意图。

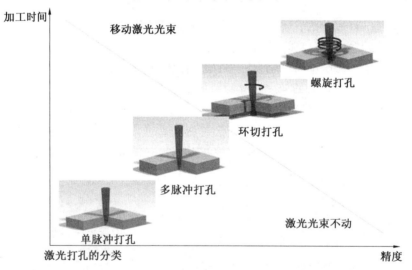

图 4.3.7 几种激光打孔方式示意图

激光切割的原理与激光打孔类似,其基础过程同样是激光与材料的相互作用,但会对材料进行大面积的损伤,对激光光源及整个过程的调控来说与激光打孔仍存在一些区别。激光切割可以利用连续激光或者重复频率脉冲激光进行工作。根据激光切割机理的不同,可以分为汽化切割、熔化切割、氧助熔化切割等。根据激光功率、切割速度、气体压力、光束质量、聚焦手段等参数的不同,切割效果也有很大区别。激光切割的过程可以附加复合能场辅助加工,20 世纪 90 年代瑞士的 Richerzhang 将水射流技术与传统的激光直接加工结合提出了水导激光加工技术[58],示意图如图 4.3.8 所示。该技术利用水流的冲刷、冷却作用等特点,在降低热损伤、增加切削深度、降低对昂贵激光器的依赖性方面具有独特的优势。近几年,针对纤维复合材料这种在先进航天科技领域应用越来越多的轻量化材料,江南大学、清华大学、内蒙古科技大学等国内高校陆续开展相关研究。研究发现,利用水射流辅助激光切割能够将利用传统激光干式切割所产生的宽几百微米的热影响区缩减至几十微米。对于几毫米厚的材料,单边锥度可减小至2°左右。

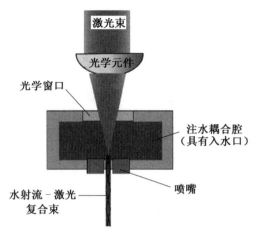

图4.3.8 水导激光加工示意图

激光切割主要是利用激光产生的热来熔化材料,以达到去除材料和切割的效果。2022年,麦吉尔大学的研究团队在《自然化学》发表了一种更温和、更精确的激光切割方法[59],该方法打破了利用高能激光束或离子束以破坏材料共价键或离子结构的方式对材料进行加工的传统思维,采用功率只有0.5～20 mW的可见光激光扰动材料中的超分子弱相互作用力来实现"冷加工"。该方法可以实现纳米级的激光加工。

(3) 激光快速成型技术。

目前所说的激光快速成型技术主要是指激光3D打印技术或者激光增材制造技术[60]。它是集成了计算机辅助设计、数控技术、激光技术、机电传动控制和新材料为一体的先进制造技术。快速成型技术的基本思想是"离散—堆积"。其基本流程为:通过建模或者扫描技术得到需要成型的三维模型,然后采用一系列三角面片来逼近其表面的自由曲面;之后将处理好的模型沿某一方向离散为一系列的二维截面;分层得到的二维截面离散信息用来控制成型过程,形成对应的截面轮廓;最后通过层层堆积形成三维模型对应的成型零件。激光快速成型从工艺上可以分为选择性激光烧结、立体光固化成型、分层实体制造等。其中立体光固化成型和分层实体制造对加工材料的限制较大,因此激光成型目前主要采用的工艺是选择性激光烧结。选择性激光烧结(也称选区激光烧结)技术的原理如图4.3.9所示[61]。该技术以CO_2激光器为加工能源,根据模型截面轮廓的数据和设定好的速度、激光功率等参数,在计算机的控制下利用激光束对加工材料(如高分子材料、金属粉末、合金粉末等)进行烧结。烧结后,还需要对烧结件进行后期处理。

航天器设备是激光快速成型技术最具前景的应用领域之一。波音公司是率先将该技术用于飞机设计和制造的国际航天器制造企业。2012年,通用电器公司收购了专门开发激光烧结金属粉技术的莫里斯技术公司,用来为其Leap系列发动机制造零部件。2014年,美国国家航空航天局完成了激光3D打印火箭喷射器的测试,验证了激光3D打印技术在火箭发动机制造上的可行性。同年,美国国家航空航天局首次尝试了使用3D打印技术制造太空成像望远镜,其中望远镜的外管、外挡板及光学镜架全部作为单独的结构直接打印而成。我国的大型钛合金结构件激光成型技术处于国际领先水平。2020年,我国首飞成功的长征五号B运载火箭上搭载了一台3D打印机,首次实现了太空3D打印,我国也是国际上首个在太空开展了连续纤维增强复合材料3D打印实验的国家。

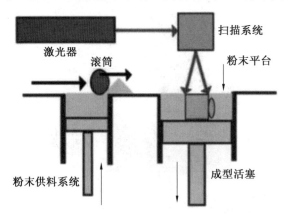

图4.3.9 选择性激光烧结技术原理图

激光3D打印技术已应用于包括航天在内的多个工程领域,而针对该技术的前沿科学也一直是激光加工的热门课题。2021年,加州大学伯克利分校研究团队开发了一种针对熔融二氧化硅元件的激光3D打印技术。该科研结果发表在《科学》期刊上,并被选为封面文章[62]。这一技术是对光致聚合物二氧化硅纳米复合材料进行层析成像照射,然后激光烧结,称为微尺度轴向计算光刻技术(micro-computedaxial lithography, micro-CAL)。该技术可以加工高固含量、高几何自由度的纳米复合材料,实现新器件的结构和应用。该技术能够分别在聚合物和熔融石英玻璃中快速(打印时间为30~90 s)打印最小特征尺寸为20 μm和50 μm的微结构。图4.3.10为微尺度轴向计算光刻技术所打印的微米级玻璃结构。

(4)激光熔覆技术。

激光熔覆技术是一种基于激光辐照的材料表面改性技术,是指在激光束作用下将合金粉末或者陶瓷粉末与基体表面迅速加热并熔化,当光束移开后冷却形成与基体材料结合的表面涂层,从而显著改善基体表面的耐磨、耐蚀、耐热、抗氧化等特性。随着大功率激光器的商业化,激光熔覆技术也得到了迅速的发展,在航天工业中有着广泛应用。

航天工业中经常采用一些新型合金,如Ti-Al-4V等[63]。这些新型合金中,传统工艺有很多难以克服的缺点,比如生产隔板是用数英寸(in,1 in = 2.54 cm)厚、千磅(lb,1 lb = 0.453 6 kg)重的齿形合金板加工,得到这些合金板需要的时间长达一年以上,磨损大量的刀具,导致成本直线上升。而利用激光熔覆成型技术可以减少这类航天材料的制造时间。目前,基于激光熔覆成型的Ti-Al-4V已经获准在实际飞行中使用。这些用激光熔覆成型技术制造的合金零件性能超过传统工艺制造的零件,而且成本降低20%~40%,生产周期缩短80%,效果非常显著。

除成型技术外,激光熔覆技术还可用于零件的修复。图4.3.11为激光熔覆技术修复涡轮叶片示意图。其中图4.3.11(b)为手工熔焊的叶片,必须经过额外的后处理,进行放电加工,显露出冷却过程中形成的空隙。而在熔覆过程中,激光束在叶片顶端形成很浅的熔池,同时金属粉末沉积到叶片顶端形成焊珠。在电脑数控下,焊珠层叠,使熔覆层增长。由于省去了后期修补的过程,因此利用激光熔覆技术修复零件大大缩短了时间和成本。

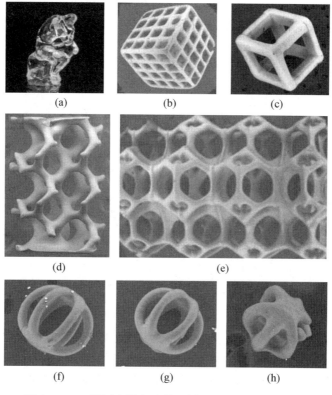

图 4.3.10 微尺度轴向计算光刻技术打印的玻璃结构

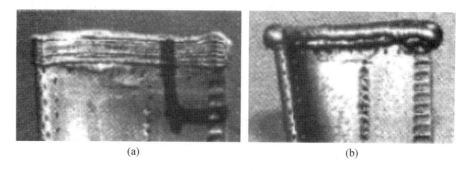

图 4.3.11 激光熔覆技术修复涡轮叶片

在航天材料的表面改性方面,激光熔覆技术同样起着重要的作用。为防止在高速、高温、高压、重载和腐蚀介质等环境下工作的零件因表面局部损坏而报废,世界各国都在研究和应用提高零件表面性能的表面工程技术。传统的表面改性技术(如喷涂层、镀层等),由于层间结合力较差、受平衡溶解度小、固态扩散性差等原因,效果并不理想。而激光熔覆技术是一种性价比较高的涂层表面改性技术,可以在低性能廉价基材上制备出高性能的贵重熔覆层表面,降低材料成本,节约贵重金属材料。

随着激光熔覆技术的不断优化提升,超高速激光熔覆技术逐渐发展起来。图 4.3.12 为传统激光熔覆和超高速激光熔覆的示意图。超高速激光熔覆技术的熔凝形式有别于传统激光熔覆技术,它的激光能量密度较高。传统激光熔覆技术的激光能量密度为 $70 \sim 1.5 \times 10^6 \text{ W/m}^2$,超高速激光熔覆技术的激光能量密度最高可达 $3 \times 10^7 \text{ W/m}^2$。另一方面,如图 4.3.12 所示,在传统激光熔覆过程中,未熔化的粉体被直接送入熔池;而超高速激光熔覆改变了激光、粉末和熔池的汇聚位置,使粉体汇聚处高于熔池上表面,汇聚的粉体受激光辐照熔化后再进入熔池。这种方法使得超高速激光熔覆的沉积速率比传统激光熔覆高很多。

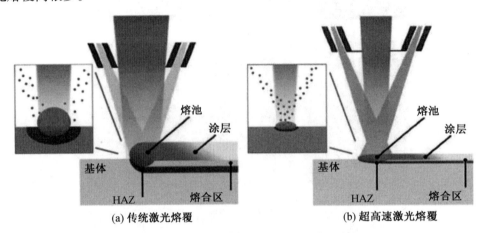

图 4.3.12　传统激光熔覆和超高速激光熔覆

激光熔覆技术还涉及多个参数,如扫描速度、送粉速度、多道搭接率等。这些工艺参数之间相互作用、相互制约,共同对熔覆层的微观组织结构和性能产生影响。只有对不同工艺参数进行优化组合,才能制备出高质量、高性能的熔覆层。近期研究表明,除了调控加工参数外,将激光熔覆技术与其他工艺相结合(如超声振动、搅拌摩擦、电磁搅拌等[64])也能有效改善或者消除熔覆层表面的裂纹和气孔等缺陷,优化熔覆层组织,进而提高熔覆层质量。

2. 航天材料的激光清洗

激光清洗是一种新型的表面处理技术,利用高能量脉冲激光去除材料表面的漆层,在激光作用下漆层瞬间蒸发、剥离,实现表面洁净,达到材料二次加工的需求。与传统的清洗方法相比,激光清洗在安全性、经济性、清洗效率、基材损伤等方面具有突出优势,而且激光的时空定位准确,适用于形状复杂的机身与结构件,被认为是未来航天材料表面清洗领域最具前景的技术[65]。

航天材料的表面清洗是保证航天飞行器制造、加工质量的关键步骤。由于飞行器在飞行过程中受到外力和辐射作用等各种气流的冲刷,容易出现蒙皮漆层的脱落、龟裂、老化等损伤,因此需要定期对蒙皮进行清洗后重新上漆。随着激光清洗技术的不断提高,激光清洗方法与体系趋于成熟,在航天材料清洗领域得到了大量关注。

目前常用的激光清洗方式一般分为干式激光清洗和湿式激光清洗。干式激光清洗的原理图如图 4.3.13 所示。该清洗方式基于入射激光束和漆层之间的快速热能传递。漆层受热快速膨胀并且发生汽化、烧蚀或者爆炸,从而脱离表面实现清洗。湿式激光清洗与干式激光清洗的区别在于湿式激光清洗的待清洗层覆盖了一层液膜,利用液体吸收激光能量,极速受热汽化带走漆层实现清洗。湿式激光清洗对激光的能量要求更高,受环境限制较大,因此在航天材料清洗方面一般采用干式激光清洗。2022 年初,中国宇航学会批准了《运载火箭铝合金材料焊接前表面激光清洗检验方法》(T/YH 1024—2022)和《热控涂层激光精密成型试验方法》(T/YH 1025—2022)两项航天领域的激光清洗团体标准，体现了激光清洗在航天领域的重要作用。

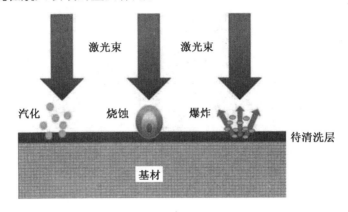

图 4.3.13　干式激光清洗原理图

3. 空间激光通信

相比于传统的微波通信技术，空间激光通信以激光作为信息传输的载体，它的通信容量更大、功耗更低、体积更小、保密性更高。激光通信终端是以卫星作为搭载平台，根据卫星所处的轨道高度，可以将卫星分为低轨卫星、中轨卫星和静止轨道卫星。虽然卫星平台可以广播轨道和姿态信息、播报初始指向，但是轨道姿态预报精度及在轨光轴变化会使初始指向与真实指向之间存在偏差。偏差区域在毫弧度量级。当终端按照一定的模式扫描该不确定区域时，最终能够实现双终端之间的激光链路建立[66]。

卫星激光通信分为两类：一类是真空环境下的激光通信，即星间激光通信，主要应用于真空环境中的设备，如卫星与卫星、飞船、空间站等之间的通信；另一类是大气环境下的激光通信(即星地激光通信)，这种通信技术应用比较广泛，比如卫星与地面、海上用户及空中飞行器的连接等。

欧洲各国及美国等国家都在通过多项研究计划推动卫星激光通信技术的发展，目前星间激光通信技术已经实现了业务运行，星地激光通信技术仍在试验阶段。欧洲从 20 世纪 80 年代中期开始研究卫星激光通信技术，是全球发展最快的地区。在星间激光通信方面，欧洲进行了全球首次星间激光通信技术、相干激光通信技术验证，率先实现了星间激光通信技术业务运行。2008 年，欧洲通过了"X 频段陆地合成孔径雷达"项目试验，星间激光通信速率可达 5.625 Gbit/s，通信距离可达 4 700 km，持续时间为 50 ~ 650 s，误码率小于 10^{-9}。图 4.3.14 为 2016 年开始提供服务的"欧洲数据中继系统"，这是全球首个实现星间激光通信技术业务运行的系统，每天可传输 50 TB 的数据量。其激光链路使用的是波长为 1 064 nm 的固体激光器，利用相干零差检测方式提高探测灵敏度；能够连接轨道高度为 600 ~ 800 km 的低轨卫星与静止轨道卫星，最大作用距离可达 45 000 km，最高数据传输速率为 1.8 Gbit/s。整个激光通信链路从捕获、跟踪瞄准到建立连接可在 55 s 内完成，能够在 7.8 km/s 的相对速度下保持连接，跟踪精度约为 2 μrad。在星地激光通信方面，欧洲成功验证了地月激光通信、低轨卫星与地面激光通信的可行性。其中地月通信距离可达 150 000 km；低轨卫星与地面通信距离为 600 ~ 1 500 km，上行和下行传输速率分别为 2 Mbit/s 和 50 Mbit/s。

图 4.3.14　欧洲数据中继系统

美国自 20 世纪 60 年代就开始研究卫星激光通信技术,是全球最早研究卫星激光通信技术的国家。2021 年,太空发展局发射了四颗"下一代太空体系架构"关键技术试验卫星,包括两颗"曼德拉"2 卫星和两颗"激光互联和组网通信系统"卫星,用于验证星间及卫星与 MQ－9 无人机之间的激光通信技术,传输距离为 2 400 ~ 5 000 km,通信速率达 5 Gbit/s。美国太空探索技术公司的"星链"低轨卫星星座也采用激光星间链路。2020 年 9 月,经测试该星座的星间激光链路通信速率已超过 100 Mbit/s。图 4.3.15 为 2021 年 1 月发射的搭载激光通信载荷的"星链"卫星。

图 4.3.15　搭载激光通信载荷的"星链"卫星

为了适应微纳卫星、低轨卫星互联网等技术的发展对激光通信的需求,国际上通过缩小口径、采用轻质材料、提升加工精度等方法,推进卫星激光通信有效载荷实现集成化、小型化和轻量化,使其更适用于立方星等微小卫星。日本首次验证了通过微小卫星实现激光通信的可行性后,美国也通过"光学通信和传感器验证"等项目测试了适用于立方星的激光通信载荷技术。2019 年,美国计划通过"小卫星传感器"项目,在 2022 年利用两颗 12U 立方星进一步验证相关技术;质量在 50 ~ 500 kg 的"下一代太空体系架构"相关卫星也将搭载星间激光通信载荷,实现星间激光通信在小卫星上的业务运行。因此,适用于微小卫星的卫星激光通信技术将成为未来空间激光通信技术的发展方向之一[67]。

我国在空间激光通信技术领域一直走在世界前列。哈尔滨工业大学的马晶、谭立英团队在这一领域深耕30余年,获得了多项国家级奖励,是国内激光通信领域的开拓者。该团队在海洋二号卫星与光通信地面站之间建立了星地双向激光通信,链路距离近2 000 km,光束对准精度达到微弧度量级,相当于针尖对麦芒的百倍,实现了"对得准、捕得快、跟得急、通得好"。这是我国首次进行星地激光链路试验,主要技术指标达到了国际领先水平。该成果入选2013年度"中国高等学校十大科技进展"。之后,团队研制了高轨星地双向高速激光通信系统,在近40 000 km距离的卫星与地面站之间实现了上下行光束的"精确对准、稳定保持、高速通信",成功进行了最高传输速率达5 Gbit/s的通信数据传输、实时转发和存储转发,该成果入选2017年度"中国高等学校十大科技进展"。

4.4 激光在基础前沿科学方面的应用

1. 激光光镊技术

2018年的诺贝尔物理学奖颁发给了"光镊"的发明者阿瑟·阿什金(Arthur Ashkin)。1966年,阿瑟无意中听到两位研究人员讨论激光的一些奇怪性质:激光束中的尘埃颗粒会来回乱窜。这时距离激光被发明出来仅过了5年的时间。这番讨论引起了阿瑟的注意。他意识到:利用两束相互指向的激光束,可以捕捉微小的物体,并实现微小位移的操控。之后,他又提出利用光学陷阱来测量电子电荷。在1986年,阿瑟与美籍华人科学家朱棣文完成了"激光镊子"的首次应用,实现了对原子的捕获。随后,他将这一技术拓展到生物科学领域,用激光捕获活的微生物,在细胞内抓取并移动细胞核和叶绿体等大型细胞器,为生物医学研究手段进步做出了巨大贡献。经过多年的深入研究和技术的发展,光镊技术的研究范围由最初的微米级扩展到原子和纳米级,捕获物体的形状由球扩展到棒、片等各种形状,捕获的材料也由介质小球扩展到金属小球、碳纳米管和金刚石等。

光具有能量和动量,但是实际应用中人们经常利用光的能量,较少利用光的动量。这是因为生活中我们接触到的自然光和照明光等力学效应很小,无法被人们感知或观察到宏观效应。但激光具有的高亮度和优良的方向性,使得光的力学效应在显微镜下显现。光镊技术正是在这种光的力学效应下发展起来的。光束有一个水平方向的动量,而粒子是静止的,动量为0,因此系统在竖直方向上的动量为0。当光束不直接照射粒子中心时,粒子会使光线折射,这时光束在竖直方向上就有了一个向下的动量分量。为了使系统的动量守恒,粒子会对应一个向上的动量,就是这个动量把粒子"吸"向光束的轴线。如果粒子在光束的轴线上但是在焦点外,粒子就会使光束会聚。光束的会聚导致动量增大,此时粒子的反作用力为保持系统动量守恒,会将粒子拉回焦点。如果微粒处于焦点之内,则光束会扩散,扩散的光束动量比原来小,为了保持系统的动量守恒,微粒同样需要具有同向的动量以补偿动量的差值,所以微粒会被推向焦点。所以只要粒子偏离了焦点,就会有动量使其返回,就像用激光制造的一个陷阱,将粒子束缚在一起。因此可以像镊子一样,可以通过移动光束来控制粒子。

激光光镊作为前沿科学研究课题,得到了科学家们的高度关注,近些年有许多关于光镊的技术突破。为解决传统光镊的高激光能量密度对捕获对象的光损伤和热损伤问题,李金刚团队研发了低温光镊技术,利用光学制冷和热泳现象,在激光产生的冷区域捕获粒子和分子。其具体思路是利用镱(Yb)掺杂的衬底实现局部激光冷却,形成一个以激光中心为低温区域的温度场。在这个温度场中,纳米颗粒和生物分子由于热泳作用,会由高温往低温运动,从而被捕获至低温的激光中心。这种温度场内的运动是一种普适现象,可用于捕获多种微纳物体。热泳光镊不需要高度聚焦的激光光束,因此可以减少光损伤。同时激光冷却可以避免热损伤,所以低温光镊可以对纳米颗粒和生物物体实现无创捕获和操控。这一创新技术被发表在2021年的 Science Advances 上[68]。图 4.4.1 为低温激光光镊对 200 nm 颗粒的捕获释放和移动。除低温光镊之外,该团队在固相光学操控方面同样获得了突破,拓展了光镊技术的应用环境。团队引入了"光热门"这一概念,来调控物体与衬底界面之间的相互作用,并研发了新型光热门控光力操控技术,实现对物体在固体表面的光学操控,相关研究成果发表在 Nature Communication 上[69]。

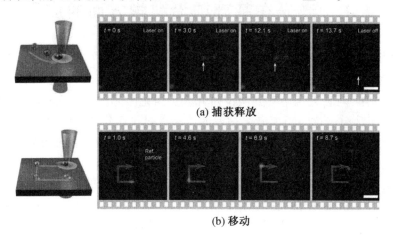

图 4.4.1　低温激光光镊对 200 nm 颗粒的捕获释放和移动

2. 激光光谱技术

将电磁波按照频率(或波长)的高低为序排列形成的波谱称为电磁波谱。光波是电磁波谱中的一个特殊波段。整个光波段可以分为红外波段、可见光波段和紫外波段。在红外波段,在 10 ~ 1 000 pm 的波段称为远红外波段,这部分主要是分子的转动光谱区。在 1.5 ~ 10 μm 的波段称为中红外波段,在可见光的红限(约 750 nm)到 1.5 μm 的波段称为近红外波段。从中红外波段到近红外波段主要是分子的振动光谱区。在紫外波段,波长短于 200 nm 的波段称为真空紫外波段,因为大气中的氧会对这部分的电磁波产生强烈的吸收作用,需要在真空室中进行测量。从可见光波段到紫外波段是源自外层电子跃迁的光谱区。真空紫外波段的短波部分与软 X 射线(1 ~ 30 nm)相重叠,这部分对应于原子内层电子的跃迁。

随着激光技术的发展,激光逐渐被用于原子、分子和各种物质性质的研究。美国哈佛大学的布隆伯根和肖洛等人最早研究的激光光谱学被广泛应用,取得了很多重量级成果。1981 年,布隆伯根和肖洛凭借他们在激光光谱学的成就获得了诺贝尔物理学奖。这是基于激光技术的又一项诺贝尔奖。

激光光谱是以激光为光源的光谱技术。和普通的光源相比,激光光源单色性好、亮度高、方向性强且相干性强,是用来研究光与物质相互作用,从而辨认物质及所在体系的结构、组成、状态及其变化的理想光源。根据产生光谱的机制不同,可将激光光谱分为吸收光谱、发射光谱等。

(1) 激光吸收光谱技术。

当一束光穿过某种介质时,介质分子会对光产生吸收。获得某种分子在某个电磁辐射波段上的吸收光谱,可以分析分子的微观信息。传统的吸收光谱技术采用的是一个发射连续谱的光源,经过准直之后变成平行光束,然后通过充满该分子的吸收池,透射的光束随后被会聚于光谱仪的入口狭缝。根据朗伯-比尔定律,由于分子的吸收,入射光束在传播中会产生衰减。将光谱仪作为波长选择器,由光电检测器检测并记录以频率或波长为函数的透射光强,就能够得到该分子在该波段的吸收光谱,传统吸收光谱实验装置如图 4.4.2 所示。

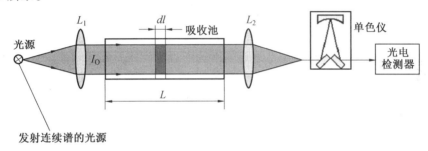

图 4.4.2　传统吸收光谱实验装置

激光可以作为吸收光谱检测中的发射光源。和传统的吸收光谱技术相比,激光吸收光谱具有以下优点:

① 具有很高的光谱分辨率。在传统吸收光谱技术中,光谱的分辨率受到谱线展宽效应的限制,又受到仪器分辨率的限制(如受到分光元件分辨率和狭缝宽度等因素影响)。如果使用激光作为吸收光谱检测的光源,则光谱的分辨率不再受到光谱仪器的限制,这是由于激光的谱线宽度极窄,并且能够做到波长可调谐。在吸收谱检测过程中,只要逐一调谐激光的波长,就可以从光电检测器直接给出以波长(或频率)为函数的透射光强。当波长扫过所需测量的光谱区后,就得到一幅吸收光谱图。此时,光谱分辨率主要取决于被测分子的谱线展宽效应。激光光源的线宽一般可以达到 $10^{-6} \sim 10^{-5}\ \text{cm}^{-1}$ 数量级,用这样的窄谱光源可以获得原子、分子一些谱线中的精细结构。

② 具有很高的检测灵敏度。根据朗伯-比尔定律,吸收强度随吸收光程的增加而增加,因此增加吸收光程可以提高检测的灵敏度。普通光源的强度低而且发散角大,如果在样品池中增加光程,则无法保证光束一直处于池内,同时普通光源的强度也无法支撑长光程的吸收。而激光的单色亮度高且准直性好,可以多次在样品池内反射以增加吸收光程。对于吸收系数小、被检测粒子稀疏的物质,增加吸收光程是一种很有效的提高检测灵敏度的办法。

③ 能实现高精度的光谱定标。激光在入射光束进入样品池之前用一个分束器分出一束弱光,将其耦合进 F-P 干涉仪,当调谐激光波长时,干涉仪将透射出一系列极大值。两个极大值之间的距离由干涉仪的自由光谱区决定。将干涉仪透射出的极大值记录到光谱图上,就完成了对光谱的波长标度。

(2) 激光发射光谱技术。

利用激光激发物质发出荧光,并测量荧光的发光通量(即强度)随发射光波长的转变而取得的光谱,称为激光发射光谱,也称为荧光光谱。在激光发射光谱中,激光诱导荧光(laser induced fluorescence, LIF)光谱是被经常用到的,它可以用于测量原子与分子的浓度、能态布局数分布,以及探测分子内的能量传递等。

原子或者分子可以通过吸收光子而被激发到能量较高的能态。由于激发态的原子并不稳定,因此它要通过辐射或非辐射的方式释放能量返回基态。通过自发发射返回基态所发出的光称为荧光。根据能级结构的不同,荧光分为几种类型。原子从激发光中吸收光子后,从基态跃迁到激发态,再从激发态通过发射与入射频率相同的光子返回基态,发射光子的波长与激发光子的波长相同,这种荧光称为共振荧光,如图4.4.3(a)所示。由于荧光频率与激发频率相同,因此在检测过程中,共振荧光容易受到激发光的散射光干扰,接收噪声较大,所以在高灵敏度测量过程中通常不采用共振荧光。图4.4.3(b)为斯托克斯荧光,它是波长大于激发光波长的荧光。有两种情况能够产生斯托克斯荧光:一种是原子吸收光子被激发后,从激发态通过发射荧光返回到比基态稍微高一点的能级上,如图4.4.3(b)所示;另一种是通过碰撞辅助发射,通过相邻的两个较近能级存在的有效碰撞混合,被激发到高能级后的原子过渡到了比激发态稍低一些的某能级上,再从这一能级向下跃迁发射荧光,如图4.4.3(d)所示。这两种方式都能够避开激发光的影响,因此测量的信噪比较好,可用来进行高灵敏度检测。图4.4.3(c)为反斯托克斯荧光,这种荧光发射的波长短于激发光的波长。当元素第一激发态的能级与基态靠得较近、第一激发态的能级简并度又比基态高时,在较高的温度下就会出现第一激发态的布局大于基态布局的情况。在适当的波长激发下,原子的激发将主要从第一激发态出发,当对基态发射荧光时,荧光的波长就短于激发光波长。虽然反斯托克斯荧光检测比斯托克斯荧光检测的信噪比更好、灵敏度更高,但适合进行反斯托克斯荧光检测的原子并不多见。还有一种较为复杂的荧光发射方式为碰撞辅助双共振荧光,如图4.4.3(e)所示。此时两束激光相继与原子的两个跃迁发生共振,将原子分两步激发到了较高的能态。通常只有两种情况下会采用碰撞辅助双共振荧光检测:一种是采用其他的检测方式会遇到很强的背景辐射或者散射光干扰;另一种是除共振荧光外没有可用的一步激发方式。

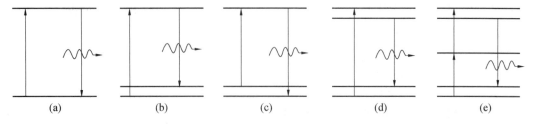

图4.4.3 几种荧光类型

3. 激光产生纠缠光子对

激光的另一个应用是用于产生具有关联的光子对。在这一类实验中,激光照射具有二阶非线性的晶体。此时,在一定概率下,激光中的光子便会转变为两个同时产生的关联光子,如图4.4.4所示,这一过程被称为自发参量下转换(spontaneous parametric downconversion,SPDC)。SPDC 往往被用于产生具有量子纠缠的光子对,用于对量子力学的基本概念进行验证,并利用这些量子特性来进行量子信息处理。2022 年的诺贝尔物理学奖颁给法国科学家阿兰·阿斯佩(Alain Aspect)、美国科学家约翰·克劳泽(John F. Clauser)和奥地利科学家安东·蔡林格(Anton Zeilinger),以表彰他们在"纠缠光子实验、验证违反贝尔不等式和开创量子信息科学"方面的贡献。

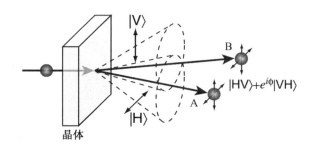

图 4.4.4　自发参量下转换示意图

然而,为了将光学量子信息处理推向实用化,还需要将纠缠态光子的产生与操控集成在芯片上。哈尔滨工业大学的康冬鹏等人[70]利用基于砷化镓(AlGaAs)的布拉格反射波导(Bragg reflection waveguides,BRWs),在半导体光学芯片上产生了纠缠态光子,如图 4.4.5 所示。由于激光器、探测器及各种无源光子学器件均可以在砷化镓上实现,因此该技术有望实现完全集成在芯片上的,且由电池驱动、在室温下工作的纠缠光子源,从而推进光学量子信息处理的实用化。此外,利用这类器件,康冬鹏等人还在世界上首次实现了半导体芯片上宽带宽偏振纠缠态光子的产生,并创造了纠缠度的世界纪录[71]。

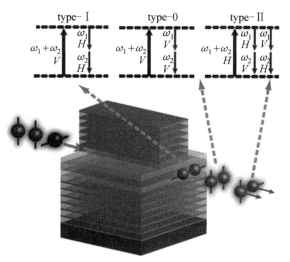

图 4.4.5　半导体光学芯片

康冬鹏等人设计了一种具有特殊性质的混合集成光波导,用来产生纯态单光子,如图 4.4.6 所示[72]。这种光源对光学量子计算等应用有重要的意义。

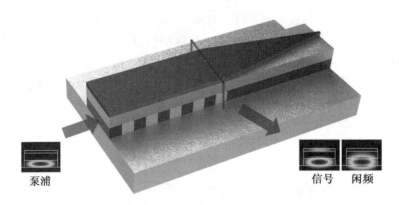

图 4.4.6　混合集成光波导

4. 激光量子通信

量子通信是指利用量子纠缠效应进行信息传递的一种新型的通信方式,具有高效率和绝对安全等特点。量子通信的传输内容是量子信息。在经典信息理论中,信息量的基本单位是比特(bit),一个比特给出经典二值系统一个取值的信息量。在量子信息理论中,量子信息的基本单位是量子比特(qubit),一个量子比特是一个双态量子系统,这里的双态指的是两个线性独立的态。一旦用量子态来表示信息便实现了信息的量子化,传递信息的过程就要遵守量子力学的原理。量子世界中的叠加、纠缠、不可精确克隆和不可擦除等特性会在量子信息的处理和传递过程中发挥重要的作用,使量子通信网络具有一些完全不同于经典通信网络的独特性。量子通信可以看成经典通信的推广[73]。

在真正的星地传输中,量子纠缠还不能直接传输信息。目前所说的量子通信并不是量子纠缠通信,而是"量子密钥 + 传统通信"的一种混合通信方式。在这种通信方式中,被分离的纠缠态光子负责密钥的传输,数据传输仍是通过传统信道进行。密钥的传递可基于 1984 年 Bennett 和 Brassard 联合提出的第一个量子密码协议:BB84 协议。在该协议中,利用了一对分离光子的线偏振态和圆偏振态。根据海森堡测不准原理,两个偏振态只有一个是准确的;如果有第三方窃听者在光路中测量这些光子的偏振态,则纠缠光子的状态会发生变化,使发送方和接收方都能够发现第三方的存在。2016 年 8 月 16 日,我国成功发射了世界第一颗量子科学实验卫星"墨子号",用于探索卫星平台量子通信的可行性。该卫星由中国科学技术大学和中国科学院上海技术物理研究所共同研制,卫星上装备了量子密钥通信机、量子纠缠发射机、量子纠缠源等载荷设备,是世界上首个太空中的量子通信终端。该卫星的成功发射使我国进一步扩大了在量子通信领域的优势[74]。图 4.4.7 为"墨子号"星地量子通信示意图。2022 年,"墨子号"已实现了 1 200 km 地表量子态传输。

5. 激光在天体物理中的应用

随着人类的认知从地球空间扩展到大气层以外的宇宙空间,对天体物理的研究便逐渐发展起来,并成为一门学科。科学家们在实验室中构造极端的物理条件,以研究天体物理并解决相关物理问题,这就是实验室天体物理。激光的诞生,尤其是超强、超快激光技术的快速发展,使实验室中许多物理环境得以模拟重现。

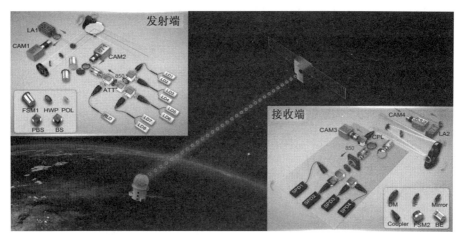

图 4.4.7 "墨子号"星地量子通信示意图

(1) 不透明度的测量。

不透明度是用来衡量物质对辐射的吸收能力的物理量,对恒星内部物质不透明度的测量直接影响着对恒星演化和内部结构的认知。等离子体的不透明度主要由等离子体内部各种元素的束缚-束缚跃迁过程、束缚-自由跃迁过程、自由-自由跃迁过程和电子散射过程等物理过程决定,并且不透明度还取决于等离子体的电离度等物理状态。因此,建模计算等离子体不透明度是一个复杂的工作。如图 4.4.8 所示,在利用激光测量等离子体不透明度之前,由于不透明度计算中未包含 Fe 等金属元素的一些原子过程,因此 Cox 和 Tabor 所计算的双模造父变星的光度变化周期与恒星质量的关系和观测值相差非常大。在利用 Nova 激光器测量了 Fe 不透明度之后,将所测结果加入模型中,得到的双模造父变星的光变周期与观测结果的吻合度大大提升。图 4.4.9 为美国桑迪亚国家实验室 "Z" 装置测量 Fe 等离子体不透明度的示意图和实验结果。利用磁力箍缩装置产生辐射温度为 350 eV、持续时间为 3 ns 的黑体辐射源,辐射场一半穿过样品靶的全透区域得到图 4.4.9(b) 中的白色区域,另一半穿过 Fe/Mg 混合物得到图 4.4.9(b) 中的暗色区域。对比相同波长未吸收和被吸收后谱线的强度便可得到该波长下 Fe 等离子体的不透明度。实验中 Fe 等离子体的温度和密度近似于太阳辐射区和对流区交界处的等离子体状态,该

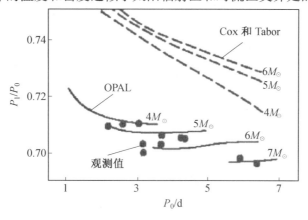

图 4.4.8 激光测量的 Fe 等离子体不透明度对建模结果的影响

实验所测的数据对获取精确的恒星内部结构信息具有重要意义[75]。

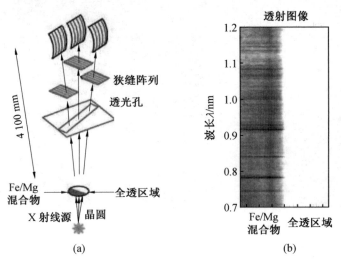

图 4.4.9 "Z"装置测量 Fe 等离子体不透明度的示意图和实验结果

(2) 磁场的产生及放大。

星系乃至宇宙普遍存在磁场,但磁场最初是如何产生的一直未被科学家们破解。被激光等离子体实验证实的毕尔曼电池效应被认为是磁场可能的来源。毕尔曼效应的基本物理图像如图 4.4.10(a) 所示。假设等离子体由质子和电子组成,从图中可以看出,右边比左边温度高,顶部比底部密度高。由于电子质量远小于质子的质量,所以电子沿压力梯度向下漂移的速度比质子快,可以形成一个如图中白线所示的闭合环路电流。当温度梯度和密度梯度不平行时,电场在等离子体中闭合回路上的积分非零。梯度产生了电动势,电动势又产生了磁通量。激光证实该效应的实验过程为:利用强激光驱动较薄的固体靶,由于光压的作用,在激光照射面上形成 keV 级的超热电子,同时在靶表面产生一个等离子体团,将超热电子流输送到靶内。由于激光诱导的等离子体主要在靶平面的法线方向上膨胀,因此等离子体的密度梯度方向主要分布在垂直于靶平面的法线方向上。由于电子质量很小,因此受到激光辐射压力影响会很快加速形成电子压缩层。此时等离子体的温度和压力迅速上升,在靶背表面的法向上形成较大的温度梯度和压力梯度。在此条件下等离子体同时沿靶背表面的法向发生等温膨胀和热膨胀,靶内热传导过程占主导,使得温度梯度以激光照射焦点为中心,与靶平面平行的平面内呈向外辐射状分布。激光辐照区的不均匀性增加了温度梯度和密度梯度方向的不一致性。膨胀过程中,这种不一致性导致产生了热电动势,从而产生热电流并且产生自生磁场,如图 4.4.10(b) 所示,此时产生的磁场是环形且准稳态的。Gregori 等人利用法国强激光应用实验室 2000 激光装置进行了实验验证,结果表明磁场可以通过湍流运动被迅速放大,这种物理过程可能发生在很多天体物理现象中,相关结果发表在了《自然》杂志中[76]。

(3) 太阳耀斑等离子体的实验室研究。

太阳耀斑是最剧烈的一种太阳活动现象,一次典型的耀斑爆发的威力相当于数十亿枚氢弹爆炸。剧烈的耀斑会严重影响日地空间环境,对人类生活产生巨大影响。耀斑理论模型的基本出发点之一是磁重联。磁重联是指在具有有限电导率的磁等离子体中,电

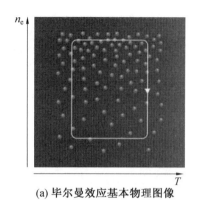 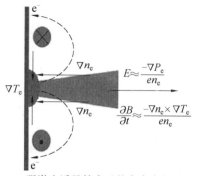

(a) 毕尔曼效应基本物理图像　　　(b) 强激光诱导等离子体中自生电场示意图

图 4.4.10　毕尔曼效应基本物理图像及强激光诱导等离子体中自生电场示意图

流片中的磁力线自发或被迫断开和重新连接的过程,磁能会突然释放并且转化为等离子体的动能和热能,从而引起带电粒子的加速或者加热。磁重联过程示意图如图 4.4.11 所示[77],这是宇宙中普遍存在的一种能量转换机制。

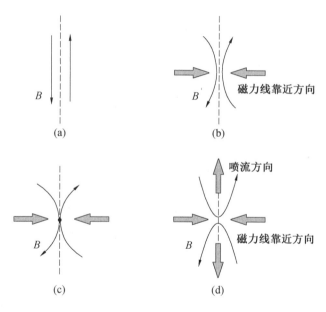

图 4.4.11　磁重联过程示意图

太阳内部频繁地进行着磁重联过程,磁重联过程可以引发太阳耀斑。在国内的"神光 Ⅱ"激光装置上,科学家们对太阳耀斑和日地空间的磁重联现象进行了深入的实验研究。当高强度激光照射在固体靶上时,在等离子体中可以自发产生螺旋形百特斯拉磁场。该磁场被"冻结"在等离子体表面附近。将两束强激光打在同一靶面的两个相近的点上,随着两个等离子体的膨胀,在两靶点中间区域,反向磁力线将相互靠近,发生重联。用这种方式可以模拟太阳耀斑的磁重联过程。图 4.4.12 为天文观测的太阳耀斑和激光驱动平面 Cu 靶测量的实验结果。其中两个白色亮斑为激光的打靶点。对比图 4.4.12,可以发现天文观测结果和实验结果非常吻合,验证了利用强激光进行磁重联实验研究的可行性[78]。

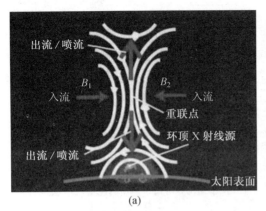 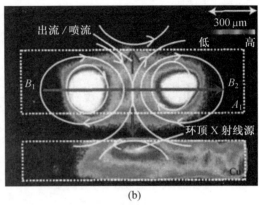

图 4.4.12　天文观测的太阳耀斑和激光驱动平面 Cu 靶测量的实验结果

(4) 引力波的探测。

2016 年 2 月 11 日美国当地时间 10 时 30 分(北京时间 23 时 30 分),美国国家科学基金会(National Science Foundation,NSF)在华盛顿特区国家媒体中心宣布:人类首次直接探测到了引力波。美国的科研人员宣布,他们利用激光干涉引力波天文台(Laser Interferometer Gravitational – Wave Observatory,LIGO)于 2015 年 9 月首次探测到引力波,这一发现印证了爱因斯坦 100 年前的预言。图 4.4.13 为 LIGO 外观。

图 4.4.13　LIGO 外观

LIGO 一共有两台设备,分别位于美国的华盛顿州汉福德镇和路易斯安那州利文斯顿镇。只有两台探测器同时探测到引力波,才能证明这个引力波信号是真实的。LIGO 的探测原理很简单,相当于一个超大的迈克耳孙干涉仪,利用的就是激光干涉的原理。LIGO 原理如图 4.4.14 所示。一束激光从激光器中发出,经过一面 45°倾斜放置的分光镜,分成两束相位完全相同的激光,并向互相垂直的两个方向传播。这两束光线到达距离相等的两个反射镜后,沿原路返回并且发生干涉。如果两束光的光程完全相同,则光波将发生完全破坏性干涉,此时探测器没有激光信号。当引力波经过探测器时,会使探测器周围的空间发生扰动,导致空间本身在一个方向上拉伸,同时在另一个方向上压缩,两束激光走过的路程会产生细微的差异,导致相位发生交错,此时探测器上的光线强度会发生明显变化。图 4.4.15 为两台 LIGO 观测到的引力波信号。两个引力波信号的观测时间相差 7 ms,这个时间差与光或者引力波在两个探测器之间传播的时间一致。在未来十年内,将陆续有新的引力波探测天文台建成,探测来自各处的各种引力波可能与探测无线电频率一样频繁和普遍。

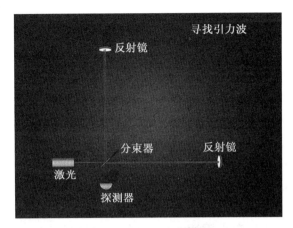

图 4.4.14　LIGO 原理图

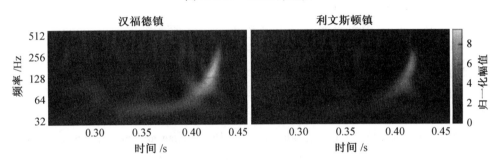

图 4.4.15　汉福德镇和利文斯顿镇的 LIGO 观测到的引力波信号

参 考 文 献

[1] 刘箴,刘东洋.国外典型激光制导武器发展综述[J].飞航导弹,2021(4):20-26.
[2] 汤永涛,王国恩,林鸿生.激光制导技术的发展应用及干扰技术研究[J].制导与引信,2021,42(3):18-22.
[3] 史莉娜,赵建军,赵景旭,等.激光制导武器发展与应用研究[J].科技风,2021(21):187-188.
[4] 蒙庆华,林辉,王革,等.激光雷达工作原理及发展现状[J].现代制造技术与装备,2019(10):155-157.
[5] 倪树新,李一飞.军用激光雷达的发展趋势[J].红外与激光工程,2003,32(2):111-114.
[6] 樊博璇,陈桂明,常亮,等.激光雷达技术在军事领域应用现状及发展趋势[J].2021,6(3):66-72.
[7] DEGNAN J,MACHAN R,LEVENTHAL E,et al. Inflight performance of a second-generation photon-counting 3D imaging lidar[C]. SPIE Defense and Security Symposium. Proc SPIE 6950, Laser Radar Technology and Applications XIII, Orlando, Florida, USA. 2008,6950:32-40.
[8] "你是我的眼"——激光雷达主动三维成像系统[EB/OL].[2020-09-01]. http://www.eepw.com.cn/article/202009/417783.htm.
[9] 杨兴雨,苏金善,王元庆,等.国内外激光成像雷达系统发展的研究[J].激光杂志,2016,37(1):1-4.
[10] CARROLL J. Single-chip LIDAR sensor developed by MIT and DARPA[J]. Vision Systems Design,2016,21(9):11-12.
[11] MIT spinoff building new solid-state lidar-on-a-chip system[J/OL]. IEEE Spectrum, 2020. http://www.ll.mit.edu/news/mit-spinoff-building-new-solid-state-lidar-chip-system.
[12] 李思宁,广宇昊,王骐,等.条纹管紫外激光成像技术方案及性能分析[J].红外与激光工程,2007,36(6):827-829,856.
[13] 王朝晖,井晨睿,郝培育,等.基于直升机机动特征的机载避障激光雷达性能参数分析[J].科技创新与应用,2022,12(15):72-74,79.
[14] 张艳,杨泽后,李晓峰,等.生物/化学战剂激光遥测技术新进展[J].激光与光电子学进展,2014,51(3):17-23.
[15] 张国胜.化学毒剂激光遥测报警技术的研究现状及发展趋势[C]// 中国化学会第二十五届学术年会论文摘要集(下册).长春,2006,962.
[16] 侯天晋,周鼎富,江东,等.战场生化战剂激光侦毒雷达[C]// 四川省电子学会航空

航天电子学学术交流会.中国电子学会,2000,49.

[17] 徐海峰,隋鑫,张志平.装甲车辆激光测距仪测距性能分析[J].企业导报,2011(7):288.

[18] 田英国,张辉,顾新锋,等.一种新的船载激光测距仪动态精度检测方法[J].测控技术,2022,41(12):83-87.

[19] 钟德安.航天测量船测控通信设备标校与校飞技术[M].北京:国防工业出版社,2009.

[20] 谢庚承,叶一东,李建民,等.脉冲激光测距回波特性及测距误差研究[J].中国激光,2018,45(6):260-267.

[21] 岳江锋.杀敌于无形的波武器(三):激光武器[J].大众科学,2021(3):28-29.

[22] 张亦卓.美国机载激光武器研究进展[J].航空制造技术,2019,62(7):91-94,100.

[23] 伍尚慧,李晓东.2021年新概念武器装备技术发展综述[J].中国电子科学研究院学报,2022,17(4):362-367.

[24] 李振华.激光武器在无人机反制中的发展趋势[J].武警学院学报,2021,37(10):34-38.

[25] 罗磊,谭碧涛.舰载激光武器作战运用研究[J].激光与红外,2022,52(7):1058-1063.

[26] 邱海霞,李步洪,马辉,等.我国激光技术医疗应用和产业发展战略研究[J].中国工程科学,2020,22(3):14-20.

[27] 陈健,周辉.激光技术获诺贝尔奖浅析[J].高等理科教育,2021(6):24-28.

[28] SUN K,TAN D Z,FANG X Y,et al. Three-dimensional direct lithography of stable perovskite nanocrystals in glass[J]. Science,2022,375(6578):307-310.

[29] CHUNG H,DAI T H,SHARMA S K,et al. The nuts and bolts of low-level laser (light) therapy[J]. Annals of Biomedical Engineering,2012,40(2):516-533.

[30] AVCI P,GUPTA A,SADASIVAM M,et al. Low-level laser (light) therapy (LLLT) in skin: stimulating, healing, restoring.[J]. Seminars in Cutaneous Medicine & Surgery,2013,32(1):41-52.

[31] AN J,TANG S L,HONG G B,et al. An unexpected strategy to alleviate hypoxia limitation of photodynamic therapy by biotinylation of photosensitizers[J]. Nature Communications. 2022,13(1):2225.

[32] AI L C,JIANG S,JANG E,et al. Implantable optical fibers forimmunotherapeutics delivery and tumor impedance measurement[J]. Nature Communications,2021,12(1):5138.

[33] 李睿,周金池,卢存福.拉曼光谱在生物学领域的应用[J].生物技术通报,2009(12):62-64.

[34] 吴俊富,尚晓星,郭茂田,等.食管肿瘤组织的拉曼光谱研究[J].四川大学学报(自然科学版),2008,45(3):573-575.

[35] WANG X,HUANG S C,HU S,et al. Fundamental understanding and applications of plasmon-enhanced Raman spectroscopy[J]. Nature Reviews Physics. 2020,2:253-271.

[36] 孙青,张慕天,霍波.基于激光共聚焦显微镜的细胞骨架结构分析[J].中国科学:物

理学 力学 天文学,2020,50(9):176-188.

[37] DENK W,STRICKLER J H,WEBB W W. Two-photon laser scanning fluorescence microscopy[J]. Science,1990,248(4951): 73-76.

[38] SHERLOCK B,WARREN S C,ALEXANDROV Y,et al. In vivo multiphoton microscopy using a handheld scanner with lateral and axial motion compensation[J]. Journal of Biophotonics,2018,11(2): e201700131.

[39] RUAN H,LIU Y,XU J,et al. Fluorescence imaging through dynamic scattering media with speckle-encoded ultrasound-modulated light correlation[J]. Nature Photonics,2020,14: 511-516.

[40] HENRY N,CHAPMAN,et al. Femtosecond X-ray proteinnanocrystallography[J]. Nature,2011,470(7332): 73-77.

[41] SEIBERT M M,EKEBERG T,MAIA F R,et al. Single mimivirus particles intercepted and imaged with an X-ray laser[J]. Nature,2011,470(7332): 78-81.

[42] 白彬,吴庆瑞,周轩宇.浅谈激光雷达技术在大气环境监测中的应用[J].资源节约与环保,2021(9): 56-57.

[43] 赵忆睿,曹念文,贾鹏程,等.紫外多波长激光雷达的臭氧和气溶胶同步观测研究[J].激光与光电子学进展,2022,59(16):32-41.

[44] 王章军,王睿,李辉,等.基于相干多普勒测风激光雷达的南极中山站低空大气风场应用研究[J].极地研究,2022,34(1):11-19.

[45] 鲁欣,张喆,郝作强,等.激光引雷研究中的若干基础物理问题[J].高电压技术,2008,34(10): 2059-2064.

[46] 滕浩,鲁欣,沈忠伟,等.野外环境下太瓦飞秒激光等离子体通道特性研究[J].量子电子学报,2020,37(5):513-523.

[47] 柯延钊.激光驱动核聚变中 α 粒子扩散及应用研究[D].长沙:国防科技大学,2018.

[48] TOLLEFSON J. US achieves laser-fusion record: what it means for nuclear-weapons research[J]. Nature,2021,597(7875):163-164.

[49] ZHANG F,CAI H B,ZHOU W M,et al. Enhanced energy coupling for indirect-drive fast-ignition fusion targ ets[J]. Nature Physics,2020,16:810-814.

[50] 楼鲁姨.汽车大灯用荧光玻璃薄膜的制备及其激光照明特性研究[D].杭州:浙江科技学院,2021.

[51] 李进卫.安全节能环保的激光照明照亮汽车未来的前程[J].交通与运输,2016,32(5):60-61.

[52] 段诚茂.铝合金激光焊接工艺系统碳效率评价及优化方法研究[D].重庆:重庆大学,2021.

[53] 陶武,杨上陆.铝合金激光焊接技术应用现状与发展趋势[J].金属加工(热加工),2021(2):1-4.

[54] PENILLA E H,DEVIA-CRUZ L F,WIEG A T,et al. Ultrafast laser welding of ceramics[J]. Science,2019,365(6455):803-808.

[55] 李思阳,高晓龙,刘晶,等.物理场辅助激光焊接的研究现状[J].宝鸡文理学院学报

(自然科学版),2020,40(2):43-48.
[56] 沈诚.超声振动辅助激光打孔加工理论与实验研究[D].沈阳:东北大学,2020.
[57] 沈婧.大幅面激光打孔质量分析与改善研究[D].西安:西安工业大学,2021.
[58] 张加波,张开虎,范洪涛,等.纤维复合材料激光加工进展及航天应用展望[J].航空学报,2022,43(4):132-153.
[59] BORCHERS T H, TOPIĆ F, Christopherson J C, et al. Cold photo-carving of halogen-bonded co-crystals of a dye and a volatile co-former usin g visible light[J]. Nature Chemistry,2022,14(5):574-581.
[60] 李恪规.基于激光烧结技术的快速成型系统研制与成型工艺研究[D].武汉:华中科技大学,2021.
[61] 辛艳喜,蔡高参,胡彪,等.3D打印主要成形工艺及其应用进展[J].精密成形工程,2021,13(6):156-164.
[62] TOOMBS J, LUITZ M, COOK C, et al. Volumetric additive manufacturing of silica glass with microscale computed axial lithography[J]. Science,2022,376(6590):308-312.
[63] 刘珍峰,李正佳.激光熔覆技术在航空工业中的应用[J].航空精密制造技术,2007,43(1):37-40.
[64] 魏瑛康,刘瑶珊,王岩,等.不锈钢表面激光熔覆强化层研究现状与展望[J].中国冶金,2022,32(11):6-17.
[65] 佟艳群,马健,上官剑锋,等.航空航天材料的激光清洗技术研究进展[J].航空制造技术,2022,65(11):48-56,69.
[66] 鲁绍文,侯霞,李国通,等.空间光通信技术发展现状及趋势[J].天地一体化信息网络,2022,3(2):39-46.
[67] 谢珊珊,梁晓莉.国外卫星激光通信技术发展分析[J].中国航天,2021(12):42-46.
[68] LI J, CHEN Z, LIU Y, et al. Opto-refrigerative tweezers[J]. Science Advances,2021,7(26):eabh1101.
[69] LI J G, LIU Y R, LIN L H, et al. Optical nanomanipulation on solid substrates viaopto-thermally-gated photon nudging[J]. Nature Communications,2019,10(1):5672.
[70] KANG D P, ZAREIAN N, HELMY A S. Generating entangled photons on monolithic chips[C]//SPIE OPTO. Proc SPIE 10547, Advances in Photonics of Quantum Computing, Memory, and Communication XI, San Francisco, California, USA. 2018,10547:67-73.
[71] KANG D P, ANIRBAN A, HELMY A S. Monolithic semiconductor chips as a source for broadband wavelength-multiplexed polarization entangled photons[J]. Optics Express,2016,24(13):15160-15170.
[72] DING X Y, MA J, TAN L Y, et al. Spectrally pure photon pair generation in asymmetric heterogeneously coupled waveguides[J]. Optics Letters,2021,46(12):3000-3003.
[73] 常迪.量子通信中若干基本问题的研究[D].北京:北京工业大学,2008.
[74] 张文卓.划时代的量子通信:写给世界第一颗量子科学实验卫星"墨子号"[J].物理,2016,45(9):553-560.

[75] 仲佳勇,安维明,平永利,等. 强激光实验室天体物理介绍[J]. 强激光与粒子束,2020,32(9):35-55.

[76] GREGORI G,RAVASIO A,MURPHY C D,et al. Generation of scaled protogalactic seed magnetic fields in laser-produced shock waves[J]. Nature,2012,481(7382):480-483.

[77] 李彦霏,李玉同. 强激光实验室天体物理研究进展[J]. 物理,2016,45(2):80-87.

[78] ZHONG J Y,LI Y T,WANG X G,et al. Modelling loop-top X-ray source and reconnection outflows in solar flares with intense lasers[J]. Nature Physics,2010,6:984-987.